高职高专机电类专业系列教材

MCS-51 单片机原理及应用

主　编　王国永
副主编　刘艳军
参　编　李冰冰　齐晓旭　于建国　李　婷

机械工业出版社

本书是根据高职高专机电类专业人才培养目标及要求编写的。全面介绍了 MCS-51 单片机的原理与接口技术等应用知识。

本书共 7 章，包括基础知识、MCS-51 系列单片机硬件结构与功能、MCS-51 单片机指令系统、MCS-51 单片机汇编程序设计、中断和定时器/计数器、MCS-51 单片机的串行通信以及 MCS-51 系统扩展与接口技术。本书内容由浅入深，着重于对学生工程实践能力的培养。

本书与齐晓旭主编的《MCS-51 单片机基础及实验技能训练》配合使用，通过例题解析、实验指导帮助学生巩固所学的理论知识。

本书可供高职高专与应用型本科院校的数控技术、机电一体化等机电类专业的学生使用，也可作为成人教育相关课程的教材，还可供相关技术人员学习和参考。

本书配有电子课件，凡使用本书作为教材的教师可登录机械工业出版社教材服务网 www.cmpedu.com 注册后下载。咨询邮箱：cmpgaozhi@sina.com。咨询电话：010-88379375。

图书在版编目（CIP）数据

MCS-51 单片机原理及应用/王国永主编 .—北京：机械工业出版社，2013.11（2024.8 重印）
高职高专机电类专业系列教材
ISBN 978-7-111-44599-9

Ⅰ.①M… Ⅱ.①王… Ⅲ.①单片微型计算机-高等职业教育-教材 Ⅳ.①TP368.1

中国版本图书馆 CIP 数据核字（2013）第 256504 号

机械工业出版社（北京市百万庄大街 22 号　邮政编码 100037）
策划编辑：薛　礼　责任编辑：薛　礼
版式设计：霍永明　责任校对：刘秀丽
责任印制：刘　媛
涿州市般润文化传播有限公司印刷
2024 年 8 月第 1 版·第 8 次印刷
184mm×260mm·13 印张·320 千字
标准书号：ISBN 978-7-111-44599-9
定价：39.00 元

电话服务　　　　　　　网络服务
客服电话：010-88361066　机　工　官　网：www.cmpbook.com
　　　　　010-88379833　机　工　官　博：weibo.com/cmp1952
　　　　　010-68326294　金　书　网：www.golden-book.com
封底无防伪标均为盗版　机工教育服务网：www.cmpedu.com

前　言

教材建设是高职高专院校教学工作的重要组成部分，高质量的教材是培养高质量人才的基本保证，高职高专教材作为体现高职高专教育特色的知识载体和教学的基本工具，直接关系到高职高专教育能否为一线岗位培养符合要求的高技术性、应用型人才。

按照国家对高职高专新编教材的要求，不仅要改革教学内容，还要改革教学方法，把教学方法体现在教材之中。本书结合多年的实践和教学经验，按照当前高职高专教材改革的要求编写，以实用为主，够用为度，通过大量实例介绍，使理论通俗易懂；将必要的知识点融于实例中，注重实践性教学和知识的综合应用，注重学生工程实践能力的培养。

本书围绕 MCS-51 单片机的核心技术，重点讲述了 MCS-51 单片机硬件结构与功能、指令系统与汇编程序语言设计、中断和定时器/计数器原理与应用、串行通信以及系统扩展与接口技术等。

本书由承德石油高等专科学校王国永统稿并担任主编，刘艳军担任副主编，李冰冰、齐晓旭、于建国、李婷参加编写。其中，王国永编写第 6 章、第 7 章和附录，刘艳军编写第 3 章，李冰冰编写第 5 章，齐晓旭编写第 4 章，于建国编写第 1 章，燕山大学李婷编写第 2 章。

本书与齐晓旭主编的《MCS-51 单片机基础及实验技能训练》配合使用，通过例题解析、实验指导帮助学生巩固所学的理论知识。

在本书编写过程中，编者参阅了相关的教材、资料和文献，得到了企业界人士、学校同行和专家的大力支持，在此一并表示感谢。

本书可作为高职高专院校、应用型本科院校、成人高校及本科学校下属的二级职业学院等的机电类专业教材，也可供相关技术人员学习和参考。

限于作者的水平，书中难免存在疏漏和不妥之处，敬请广大读者批评指正。

编　者

目 录

前言
第1章 基础知识 …………………… 1
1.1 单片机简介 …………………… 1
1.2 数制、码制与编码 …………… 8
1.3 半导体存储器 ………………… 16
思考与练习题 …………………………… 19
第2章 MCS-51系列单片机硬件结构与功能 …………………… 20
2.1 MCS-51系列单片机的结构 …… 20
2.2 MCS-51系列单片机引脚 ……… 25
2.3 MCS-51系列单片机存储器结构 … 28
2.4 8051单片机复位电路和时钟电路 … 32
思考与练习题 …………………………… 35
第3章 MCS-51单片机指令系统 …… 37
3.1 概述 …………………………… 37
3.2 MCS-51指令系统的寻址方式 … 39
3.3 MCS-51指令系统 ……………… 42
3.4 伪指令 ………………………… 57
思考与练习题 …………………………… 59
第4章 MCS-51单片机汇编程序设计 …………………… 61
4.1 汇编语言程序设计概述 ……… 61
4.2 基本结构程序设计 …………… 62
4.3 子程序设计和参数传递 ……… 72
4.4 查表程序设计 ………………… 77

思考与练习题 …………………………… 80
第5章 中断和定时器/计数器 ……… 82
5.1 中断 …………………………… 82
5.2 中断控制 ……………………… 85
5.3 外部中断源系统的应用 ……… 89
5.4 定时器/计数器 ………………… 94
5.5 定时器/计数器编程和应用 …… 101
思考与练习题 …………………………… 108
第6章 MCS-51单片机的串行通信 … 109
6.1 串行通信的概念 ……………… 109
6.2 串行通信的结构及工作方式 … 113
6.3 串行通信的应用 ……………… 119
思考与练习题 …………………………… 138
第7章 MCS-51系统扩展与接口技术 ……………………………… 140
7.1 存储器扩展技术 ……………… 141
7.2 I/O接口扩展技术 ……………… 148
7.3 键盘和显示接口 ……………… 161
7.4 模拟量与数字量转换电路接口技术 … 179
思考与练习题 …………………………… 193
附录 ……………………………………… 195
附录A MCS-51系列单片机指令系统表 … 195
附录B ASCII（美国标准信息交换码）表 …………………… 201
参考文献 ………………………………… 203

第 1 章 基 础 知 识

1.1 单片机简介

1.1.1 微型计算机及微型计算机系统

微型计算机（Micro Computer，MC）简称微机，是计算机的一个重要分类。人们通常按照计算机的体积、性能和应用范围等条件，将计算机分为巨型机、大型机、中型机、小型机和微型机等。微型计算机不但具有其他计算机所具备的快速、精确等特点，最突出的是它还具有体积小、重量轻、功耗低及价格便宜等优点。个人计算机（Personal Computer，PC）是微型计算机中应用最为广泛的一种，也是近年来计算机领域中发展最快的一个分支。

微型计算机系统由硬件系统和软件系统两大部分组成。硬件系统是指构成微机系统的实体，通常由运算器、控制器、存储器、输入接口电路与输入设备以及输出接口电路与输出设备等组成。其中，运算器和控制器一般做在一个集成芯片上，统称为中央处理单元（Central Processing Unit，CPU），是微机的核心部件。CPU 配上存放程序和数据的存储器、输入/输出（Input/Output，I/O）接口电路以及外部设备即构成微机的硬件系统。

软件系统是微机系统使用的各种程序的总称。通过软件对整机进行控制并与微机系统进行信息交换，使微机按照操作人员的意图完成预定的任务。软件系统与硬件系统共同构成完整的微机系统，两者相辅相成，缺一不可。微型计算机系统组成如图 1-1 所示。

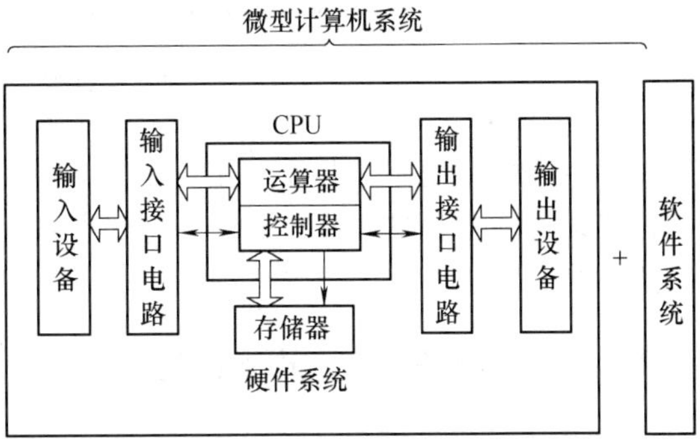

单片微型计算机简称单片机（Single Chip Microcomputer，SCM）是微型计算机的一个重要分支，也是一种非常活跃和颇具有生命力的机种。单片微型计算机特别适用于工业控制领域，因此又称为微控制器（Micro Controller Unit，MCU）。

图 1-1 微型计算机系统组成示意图

通常，单片机由单块集成电路芯片构成，内部包含有计算机的基本功能部件：控制器、运算器、存储器和 I/O 接口电路。因此，单片机只需要和适当的软件及外部设备相结合，便可成为一个单片机控制系统。

下面对组成计算机的五大基本部件作简单说明：

（1）运算器 运算器是计算机的运算部件，用于实现算术运算和逻辑运算。计算机的数据运算和处理都在这里进行。

（2）控制器 控制器是计算机的指挥控制部件，它控制计算机各部分自动、协调地工作。运算器和控制器是计算机的核心部分,常把它们合在一起称为中央处理器,简称 CPU。

(3) 存储器　存储器是计算机的记忆部件,用于存放程序和数据。存储器又分为内存储器和外存储器。

(4) 输入设备　输入设备用于将程序和数据输入到计算机中,如键盘等。

(5) 输出设备　输出设备用于把计算机计算或加工的结果以用户需要的形式显示或打印出来,如显示器、打印机等。

通常把外存储器、输入设备和输出设备合在一起称为计算机的外部设备,简称外设。

单片微型计算机是指集成在一个芯片上的微型计算机,也就是把组成微型计算机的各种功能部件,包括 CPU、随机存储器(Random Access Memory,RAM)、只读存储器(Read Only Memory,ROM)、基本 I/O 接口电路以及定时器/计数器等都制作在一块集成芯片上,构成一个完整的微型计算机,从而实现微型计算机的基本功能。单片机内部结构如图 1-2 所示。

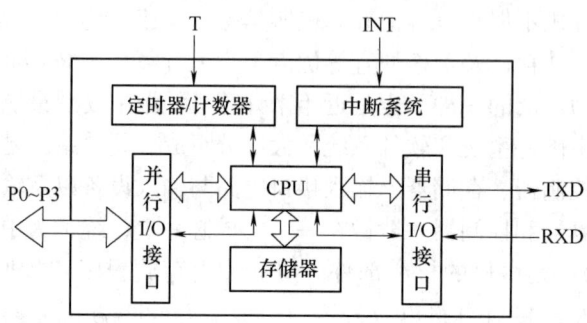

图 1-2　单片机内部结构示意图

单片机实质上是一个芯片。在实际应用中,通常很难将单片机直接和被控对象进行电气连接,必须外加各种扩展接口电路、外部设备、被控对象等硬件和软件,才能构成一个单片机应用系统。

1.1.2　单片机的发展概况及趋势

1. 单片机的发展概况

1971 年,在微处理器研制成功不久,就出现了单片微型计算机,即单片机。最早的单片机是 1 位的,处理能力有限。单片机的发展历史可分为如下四个阶段:

第一阶段(1974—1976 年)为单片机初级阶段。受工艺限制,单片机采用双片的形式,而且功能比较简单。例如,美国仙童公司生产的 F8 单片机实际上只包括了 8 位 CPU、64 个字节的 RAM 和 2 个并行接口。

第二阶段(1976—1978 年)为低性能单片机阶段。以 Intel 公司制造的 MCS-48 系列单片机为代表,该系列单片机片内集成有 8 位 CPU、8 位定时器/计数器、并行 I/O 接口、RAM 和 ROM 等。其最大的缺点就是无串行口,中断处理比较简单,片内 RAM 和 ROM 容量较小,且寻址范围不大于 4KB。

第三阶段(1978—1983 年)为高性能单片机阶段。这个阶段推出的单片机普遍具有串行口、多级中断系统以及 16 位定时器/计数器,片内 ROM 和 RAM 容量加大,且寻址范围可达到 64KB，有的片内还带有 A/D 转换器。这类单片机的典型代表是 Intel 公司的 MCS-51 系列的 8031、Motorola 公司的 6801 和 Zilog 公司的 Z8 等。由于这类单片机的性能价格比高，所以至今仍被广泛应用，是目前应用数量较多的单片机。

第四阶段（1983 年至今）为 8 位单片机持续发展以及 16 位单片机、32 位单片机面世阶段。此阶段的主要特征是：一方面，发展 16 位单片机、32 位单片机及专用型单片机；另一方面，不断完善高档 8 位单片机，改善其结构，增加片内器件，以满足不同用户的需要。16 位单片机的典型产品如早期的 Intel 公司生产的 MCS-96 系列单片机，其片内带有多通道 10 位逐次逼近比较式 A/D 转换器和高速输入/输出部件（HSI/HSO），实时处理的能力很强；再如 TI 公司推出的 MSP430 系列微功耗的 16 位单片机，降低了功耗，且集成了更丰富的片内资源。而 32 位单片机除了具有更高的集成度外，其晶振已达 20MHz，这使 32 位单片机的数据处理速度比 16 位单片机快许多，性能比 8 位、16 位单片机更加优越，可以处理较复杂的图形和声音数据。

2. 单片机的发展趋势

总的来说，单片机的发展趋势是向大容量、高性能化及外围电路内装化等方面发展的。为满足不同用户的要求，各主要生产厂家竞相推出能满足不同需要的产品。世界单片机发展趋势主要体现在以下几个方面：

（1）CPU 的改进　CPU 的改进主要是指提高 CPU 的处理字长或提高时钟频率。可以采用双 CPU 结构，以提高处理能力；还可以改进系统的设计，从而提升系统速度；高性能单片机增加了数据总线宽度，内部采用 16 位或 32 位数据总线，其数据处理能力明显优于一般 8 位单片机；16 位和 32 位单片机大多采用流水线结构，指令以队列形式出现在 CPU 中，且具有很快的运算速度，尤其适合用于数字信号处理；大多数单片机的总线接口采用串行总线结构，如 I^2C 总线。该总线是用三条数据线代替现行的 8 位数据总线，从而大大地减少了单片机引线，降低了单机的成本。目前许多公司都在积极的开发此类产品。

（2）存储器的发展　存储器的发展主要是存储容量的扩展。现在的半导体技术更新越来越快，早期使用的由可擦除可编程只读存储器（Electrically Erasable Programmable ROM，EEPROM）都已被快闪存储器（Flash Memory）所替代，这样不但大大提高了程序固化的速度，而且程序的可擦写次数也高达十万次。51 内核的单片机片内程序存储器容量从 1~64KB 不等，甚至部分单片机内部程序存储器的容量超过 128KB，这也简化了外围电路的设计。对于 16 位和 32 位单片机，只要制造条件允许，可以集成更多的程序存储器。

（3）片内 I/O 的改进　一般单片机都有较多的并行接口，以满足外围设备、芯片扩展的需要；并配有串行口，以满足多机通信功能的要求。

1）增加并行接口的驱动能力，以可减少外部驱动。例如，有的单片机能直接输出大电流和高电压，以便直接驱动 LED 和 LCD（液晶显示器）。

2）增加 I/O 口的逻辑控制功能。大部分单片机的 I/O 都能进行逻辑操作。中、高档单片机的位处理系统能够对 I/O 接口进行位寻址及位操作，加强了 I/O 接口控制的灵活性。

3）有些单片机设置了一些特殊的串行接口功能，为构成网络化系统提供便利的条件。

（4）外围电路内装化　随着单片机集成度的不断提高，可以把众多的外围功能器件集成在片内，这也是单片机发展的重要趋势。除了一般单片机必须具有的 ROM、RAM、定时器/计数器、中断系统外，随着单片机档次的提高，为适应检测、控制功能更高的要求，片内集成的部件还有 A/D 转换器、D/A 转换器、DMA 控制器、中断控制器、锁相环、频率合成器、字符发生器、声音发生器、CRT 控制器及译码驱动器等。

随着集成电路技术及工艺的不断发展，能装入片内的外围电路也可以是大规模的。把所需的外围电路全部装入单片机内，即系统的单片化是目前单片机发展的趋势之一。

（5）低功耗化　MCS-51 系列的 8031 推出时功耗达 630mW，而现在的单片机功耗普遍都在 100mW 左右。随着对单片机低功耗的要求越来越高，现在的各个单片机制造商基本都采用了 CMOS（互补金属氧化物半导体）工艺。如 80C51 就采用了 HMOS（高性能金属氧化物半导体）工艺和 CHMOS（互补高性能金属氧化物半导体）工艺。CMOS 虽然功耗较低，但由于其物理特征决定了其工作速度不够高；而 CHMOS 则具备了高速度、高密度和低功耗的特点，更适合用在如电池供电等低功耗要求应用场合。

目前，8 位单片机的大部分产品已 CMOS 化，这类单片机普遍配置有 Wait 和 Stop 两种工作方式。例如，采用 CHMOS 工艺的 MCS-51 系列 80C31/80C51/87C51 单片机在正常运行（5V，12MHz）时，工作电流为 16mA；同样条件下以 Wait 方式工作时，工作电流则为 3.7mA；以 Stop 方式工作（2V）时，工作电流仅为 50nA。

纵观单片机几十年的发展历程，今后单片机将向多功能、高性能、高速度、低电压、低功耗、低成本、外围电路内装化、片内存储器高容量和存储速度高速化方向发展。今后的单片机将功能更强、集成度和可靠性更高而功耗更低，使用更方便。此外，专用化也是单片机的一个发展方向，针对单一用途的专用单片机将会越来越多。

1.1.3　单片机的特点及应用

1. 单片机的特点

1）小巧灵活，成本低，易于产品化。它能方便地组装成各种智能测控设备及各种智能仪器仪表，并且易于产品的升级。

2）可靠性好，适应温度范围宽。单片机芯片本身是按工业测控环境要求设计的，因此能适应各种恶劣的环境。MCS-51 系列单片机比微处理器芯片的适应温度范围宽，其适应温度范围分别为：民用级，0~70℃；工业级，-40~85℃；军用级，-65~125℃。

3）内部集成度高，外围电路易扩展，很容易构成各种规模的应用系统，控制功能强。单片机的逻辑控制功能很强。指令系统具有各种控制功能的指令。

4）可以很方便地实现多机和分布式控制系统。

2. 单片机的应用

单片机的应用范围很广，在以下的各个领域中得到了广泛的应用：

（1）工业自动化　在自动化技术中，无论是过程控制技术、数据采集技术还是测控技术，都离不开单片机。在工业自动化的领域中，机电一体化技术将发挥越来越重要的作用，在这种集机械、微电子和计算机技术为一体的综合技术（如机器人技术、数控技术）中，单片机将发挥非常重要的作用。特别是近些年来，随着计算机技术的发展，工业自动化也发展到了一个新的高度，出现了无人工厂、机器人作业、网络化工厂等，不仅将人从繁重、重复和危险的工业现场工作中解放出来，还大大提高了生产效率，降低了生产成本。

（2）智能仪器仪表　目前对仪器仪表的自动化和智能化要求越来越高。在自动化测量仪器仪表中，单片机应用十分普及。单片机的使用有助于提高仪器仪表的精度，简化结构，减小体积，使其易于携带和使用，加速仪器仪表向数字化、智能化、多功能化方向发展。

（3）消费类电子产品　该应用主要体现在家电领域。目前，家电产品的一个重要发展趋势是不断提高其智能化程度。例如，在洗衣机、电冰箱、空调机、电视机及微波炉等设备中使用了单片机后，其功能和性能得到改善和提高，并实现了智能化、最优化控制。

（4）通信方面　较高档的单片机都具有通信接口，为单片机在通信设备中的应用创造了很好的条件。例如，在微波通信、短波通信、载波通信、光纤通信、程控交换等通信设备和仪器中都能找到单片机的应用。尤其是程控交换机，它应用于计算机通信网中，不仅是现代化通信的重要手段，其本身也表明了近代通信技术与计算机技术密不可分的关系。

（5）武器装备　在现代化的武器装备中，如战斗机、军舰、坦克、导弹、鱼雷制导、智能武器装备、航天飞机导航系统等，都有单片机深入其中。

（6）终端及外部设备控制　在计算机网络终端设备（如银行终端）以及计算机外部设备（如打印机、硬盘驱动器、绘图机、传真机、复印机等）中都使用了单片机。

1.1.4　典型单片机简介

单片机的制造厂商有很多，如美国的英特尔（Intel）公司、摩托罗拉（Motorola）公司、国家半导体（National Semiconductor）公司、爱特梅尔（Atmel）公司、美国微芯（Microchip）、德州仪器（TI）公司、仙童半导体（Fairchild Semiconductor）公司、Zilog公司、Maxim公司等；日本的电气（NS）公司、东芝（Toshiba）公司、富士通（Fujitsu）公司、松下（Panasonic）公司、日立（Hitachi）公司、日电（NEC）公司、夏普（Sharp）公司等；荷兰的飞利浦（Philips）公司；德国的西门子（Siemens）公司等。很多设计厂商不仅有自己的专利产品，还常常购买其他公司设计的单片机内核，生产兼容型的其他内核的单片机，这也使得单片机的类型得到了极大的丰富，即使是同一内核的产品可供挑选的类型数量也十分庞大。

1. 8位单片机的主要生产厂家和机型

在这里主要介绍Philips公司、Atmel公司和中国台湾华邦（Winbond）公司生产的部分51内核的单片机的性能。表1-1、表1-2、表1-3列出了这些公司部分型号产品的芯片特性，更详细的内容可以参阅各个公司的芯片资料。

表1-1　Philips公司部分51内核单片机

型号	存储器容量			ISP/IAP	定时器/计数器				I/O数	串行接口	中断源/个（外部）	A/D转换器	最大频率/MHz
	OTP	FLASH	RAM		/个	PWM	PCA	WDT					
P87C5xx2	4~32KB	—	128-256B	—	3	—	—	—	32	UART	6(2)	—	33
P89C5xx2	—	4~32KB	128-256B	—	3	—	—	—	32	UART	6(2)	—	33
P89V51RD2	—	64KB	512B~1KB	—	3	√	√	√	32	UART SPI	7(2)	—	40
P89C66x	—	16~64KB	1~8KB	Y/Y	4	√	√	√	32	UART I^2C	8(2)	—	33

(续)

型号	存储器容量			ISP/IAP	定时器/计数器				I/O 数	串行接口	中断源/个（外部）	A/D 转换器	最大频率/MHz
	OTP	FLASH	RAM		/个	PWM	PCA	WDT					
P8xC591	16KB	—	512B	—	3	√	—	√	32	UART I^{2}C CAN	15(2)	6ch-10bit	16
P89C51Rx+	—	32~64KB	512B~1KB	—	4	√	√	√	32	UART	7(2)	—	33

注：SPI（Serial Peripheral Interface）：同步串行接口。
    PCA（Programmable Counter Array）：可编程计数器阵列。
    ISP（In-System Programming）：可在线编程。
    IAP（In-Application Programming）：在应用编程。

表 1-2 Atmel 公司部分 51 内核单片机

型号	存储器容量			ISP/IAP	定时器/计数器				I/O 数	串行接口	中断源/个（外部）	最大频率/MHz
	OTP	FLASH	RAM		/个	PWM	PCA	WDT				
AT89S52	—	8KB	256B	Y/	3	—	—	√	32	UART	6(2)	33
AT89C51RD2	—	64KB	2KB	Y/	3	—	√	√	48/32	UART	9(2)	60
AT89LS52	—	8KB	256B	Y/	3	—	—	√	32	UART	8(2)	16
AT89S2051	—	2KB	256B	Y/	2	√	—	—	15	UART	6(2)	24

表 1-3 Winbond 公司部分 51 内核单片机

型号	存储器容量			ISP/IAP	定时器/计数器				I/O 数	串行接口	中断源/个（外部）	最大频率/MHz
	OTP	FLASH	RAM		/个	PWM	PCA	WDT				
W78IRD2	—	64KB	1KB+256B	Y/	3	√	√	√	32/36	UART	9(4)	25
W78E58	—	32KB	256B		3	—	—	—	32	UART	8(4)	40
W79E532	—	128KB	1KB+256B	Y/	3	√	—	—	32/36	UART	7(2)	40
W78E516B	—	64KB	512B	Y/	3	—	—	—	32/36	UART	8(4)	24
W78E51B	—	4KB	128B		2	—	—	—	32/36	UART	5/7(2/4)	40

现在使用较多的单片机有 Atmel 公司生产的 AT89S52。AT89S52 是一种低电压、高性能的 CMOS8 位微处理器，它带有 8KB 可在线编程（ISP）的 Flash 存储器。该器件使用了 Atmel 公司的高密度非易失性存储器技术，并且完全兼容工业标准的 80C51 指令集和引脚。芯片内的 Flash 存储器可以在系统对程序内容重新编程，或者通过普通的非易失性存储器编程器重新编程。把这个通用的 8 位 CPU 和可在线编程 Flash 存储器结合到一个芯片上，Atmel 公司的 AT89S52 变得更加强大，可应用到很多高性能低功耗的嵌入式控制产品中。AT89S52 有如下特性：8KB Flash 片内存储器可以进行 1000 次擦/写循环，并可以进行三级加密，工

作电压范围为 4.0~5.5V，晶振频率最高可达 33MHz，它具有 256 字节的片内 RAM、32 根可编程 I/O 口线、一个看门狗定时器、两个数据指针、三个 16 位定时/计数器、六个向量两个优先级的中断系统、一个全双工串行口以及片内振荡器时钟电路。此外，AT89S52 在工作频率降到零时能支持静态逻辑，并且支持两个由软件选择的节电模式，一个是空闲模式，一个是掉电模式。空闲模式停止了 CPU 的工作，但是允许 RAM、定时器/计数器、串口和中断系统继续工作；掉电模式保存了 RAM 的内容，但是冻结了晶振，禁用了其他的功能，直到有中断唤醒或硬件复位。

2. MCS-51 系列单片机

在我国引进的单片机系列中，美国 Intel 公司的单片机产品占主导地位，主要代表系列有 MCS-51 和 MCS-96 等。

（1）MCS-51 系列单片机　MCS-51 系列单片机属于 8 位高档单片机，它在 MCS-48 系列单片机基础上，扩大了片内存储器容量、片外存储器寻址空间、并行 I/O 接口，增加了全双工串行 I/O 接口、中断源、中断优先级、指令及寻址功能、乘或除法运算和位操作等功能指令，特别是它的布尔处理器，对于处理是或非的逻辑控制具有突出的优点。

MCS-51 系列单片机一般采用 HMOS（8031）和 CHMOS（80C51）两种工艺制造，但这两种单片机完全兼容。MCS-51 系列单片机主要特性见表 1-4。

表 1-4　MCS-51 系列单片机主要特性表

型号	片外存储器		I/O 线	定时器/计数器	片外寻址空间		串行通信
	程序存储器	数据存储器			程序存储器	数据存储器	
8051	4KB ROM	128BRAM	32	2 个 16 位	64KB	64KB	UTAR
8751	4KB ROM	128BRAM	32	2 个 16 位	64KB	64KB	UTAR
8031	—	128BRAM	32	2 个 16 位	64KB	64KB	UTAR
80C51	4KB ROM	128BRAM	32	2 个 16 位	64KB	64KB	UTAR
80C31	—	128BRAM	32	2 个 16 位	64KB	64KB	UTAR
8052	8KB ROM	256BRAM	32	2 个 16 位	64KB	64KB	UTAR
8032	—	256BRAM	32	2 个 16 位	64KB	64KB	UTAR
8044	4KB ROM	192BRAM	32	2 个 16 位	64KB	64KB	SDLC
8744	4KB ROM	192BRAM	32	2 个 16 位	64KB	64KB	SDLC
8344	—	192BRAM	32	2 个 16 位	64KB	64KB	SDLC

（2）MCS-96 系列单片机　MCS-96 系列是 Intel 公司推出的 16 位高性能单片机。它有两个显著的特点：一是集成度高，内部除了具有常规的 I/O 接口、定时器/计数器、全双工串行口外，还具有高速 I/O 部件、多路 A/D 转换、脉宽调制输出及监视定时器；二是运算速度快，它具有丰富的指令系统、先进的寻址方式和带符号运算功能，不但可以对字或字节操作，还可以进行带符号或不带符号数的乘除运算。MCS-96 系列单片机的主要特性见表 1-5。

目前，MCS-96 系列单片机由于价格偏高等原因，在国内市场未广泛应用。而 MCS-51 系列单片机在国内获得了广泛应用。本书以 MCS-51 系列单片机为例进行介绍。

表 1-5　MCS-96 系列单片机主要特性表

型号	片外存储器		I/O 线	定时器/计数器	片外寻址空间	串行通信	A/D 转换
	程序存储器	数据存储器					
8094	—	232B RAM	32	2 个 16 位	64KB	UTAR	无
8795	—	232B RAM	32	2 个 16 位	64KB	UTAR	4 路 10 位
8096	—	232B RAM	48	2 个 16 位	64KB	UTAR	无
8097	—	232B RAM	48	2 个 16 位	64KB	UTAR	4 路 10 位
8394	8KB	232B RAM	32	2 个 16 位	64KB	UTAR	无
8395	8KB	232B RAM	32	2 个 16 位	64KB	UTAR	4 路 10 位
8396	8KB	232B RAM	48	2 个 16 位	64KB	UTAR	无
8397	8KB	232B RAM	48	2 个 16 位	64KB	UTAR	8 路 10 位

1.2　数制、码制与编码

1.2.1　进位计数制

进位计数制是计数方法的统称，是人们利用符号计数的一种科学方法。数制是人类在长期的实践中逐步形成的。数制有很多种，如月份采用十二进制计数。微型计算机中常用的数制有二进制、八进制、十进制和十六进制等。日常生活中最常用的是十进制计数制。

1. 十进制（Decimal）

十进制是大家最熟悉的进位计数制，它由 0、1、2、3、4、5、6、7、8 和 9 十个数字组成。这十个数字又称为"数码"，每个数码在数中最多可有两个值的概念。以十进制数 34 中数码 3 为例，其本身的值为 3，但它实际代表的值为 30。在数学上，数制中数码的个数定义为基数，故十进制的基数为 10。

十进制是一种科学的计数方法，它所能表示的数的范围可以从无限小到无限大，十进制数通常具有以下两个主要特点：

1) 它有 0~9 十个不同的数码，这是构成所有十进制数的基本符号。

2) 它是逢十进位的。十进制数在计数过程中，当它的某位计满 10 时就要向它邻近高位进一。

因此，任何一个十进制数不仅和构成它的每个数码本身的值有关，而且还和这些数码在数中的位置有关。这就是说，任何一个十进制数都可以展开成幂级数形式，例如：

$$123.45 = 1 \times 10^2 + 2 \times 10^1 + 3 \times 10^0 + 4 \times 10^{-1} + 5 \times 10^{-2}$$

式中，指数 10^2、10^1、10^0、10^{-1}、10^{-2} 在数学上称为权，10 为它的基数；整数部分中每位的幂指数是该位的位数减 1；小数部分中每位的幂指数是该位小数的位数。一般地，任意一个十进制数 N 均可表示为

$$N = \pm [a_{n-1} \times 10^{n-1} + a_{n-2} \times 10^{n-2} + \cdots a_0 \times 10^0 + a_{-1} \times 10^{-1} + a_{-2} \times 10^{-2} + \cdots a_{-m} \times 10^{-m}]$$

$$N = \pm \sum_{i=-m}^{n-1} a_i \times 10^i$$

式中，i 表示数中任一位，是一个变量；a_i 表示第 i 位的数码；n 为该整数部分的位数；m 为小数部分的位数。

2. 二进制（Binary）

二进制数是随着计算机的发展而发展起来的。二进制数也有以下两个主要特点：

1）它共有 0 和 1 两个数码，任何二进制数都是由这两个数码组成的。

2）二进制数的基数为 2，它遵守逢二进一的进位计数原则。

因此，二进制数同样也可以展开成幂级数形式，例如：

$$11010.11 = 1 \times 2^4 + 1 \times 2^3 + 0 \times 2^2 + 1 \times 2^1 + 0 \times 2^0 + 1 \times 2^{-1} + 1 \times 2^{-2}$$
$$= 1 \times 2^4 + 1 \times 2^3 + 1 \times 2^1 + 1 \times 2^{-1} + 1 \times 2^{-2}$$
$$= 26.75$$

式中，指数 2^4、2^3、2^2、2^1、2^0、2^{-1} 和 2^{-2} 为权，2 为基数，其余和十进制时相同。

因此，任何二进制数 N 的通式为

$$N = \pm [a_{n-1} \times 2^{n-1} + a_{n-2} \times 2^{n-2} + \cdots a_0 \times 2^0 + a_{-1} \times 2^{-1} + a_{-2} \times 2^{-2} + \cdots a_{-m} \times 2^{-m}]$$

$$N = \pm \sum_{i=-m}^{n-1} a_i \times 2^i$$

式中，a_i 为第 i 位数码，可取 0 或 1；n 为该二进制数整数部分的位数；m 为小数部分位数。

3. 十六进制数（Hexadecimal）

十六进制是人们学习和研究计算机中二进制数的一种工具，它是随着计算机的发展而被广泛应用的。十六进制数也有如下两个主要特点：

1）它有 0、1、2、3、4、5、6、7、8、9、A、B、C、D、E、F 共 16 个数码，任何一个十六进制数都是由其中的某些或全部数码构成。

2）十六进制数的基数为 16，进位计数规则为逢十六进一。

十六进制数也可展开成幂级数形式，例如：

$$51C.B1H = 5 \times 16^2 + 1 \times 16^1 + C \times 16^0 + B \times 16^{-1} + 1 \times 16^{-2} = 1308.69140625$$

其通式为

$$N = \pm [a_{n-1} \times 16^{n-1} + a_{n-2} \times 16^{n-2} + \cdots + a_0 \times 16^0 + a_{-1} \times 16^{-1} + a_{-2} \times 16^{-2} + \cdots + a_{-m} \times 16^{-m}]$$

$$N = \pm \sum_{i=-m}^{n-1} a_i \times 16^i$$

式中，a_i 为第 i 位数码，取值为 0～F 中的一个；n 为该数整数部分位数；m 为小数部分位数。

4. 八进制数（Octonary）

八进制有如下两个主要特点：

1）它有 0、1、2、3、4、5、6、7 共八个数码，任何一个八进制数都是由其中的某些或全部数码构成。

2）八进制数的基数为 8，进位计数规则为逢八进一。

八进制数也可展开成幂级数形式，例如：

$$(207.2)_8 = 2 \times 8^2 + 0 \times 8^1 + 7 \times 8^0 + 2 \times 8^{-1} = 135.25$$

其通式为

$$N = \pm [a_{n-1} \times 8^{n-1} + a_{n-2} \times 8^{n-2} + \cdots + a_0 \times 8^0 + a_{-1} \times 8^{-1} + a_{-2} \times 8^{-2} + \cdots + a_{-m} \times 8^{-m}]$$

$$N = \pm \sum_{i=-m}^{n-1} a_i \times 8^i$$

式中，a_i 为第 i 位数码，取值为 0～8 中的一个；n 为该数整数部分位数；m 为小数部分位数。

部分十进制、二进制和十六进制数的对照表见表 1-6。

表 1-6　部分十进制、二进制和十六进制数对照表

整　　数			小　　数		
十进制	二进制	十六进制	十进制	二进制	十六进制
0	0	0	0	0	0
1	1	1	0.5	0.1	0.8
2	10	2	0.25	0.01	0.4
3	11	3	0.125	0.001	0.2
4	100	4	0.0625	0.0001	0.1
5	101	5	0.03125	0.00001	0.08
6	110	6	0.015625	0.000001	0.04
7	111	7	0.0078125	0.0000001	0.02
8	1000	8	0.00390625	0.00000001	0.01
9	1001	9			
10	1010	A			
11	1011	B			
12	1100	C			
13	1101	D			
14	1110	E			
15	1111	F			
16	10000	10			

在微型计算机内部，数的表示形式是二进制数，这是因为二进制数只有 0 和 1 两个数码，人们采用晶体管的导通和截止、脉冲的高电平和低电平等可以很容易的表示出来。此外，二进制数运算简单，用电路实现起来很方便。但是书写二进制数的时候却很麻烦，因此人们采用十六进制数表达，这样可以大大减轻阅读和书写二进制数时的负担，例如：

$$11011011B = DBH$$
$$1001001111110010B = 93F2H$$

显然，采用十六进制数描述一个二进制数十分简洁，尤其在被描述的二进制数位数较长时。

在阅读和书写不同数制的数时，必须在每个数上外加一些辨认标记，否则就会相互混淆而无法分清。通常，标记方法有两种：一种是把数加上括号，并在括号右下角标注数制代号，如 $(101)_{16}$、$(101)_2$ 和 $(101)_{10}$ 分别表示十六进制数、二进制数和十进制数；另一种是用英文字母标记，放在被标记数的后面，分别用大写字母 B、D 和 H 表示二进制数、十进制数和十六进制数，如 56H 为十六进制数、101B 为二进制数等。通常十进制数中的 D 标记可以省略。

1.2.2　数制转换

人们习惯于使用十进制数，但计算机采用二进制数操作，这就要求机器能自动对不同数制的数进行转换。

1. 二进制数和十进制数间的转换

（1）二进制数转换成十进制数　将二进制数转换成十进制数时只要把要转换的数按权展开，之后相加即可，例如：

$$10010.01B = 1 \times 2^4 + 1 \times 2^1 + 1 \times 2^{-2} = 18.25$$

（2）十进制数转换成二进制数　将十进制数转换成二进制数的过程是上述转换过程的逆过程，但十进制整数转换成二进制的整数与十进制小数转换成二进制的小数的方法是不同的，现分别进行介绍。

1) 十进制整数转换成二进制整数。十进制整数转换成二进制整数的方法是"除 2 取余法"。其法则是用 2 连续去除要转换的十进制数，直到商小于 2 为止，然后把各次余数依次排列起来，最后得到的为最高位，最先得到的为最低位，所得到的数便是所求的二进制整数。

例 1-1　试求出十进制数 189 对应的二进制数。

解：把 189 连续除以 2，直到商数小于 2，相应竖式为

```
  2 | 189  —— 余1   最低位 ↑
    2 |  94  —— 余0
      2 |  47  —— 余1
        2 |  23  —— 余1
          2 |  11  —— 余1
            2 |   5  —— 余1
              2 |   2  —— 余0
                    1  —— 余1   最高位
```

把所得余数按箭头方向从高到低排列起来可得

$$189D = 10111101B$$

2) 十进制小数转换成二进制小数。十进制小数转换成二进制小数通常采用"乘 2 取整法"。其法则是用 2 连续去乘要转换的十进制小数，直到所得积的小数部分为 0 或满足所需精度为止，然后把各次整数依次排列起来，最先得到的为最高位，最后得到的为最低位，所对应的数便是所求的二进制小数。

例 1-2　将十进制小数 0.6879 转换为二进制小数。

解：把 0.6879 不断地乘以 2，取每次所得到乘积的整数部分，直到乘积的小数部分满足所需精度，相应竖式为

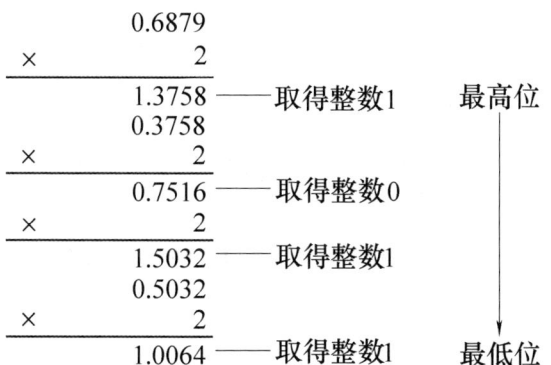

把所得整数按箭头方向从高位到低位排列后得到：
$$0.6879D \approx 0.1011B$$

对于同时有整数和小数两部分的十进制数，将其转换成二进制数的方法为：把整数和小数部分分开转换后，再合并起来。例如：
$$189.6879 \approx 10111101.1011B$$

注意：任何十进制整数都可以精确转换成一个二进制整数，但任何十进制小数却不一定可以精确转换成一个二进制小数，如例1-2。

2. 十六进制数和十进制数间的转换

（1）十六进制数转换成十进制数　十六进制数转换成十进制数的方法和二进制数转换成十进制数的方法类似，即把十六进制数按权展开后相加，例如：
$$58DC7H = 5 \times 16^4 + 8 \times 16^3 + 13 \times 16^2 + 12 \times 16^1 + 7 \times 16^0 = 363975$$

（2）十进制数转换成十六进制数

1）十进制整数转换成十六进制整数。将十进制整数转换成十六进制整数的方法和十进制整数转换成二进制整数的方法类似，十进制整数转换成十六进制整数可以采用"除16取余法"。其法则是：用16连续去除要转换的十进制整数，直到商数小于16为止，然后把各次余数按逆序排列起来，所得的数便是所求的十六进制数。

例1-3　求4016所对应的十六进制数。

解：把4016连续除以16，直到商数小于16为止，相应竖式为

```
        16    4016 —— 余 0    写做 0    最低位
        16     251 —— 余11    写做 B      ↑
                15 —— 余15    写做 F    最高位
```

所以，4016D = FB0H

2）十进制小数转换成十六进制小数。将十进制小数转换成十六进制小数的方法类似于将十进制小数转换成二进制小数的方法，常采用"乘16取整数法"。其法则是：把欲转换的十进制小数连续乘以16，直到所得乘积的小数部分为0或达到所需精度为止，然后把各次整数按顺序排列起来，所得的数便是所求的十六进制小数。

例1-4　求0.76171875的十六进制数。

解：把0.76171875连续乘以16，直到所得乘积的小数部分为0，相应竖式为

```
        0.76171875
    ×          16
       12.18750000 —— 取整数12  写作C
        0.18750000
    ×          16
        3.00000000 —— 取整数3   写作3
```

所以，0.76171875D = 0.C3H

3. 二进制数和十六进制数间的转换

二进制数和十六进制数间的转换十分方便，这就是人们要采用十六进制数的形式来对二

进制数加以表达的原因。

（1）二进制数转换成十六进制数　二进制数转换成十六进制数可采用"四位合一位法"。其法则是：从二进制数的小数点开始，或左或右每四位一组，不足四位以0补足之，然后分别把每组用十六进制数码表示，并按序相连。

例1-5　将1101111100011.10010100B转换为十六进制数。

$$\underline{0001} \quad \underline{1011} \quad \underline{1110} \quad \underline{0011} \quad . \quad \underline{1001} \quad \underline{0100}$$
$$\quad 1 \quad\quad B \quad\quad E \quad\quad 3 \quad . \quad 9 \quad\quad 4$$

所以，1101111100011.10010100B = 1BE3.94H

（2）十六进制数转换成二进制数　这种转换方法是将十六进制数的每位分别用四位二进制数码表示，然后把它们连成一体。

例1-6　将十六进制数3AB.7A5H转换为二进制数。

$$3 \quad\quad A \quad\quad B \quad . \quad 7 \quad\quad A \quad\quad 5$$
$$0011 \quad 1010 \quad 1011 \quad\quad 0111 \quad 1010 \quad 0101$$

所以，3AB.7A5H = 1110101011.011110100101B

1.2.3　码制转换

机器数是计算机中数的基本形式。为了运算方便起见，机器数通常有原码、反码和补码三种形式。目前计算机系统中多采用补码形式，补码是在原码及反码的基础上演变过来的。

1. 机器数与真值

数学中的正负符号用"＋"和"－"表示。计算机中如何表示数的正负呢？在计算机中数据存放在存储单元内，而每个存储单元由若干二进制位组成，其中每一位或是0或是1。在计算机中规定用最高位作为符号位，"0"表示"＋"；"1"表示"－"。于是数的符号在计算机中被数码化了，即从表示形式上看符号位与数值毫无区别。

设有两个数 N_1 和 N_2：N_1 = +1011011B，N_2 = -1011011B。

它们在计算机中分别表示为：N_1 = 01011011B，N_2 = 11011011B。

为了区分这两种形式的数，我们把计算机中以编码形式表示的数称为机器数（如 N_1 = 01011011B，N_2 = 11011011B），而把原来用一般书写形式表示的数称为真值（N_1 = +1011011B，N_2 = -1011011B）。

若一个数的所有数位均为数值位，则该数为无符号数；若一个数的最高位为符号位而其他数位为数值位，则该数为有符号数。由此可见，对于同一存储单元，它存放的无符号数和有符号数所能表示的数值范围是不同的。如一个存储单元为8位，当它存放无符号数时，因有效的数值位为8位，故该数的范围为（0~255）；当它存放有符号数时，因有效的数值位为7位，故该数的范围为（-127~+127）。

2. 原码

计算机中数的原码形式就是机器数形式，两者完全相同。它们的最高位为符号位，其余为数值位，符号位为0表示正数，符号位为1表示负数。在计算机中，一个数的原码可以表示为：把该数用方括号括起来，并在方括号右下角加个"原"字。用原码表示时，8位二进制数表示的数的范围是-127~+127。

例1-7　设 X = +1010B，Y = -1010B，请分别写出它们在8位计算机中的原码形式。

解：因为 X = +1010B，所以 [X]$_原$ = 00001010B
因为 Y = -1010B，所以 [Y]$_原$ = 10001010B

在计算机中，0 非常特别，它有 +0 和 -0 之分，它也有原码、反码和补码三种表示形式。例如：0 在 8 位计算机中的两种原码形式为

$$[+0]_原 = 00000000B$$
$$[-0]_原 = 10000000B$$

3. 反码

在计算机中，二进制数反码的求法很简单，有正数的反码和负数的反码之分。正数的反码和原码相同；负数反码的符号位和负数原码的符号位相同，负数反码的数值位是它的原码数值位按位取反。反码的标记方法和原码类似，只要在该数方括号的右下角添加一个"反"字即可。

例 1-8 设 X = +1101101B，Y = -0110110B，请写出 X 和 Y 的原码和反码形式。

解：因为 X = +1101101B，所以 [X]$_原$ = 01101101B，[X]$_反$ = 01101101B
因为 Y = -0110110B，所以 [Y]$_原$ = 10110110B，[Y]$_反$ = 11001001B

4. 补码

在计算机中，有符号数常用补码表示。正数的补码与原码相同，负数的补码为其反码加 1，即将其原码的符号位保持不变，将数值位按位取反后再加 1。

用补码表示时，8 位二进制数表示的数的范围为 -128 ~ +127，若超过此范围，则为溢出。

例 1-9 已知 X = +1010B，Y = -01010B，试分别写出它们在 8 位计算机中的原码、反码和补码形式。

解：因为 X = +1010B，所以 [X]$_原$ = 00001010B，[X]$_反$ = 00001010B，[X]$_补$ = 00001010B

因为 Y = -01010B，所以 [Y]$_原$ = 10001010B，[Y]$_反$ = 11110101B，[Y]$_补$ = 11110110B

由于 0 在反码中也有如下两种表示形式：

$$[+0]_反 = 00000000B$$
$$[-0]_反 = 11111111B$$

因此，0 的补码形式为

$$[+0]_补 = [+0]_反 = [+0]_原 = 00000000B$$
$$[-0]_补 = [-0]_反 + 1 = 11111111B + 1 = 00000000B$$

由此可见，无论是 +0 还是 -0，0 的补码形式是唯一的。

部分十进制真值与原码、反码及补码的对应关系见表 1-7。

表 1-7 真值与原码、反码及补码对应关系

十进制真值	原码	反码	补码
128	—	—	—
127	01111111B	01111111B	01111111B
126	01111110B	01111110B	01111110B
125	01111101B	01111101B	01111101B
…	…	…	…

(续)

十进制真值	原码	反码	补码
2	00000010B	00000010B	00000010B
1	00000001B	00000001B	00000001B
+0	00000000B	00000000B	00000000B
−0	10000000B	11111111B	00000000B
−1	10000001B	11111110B	11111111B
−2	10000010B	11111101B	11111110B
…	…	…	…
−125	11111101B	10000010B	10000011B
−126	11111110B	10000001B	10000010B
−127	11111111B	10000000B	10000001B
−128	—	—	10000000B

5. 补码的加减运算

（1）补码的加法运算　补码的加法运算规则为：$[X+Y]_{补} = [X]_{补} + [Y]_{补}$。即任何两个数相加，无论其正负号如何，只要对它们各自的补码进行加法运算，就可以得到和的补码。

例 1-10　已知 X = +0010010B，Y = −0001111B，求 $[X+Y]_{补}$。

解：$[X]_{补} = 00010010B$，$[Y]_{补} = 11110001B$；则$[X+Y]_{补} = [X]_{补} + [Y]_{补} = 00010010B + 11110001B = 00000011B$（进位位自然丢失）。

（2）补码的减法运算　任意两个数相减，只要对减数连同减号"−"求补，就变成［被减数］的补码与［−减数］的补码相加了，该结果为补码形式。

补码的减法运算法则：$[X−Y]_{补} = [X]_{补} + [−Y]_{补}$。

例 1-11　已知 X = +0010010B，Y = −0001111B，求$[X−Y]_{补}$。

解：$[X]_{补} = 00010010B$，$[−Y]_{补} = 00001111B$；则$[X−Y]_{补} = [X]_{补} + [−Y]_{补} = 00010010B + 00001111B = 00100001B$。

1.2.4　二进制编码

在计算机中，机器只能识别二进制数，因此，键盘上所有的数字、字母和符号也必须事先为它们进行二进制编码，以便机器能对它们加以识别、存储、处理和传送。下面介绍几种计算机中常用的编码形式。

1. BCD 码（十进制数的二进制编码）

BCD（Binary Coded Decimal）码是一种具有十进制权的二进制编码。BCD 码的种类较多，常用的有 8421 码、2421 码、余 3 码和格雷码等，因 8421 码最为常用，现以 8421 码为例说明。

8421 码是 BCD 码中的一种，因组成它的 4 位二进制数码的权为 8、4、2、1 而得名。8421 码是一种采用 4 位二进制数来代表十进制数码的代码系统。在这个代码系统中，十组 4 位二进制数分别代表了 0~9 中的十个数字符号，见表 1-8。

众所周知，4 位二进制数字共有 16 种组合，其中 0000B~1001B 为 8421 码的基本代码系统，1010B~1111B 未被使用，称为非法码或冗余码。10 及其以上的所有十进制数至少需要 2 位 8421 码字（即 8 位二进制数字）来表示，而且不应出现非法码，否则就不是真正的 BCD 数。因此，BCD 数是由 BCD 码构成的，是以二进制形式出现的，是逢十进位的，但它并不是一个真正的二进制数，因为二进制数是逢二进位的。例如，十进制数 45 的 BCD 形式为 01000101B（即 45H）而它的等值二进制数应为 00101101B（即 2DH）。

表 1-8 8421 BCD 码

十进制数	8421 码	十进制数	8421 码
0	0000B	8	1000B
1	0001B	9	1001B
2	0010B	10	00010000B
3	0011B	11	00010001B
4	0100B	12	00010010B
5	0101B	13	00010011B
6	0110B	14	00010100B
7	0111B	15	00010101B

2. ASCII 码

在计算机中普遍采用的是美国标准信息交换代码，即 ASCII（American Standard Code for Information Interchange）码。ASCII 码采用 7 位二进制数来对字符进行编码。它包括 32 个标点符号和运算符，10 个阿拉伯数字，52 个英文大、小写字母以及 34 个控制符号。例如，阿拉伯数字 0~9 的 ASCII 码分别为 30H~39H，英文大写字母 A~Z 的 ASCII 码是从 41H 开始依次往下编码的，英文小写字母 a~z 的 ASCII 码是从 61H 开始依次往下编码的。并非所有的 ASCII 码字符都是可打印的，有些 ASCII 码作为控制字符用来完成一个规定的动作（如回车）。编码表参见附录 B。

1.3 半导体存储器

1.3.1 半导体存储器分类

单片机中最常用的就是半导体存储器。半导体存储器种类很多，从存、取功能上可以分为只读存储器（Read Only Memory，ROM）和随机存储器（Random Access Memory，RAM）两大类。详细分类如图 1-3 所示。

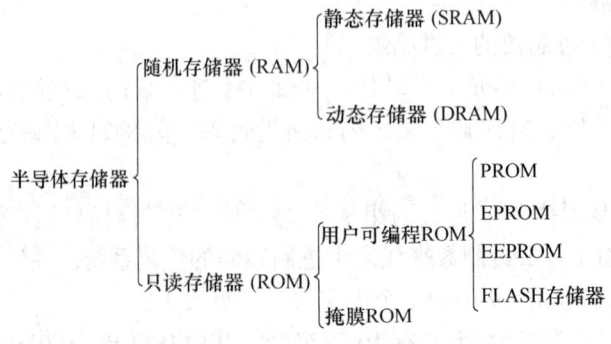

图 1-3 半导体存储器分类

ROM 中存储的内容是通过掩膜和编程技术写入的。掩膜是一种半导体生产工艺，读者可不必了解，需要时，可由厂家代做。编程是通过专用的编程工具对 PROM、EPROM 等器件进行写入操作。对于编程工具，用户只需会选择和使用即可。

1.3.2 ROM

只读存储器在正常工作状态下只能从中读出数据，不能快速地随时修改或重新写入数据。它类似于书本，只能读里面的内容，不可以随意更改书本上印刷的铅字内容。ROM 的优点是电路结构简单，而且断电以后数据不会丢失。它的缺点是只适用于存储固定数据的场合。只读存储器又分为掩膜 ROM、可编程 ROM（Programmable Read Only Memory，PROM）和可擦除可编程 ROM（Erasable Programmable Read Only Memory，EPROM）等不同类型。掩模 ROM 中的数据在制作时已经确定，无法更改；PROM 中的数据可以由用户根据自己的需要写入，但一经写入以后就不能再修改了；EPROM 里的数据不但可以由用户根据自己的需要写入，而且还能擦除重写，所以具有更大的使用灵活性。

闪速存储器（Flash Memory）也称快闪存储器或闪存，是近年来发展很快的新型半导体存储器。它的主要特点是在不加电的情况下能长期保持存储的信息。就其本质而言，Flash Memory 属于 EEPROM（电可擦除可编程只读存储器）类型。它既有 ROM 的特点，又有很高的存取速度，而且易于擦除和重写，功耗很小，目前其集成度已达数百兆，同时价格也有所下降。

与同容量的其他类型存储器相比，Flash 存储器具有如下明显的优点：

1）闪存内部有状态寄存器和命令寄存器，因此可以通过软件实现灵活控制进入各种不同工作状态，如页面擦除、分页编程、整片擦除、整片编程、进入保护方式等。

2）CPU 可以将一页数据按芯片存取速度写入缓存，再在内部逻辑的控制下，将整页数据写入相应页面，大大加快了编程速度。CPU 可以通过状态查询获知编程是否结束，从而提高了 CPU 的效率。编程速度较快，编程灵活。

3）闪存内部可以自行产生编程电压（Vpp）。所以只用 Vcc 供电，在系统中就可实现编程操作，擦除和写入都无需把芯片取下。

4）具有软件和硬件保护能力，可以防止数据被破坏。

由于闪存具有上述优点，使得它的应用越来越广泛。其应用主要如下：

1）存储监控程序、引导程序等基本不变或不经常变的程序或在掉电时需要保持的系统配置等基本不常改变的数据。

2）应用于固态盘。闪存和普通硬盘的原理不同，它不需要机械运动就可进行数据的存取，可靠性高，存取速度快，体积小巧，又不需要任何控制器，因此可以取代现在使用的磁介质存储器。目前，闪存已经被应用到数字照相机、笔记本电脑等产品的辅助存储部件中。

1.3.3 RAM

随机存储器与只读存储器具有根本区别，随机存储器在正常工作状态下就可以随时向存储器里写入数据或从中读出数据。它类似于我们的黑板，可以随时写东西上去，也可以用黑板擦擦掉重写。根据所采用的存储单元工作原理的不同，又将随机存储器分为静态存储器（Static Random Access Memory，SRAM）和动态存储器（Dynamic Random Access Memory，

DRAM）。由于动态存储器存储单元的结构非常简单，所以它能达到的集成度远高于静态存储器。但是动态存储器的存取速度不如静态存储器快。

1.3.4 半导体存储器容量与主要参数

存储器是具有"记忆"功能的设备，它用具有两种稳定状态的物理元器件来表示二进制数码"0"和"1"，这种元器件称为记忆元器件或记忆单元。记忆元器件可以是磁芯、半导体触发器、MOS 电路或电容等。

(1) 位　位（bit）是二进制数的最基本单位，也是存储器存储信息的最小数据单元。计算机采用二进制数，所以 1 位就是 1 个二进制位，它有两种状态"0"和"1"。若干个二进制位的组合可以表示数据、字符等。

(2) 字、字长和字节　字（Word）是计算机内部进行数据处理的基本单位，通常与计算机内部的寄存器、算术逻辑单元、数据总线宽度一致。计算机每一个字包含的二进制位数称为字长。8 位二进制数称为一个字节（Byte），字节宽度是固定的，而不同计算机的字长又是不同的。8 位计算机的字长为一个字节，16 位计算机的字长等于 2 个字节，32 位计算机的字长等于 4 个字节，64 位计算机的字长等于 8 个字节。

目前，为了表示方便，通常把一个字节定为 8 位，把一个字定为 16 位，把一个双字定为 32 位。若干个记忆单元组成一个存储单元，大量的存储单元的集合组成一个存储体（Memory Bank）。为了区分存储体内的存储单元，必须将它们逐一进行编号，称为地址。地址与存储单元之间一一对应，且是存储单元的唯一标志。

(3) 指令　指令（Instruction）是计算机根据人的意图来执行某种操作的命令。计算机在工作中要执行各种操作和运算，这些操作和运算是通过二进制代码的形式表示的操作命令来实现的，表示操作命令的二进制代码就是指令的机器码。计算机的机器码指令有 1 字节和 2 字节，也有多字节，如 4 字节等。

(4) 指令系统　指令系统（Instruction Set）是指一台计算机所能执行的全部指令的集合。指令系统与计算机硬件密切相关，不同系列计算机的指令系统是不同的，指令系统在很大的程度上决定了计算机处理问题的能力及使用的方便性。

(5) 程序　程序（Program）是指令的有序集合，是一组为完成某种任务而编制的指令集合。

(6) 存储容量　存储器可以容纳的二进制信息量称为存储容量。一般主存储器（内存）容量在几十千字节到几十兆字节左右；辅助存储器（外存）在几百千字节到几千兆字节。在 MCS-51 系列单片机中，能扩展的并行存储器最大容量为 64KB；而扩展的串行存储器最大容量可达数兆，甚至上百兆。

(7) 存取周期　存储器的两个基本操作为读出与写入，是指将信息在存储单元与存储寄存器（Memory Data Register，MDR）之间进行读写。存储器从接收读出命令开始到被读出信息稳定在 MDR 的输出端为止的时间间隔称为取数时间（Time Acquisition，TA）；两次独立的存取操作之间所需的最短时间称为存取周期（Time Memory Cycle，TMC）。半导体存储器的存取周期一般为 60 ~ 100ns。

(8) 存储器的可靠性　存储器的可靠性用平均故障间隔时间（Mean Time Between Failure，MTBF）来衡量。MTBF 可以理解为两次故障之间的平均时间间隔。MTBF 越长，表示可靠性越高，即保持正确工作的能力越强。

（9）性能价格比　性能主要包括存储器容量、存取周期和可靠性三项内容。性能价格比是一个综合性指标，对于不同的存储器有不同的要求。对于外存储器，要求其容量极大；而对缓冲存储器，则要求其存取速度非常快，容量不一定大。因此，性能价格比是评价整个存储器系统很重要的指标。

思考与练习题

1. 什么是单片机？
2. 简述单片机发展趋势。
3. 单片机有什么特点？
4. 单片机主要应用于哪些方面？
5. 半导体存储器有哪些分类，各有什么特点？
6. 将下列十进制数分别转换成二进制数、八进制数、十六进制数。

1）100.125；　　2）5651.575；　　3）13.45。

7. 将下列十六进制数分别转换成二进制数、八进制数、十进制数。

1）FF.45H；　　2）3F.6AH；　　3）29.DBH；　　4）7E.56H。

8. 写出下列十进制数的原码、反码、补码（用8位二进制数表示）。

1）24；　　2）56；　　3）-36；　　4）-127。

9. 下列二进制数若为无符号数，它们的值是多少？若为有符号数，它们的值是多少？均用十进制表示。

1）01101110B；　　2）01011001B；　　3）10001101B；　　4）11111001B。

10. 将下列8位二进制数分别看做是原码、反码和补码，请写出它们相应的十进制数。

1）01101100B；　　2）00000000B；　　3）10000010B；　　4）11111111B。

11. 已知某数的原码如下，求该数的补码。

1）00101111B；　　2）01111111B；　　3）11010101B；　　4）10101010B。

12. 请将下列十进制数转换为BCD码。

1）156.4；　　2）56.7；　　3）3457.43；　　4）99.234。

13. 请将下列十六进制数转换为ASCII码。

1）FH；　　2）AH；　　3）0H；　　4）7H；　　5）8H；　　6）CH；　　7）3H；　　8）6H。

14. 请将下列BCD码转换为十进制数。

1）11001.0111B；　　2）1000111000.01B；　　3）0.10001001B；　　4）1000011.10010001B。

15. 请将下列BCD码转换为二进制数和十六进制数。

1）1001111001B；　　2）1101010110B；　　3）10000110.011B；　　4）1001100101.0110B。

第 2 章 MCS-51 系列单片机硬件结构与功能

2.1 MCS-51 系列单片机的结构

MCS-51 系列单片机是美国 Intel 公司的 8 位高档单片机系列，也是目前我国应用最为广泛的一种单片机系列。MCS-51 系列又分为 51 和 52 两个子系列，并以芯片型号的最末位数字作为标志。MCS-51 系列单片机分类见表 2-1。其中，51 子系列是基本型，而 52 子系列是增强型。

表中带有字母"C"的单片机型号表示该单片机采用的是 CHMOS 工艺，具有低功耗的特点；没有带字母"C"的单片机型号均为一般的 HMOS 工艺。52 子系列对比 51 子系列功能增强的具体方面从表 2-1 所列内容中可以看出：片内 ROM 容量从 4KB 增加到 8KB，片内 RAM 容量从 128B 增加到 256B，定时器/计数器从 2 个增加到 3 个，中断源从 5 个增加到 6 个。

表 2-1 MCS-51 系列单片机分类表

子系列	片内 ROM 形式			片内 ROM 容量/KB	片内 RAM 容量/B	寻址范围/KB	I/O 特性			中断源
	无	ROM	EPROM				定时器/计数器	并行口	串行口	
51 子系列	8031	8051	8751	4	128	2×64	2×16	4×8	1	5
	80C31	80C51	87C51	4	128	2×64	2×16	4×8	1	5
52 子系列	8032	8052	8752	8	256	2×64	3×16	4×8	1	6
	80C32	80C52	87C52	8	256	2×64	3×16	4×8	1	6

2.1.1 MCS-51 系列单片机的基本结构

MCS-51 系列单片机的内部结构简化框图如图 2-1 所示。MCS-51 系列单片机主要由 CPU、存储器、I/O 接口及时钟电路等部分构成。

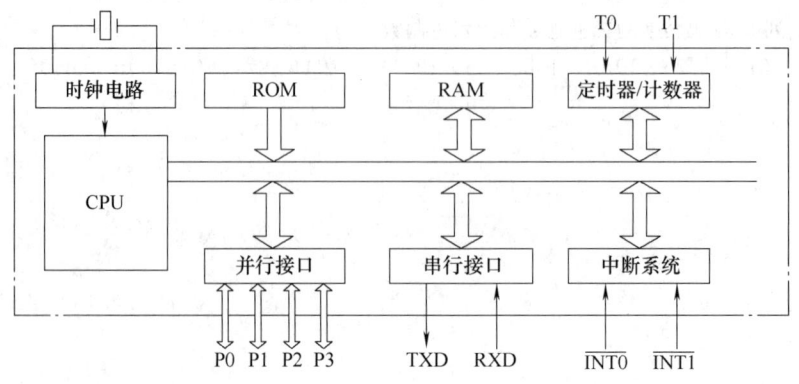

图 2-1 MCS-51 系列单片机的内部结构简化框图

MCS-51 系列单片机在结构上基本相同，只是在个别模块和功能上有些区别。图 2-2 所示为 MCS-51 系列单片机的内部结构框图。它包含了计算机必需的基本功能部件，各功能部件通过片内单一总线连成一个整体，集成在一块芯片上。

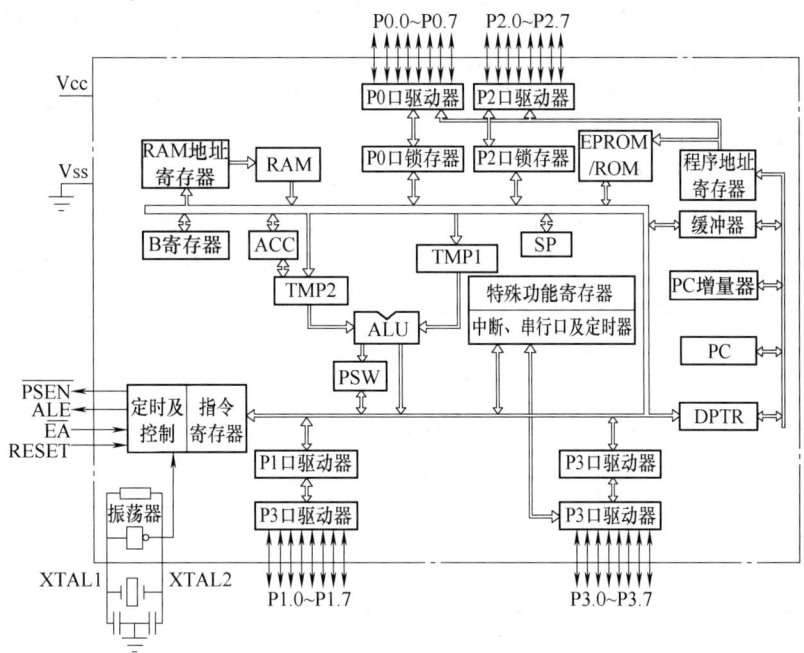

图 2-2　MCS-51 系列单片机内部结构框图

MCS-51 系列单片机在一块芯片中集成了 CPU、存储器（包括 RAM 和 ROM）、定时器/计数器和多种功能的 I/O 线等基本功能部件。以 8051 单片机为例，其内部结构主要包括：一个 8 位 CPU，一个片内振荡器及时钟电路，128B 片内数据存储器 RAM，4KB 的片内程序存储器 ROM，两个 16 位定时器/计数器，四个 8 位并行 I/O 接口，1 个可编程的全双工串行 I/O 接口，以及五个中断源、两个优先级嵌套中断结构。

2.1.2　中央处理器（CPU）

CPU 是单片机内部的核心部件，是一个 8 位二进制数的中央处理单元，主要由运算器、控制器和寄存器阵列构成。

1. 运算器

运算器用来完成算术运算、逻辑运算、位变量处理和数据传送等功能，它是 MCS-51 内部处理各种信息的主要部件。运算器主要由算术及逻辑运算单元（ALU）、累加器（ACC）、暂存器（TMP1、TMP2）、寄存器 B 和程序状态字寄存器（PSW）组成。

（1）算术及逻辑运算单元（ALU）　8051 单片机中的 ALU 由加法器和一个布尔处理器组成。主要用来实现 8 位数据的加、减、乘、除算术运算和与、或、异或、循环、求补等逻辑运算。布尔处理器主用来处理位操作，它是以进位标志位 CY 为累加器的，可执行置位、复位、取反、等于 1 转移、等于 0 转移、等于 1 转移且清零以及进位标志位与其他位寻址的位之间进行数据传送等位操作，也能使进位标志位与其他可位寻址的位之间进行逻辑与、或等操作。

（2）累加器（ACC，可简写为 A） 累加器用来存放参与算术运算和逻辑运算的一个操作数或运算的结果。在运算时将一个操作数经暂存器送至 ALU，与另一个来自暂存器的操作数在 ALU 中进行运算，运算后的结果又送回累加器。8051 单片机在结构上是以累加器为中心，大部分指令的执行都要通过累加器进行。

（3）暂存器（TMP1、TMP2） 暂存器 TMP1、TMP2 用来存放参与算术运算和逻辑运算的另一个操作数，它对用户不开放。

（4）寄存器 B 寄存器 B 在乘、除运算时用来存放一个操作数，也用来存放运算后的一部分结果。在不进行乘、除运算时，寄存器 B 可以作为通用的寄存器使用。

（5）程序状态字寄存器（PSW） PSW 是一个 8 位标志寄存器，用来存放 ALU 操作结果特征和处理器状态。这些特征和状态可以作为控制程序转移的条件，供程序查询和查寻。PSW 各位定义见表 2-2。

表 2-2 PSW 各位定义

位编号	PSW.7	PSW.6	PSW.5	PSW.4	PSW.3	PSW.2	PSW.1	PSW.0
位定义	CY	AC	F0	RS1	RS0	OV	—	P
位地址	D7H	D6H	D5H	D4H	D3H	D2H	D1H	D0H

1）进位标志位 CY。进位标志位 CY 表示累加器 A 在加减运算过程中其最高位 A7 有无进位或借位。

2）辅助进位标志位 AC。辅助进位标志位 AC 表示累加器 A 在加减运算时低 4 位（A3）有无向高 4 位（A4）进位或借位。

3）用户标志位 F0。用户标志位 F0 是用户定义的一个状态标志位，根据需要可以用软件来使它置位或清除。

4）寄存器选择位 RS1、RS0。8051 共有四组工作寄存器，每组有八个工作寄存器（R0 ~ R7）。编程时用于存放数据或地址。但每组工作寄存器在内部 RAM 中的物理地址不同。RS1 和 RS0 的四种状态组合就是用来确定四组工作寄存器的实际物理地址的。RS1、RS0 状态与工作寄存器 R0 ~ R7 的物理地址关系见表 2-3。

表 2-3 RS1、RS0 状态与工作寄存器 R0 ~ R7 的物理地址关系

RS1	RS0	工作寄存器组号	R0 ~ R7 的物理地址
0	0	0	00H ~ 07H
0	1	1	08H ~ 0FH
1	0	2	10H ~ 17H
1	1	3	18H ~ 1FH

5）溢出标志位 OV。当执行算术指令时，由硬件自动置位或清零，表示累加器 A 的溢出状态。主要用来表示带符号数加、减运算溢出与否。可用双高位法进行溢出判别。当次高位 D6 向最高位 D7 有进位，而最高位 D7 无进位时；或者当次高位 D6 向最高位 D7 无进位，而最高位 D7 有进位时，则表示发生溢出，OV = 1；否则清零。

乘法和除法也会影响 OV 标志。当乘法的积 > 255 时，OV = 1，表示积超过 8 位；否则 OV = 0。在除法运算中，OV = 1 表示被除数为 0，除法不能进行；反之 OV = 0，除法可以正

常进行。

6) 奇偶标志位 P。奇偶标志位 P 用于指示累加器 A 中 1 的个数的奇偶性，若 1 的个数为奇数，则 P = 1；若 1 的个数为偶数，则 P = 0。此标志对串行通信的数据传输非常有用，可用来校验传输的可靠性。

2. 控制器

控制器是单片机的神经中枢，它包括程序计数器（PC）、指令寄存器（IR）、指令译码器（ID）、数据指针（DPTR）、堆栈指针寄存器（SP）、缓冲器及定时控制电路等。它先以主振频率为基准发出 CPU 的时序，对指令进行译码，然后发出各种控制信号，完成一系列定时控制的微操作，用来协调单片机各部分正常工作。

(1) 程序计数器（PC） 程序计数器（PC）是专门用于存放下一条将要执行指令的 16 位地址，由 8 位计数器 PCH（高 8 位）和 PCL（低 8 位）组成。CPU 就是根据（PC）中的地址到 ROM 中去读取程序指令码和数据的。当 CPU 按顺序执行指令时，首先根据 PC 所指地址取出指令，然后将 PC 的内容自动加一，再指向下一条指令地址。在执行转移指令、子程序调用及中断响应时，PC 被自动置入新的地址。单片机复位后，PC = 0000H，即 CPU 从程序存储器的 0000H 处开始执行程序。

(2) 数据指针（DPTR） DPTR 是 16 位的地址指针，它还可以分为两个独立的 8 位寄存器（DPH 和 DPL）来使用，其中 DPH 是 DPTR 的高 8 位，DPL 是 DPTR 的低 8 位。DPTR 通常用做访问外部数据存储器或扩展 I/O 接口的间址寄存器，还可以和累加器 A 一起用做程序存储器的变址寄存器。

(3) 堆栈指针（SP） 堆栈是在存储器中开辟的一片数据存储区，这片存储区的一端固定，另一端活动，且只允许数据从活动端进出。通常把堆栈的活动端称为栈顶，固定端称为栈底。堆栈用于响应中断或调用子程序时保护断点地址，也可以通过栈操作命令（PUSH 和 POP）保护现场和恢复现场。堆栈中的数据遵循"先进后出"原则。MCS-51 系列单片机的堆栈区不是固定的，原则上可设在内部 RAM 的任意区域内，但为了避开工作寄存器区和位寻址区，一般设在 30H ~ 7FH 地址空间。栈顶的位置由专门设置的堆栈指针寄存器（SP、8 位）指出。入栈操作时，SP 先加 1，数据再压入 SP 指向的单元；出栈操作时，先将 SP 指向的单元的数据弹出，然后 SP 再减 1。

系统复位后，SP 指向 07H 单元。编程人员可根据应用系统的需要设置 SP。

(4) 指令寄存器（IR）和指令译码器（ID） 指令寄存器（IR）用于存放 CPU 根据 PC 地址从 ROM 中读出的指令操作码，并送给 ID。指令译码器（ID）是用于分析指令操作的部件，指令操作码经译码后送至定时控制电路，产生一定序列的脉冲信号，来执行指令规定的操作。

(5) 振荡器及定时控制逻辑电路 振荡器及定时控制逻辑电路在外接石英晶体和微调电容（2 ~ 30pF）后，即可产生 1.2 ~ 12MHz 的脉冲信号，作为 MCS-51 单片机工作的基本节拍。

2.1.3 存储器

8051 单片机内部有 128B 的 RAM 数据存储器和 4KB 的程序存储器，不够用时，可分别扩展为 64KB 外部 RAM 存储器和 64KB 外部程序存储器。它们的逻辑空间是分开的，并有各自的寻址机构和寻址方式。这种结构的单片机称为哈佛型存储结构单片机。

程序存储器是可读不可写的，用于存放编好的程序和表格常数。数据存储器是既可读也可写的，用于存放运算的中间结果，进行数据暂存及数据缓冲等。

2.1.4 I/O 端口

8051 单片机对外部电路进行控制或交换信息都是通过 I/O 端口进行的。单片机的 I/O 端口分为并行 I/O 端口和串行 I/O 端口，它们的结构和作用并不相同。

（1）并行 I/O 端口　8051 有四个 8 位并行双向 I/O 端口（P0 口、P1 口、P2 口和 P3 口），每一条 I/O 线都能独立地用做输入或输出。P0 口为三态双向口，能带 8 个 LSTTL 电路。P1 口、P2 口和 P3 口为准双向口（在用做输入线时，口锁存器必须先写入"1"，故称为准双向口），负载能力为 4 个 LSTTL 电路。

（2）串行 I/O 端口　8051 有一个全双工的可编程串行 I/O 端口，实现单片机与其他数据设备之间的串行数据传递。该串行口的功能较强，既可作为全双工异步通信收发器使用，也可作为同步移位器使用。

2.1.5 定时器/计数器

8051 内部有两个 16 位可编程定时器/计数器，简称为定时器 0（T0）和定时器 1（T1），T0 和 T1 分别由两个 8 位寄存器构成，其中 T0 由 TH0（高 8 位）和 TL0（低 8 位）构成，T1 由 TH1（高 8 位）和 TL1（低 8 位）构成。TH0、TL0、TH1、TL1 都是 SFR 中的特殊功能寄存器。

T0 和 T1 在定时器控制寄存器（TCON）和定时器方式选择寄存器（TMOD）的控制下（TCON、TMOD 为特殊功能寄存器），可工作在定时器模式或计数器模式下，每种模式下又有不同的工作方式。当定时或计数溢出时还可申请中断。

2.1.6 中断控制系统

单片机中的中断是指 CPU 暂停正在执行的源程序转而为中断源服务（执行中断服务程序），在执行完中断服务程序后再回到源程序继续执行。中断控制系统是指能够处理上述中断过程所需要的部分电路。MCS-51 设有五个中断源（两个外部中断，两个定时/计数中断，一个串行中断），具有两个中断优先级，可实现二级中断嵌套。

2.1.7 内部总线

总线是用于传送信息的公共途径。总线可分为数据总线、地址总线、控制总线。单片机内的 CPU、存储器、I/O 接口等单元部件都是通过总线连接到一起的。采用总线结构可以减少信息传输线的根数，提高系统可靠性，增强系统灵活性。

1）地址总线（Address Bus，AB）：传递访问对象的地址信息。
2）数据总线（Data Bus，DB）：传递数据。
3）控制总线（Control Bus，CB）：传递控制信息。

2.2 MCS-51 系列单片机引脚

8051 单片机内部总线是单总线结构,即数据总线和地址总线是公用的。8051 单片机有 40 条引脚,与其他 51 系列单片机引脚是兼容的。这 40 条引脚可分为 I/O 接口线、电源线、控制线、外接晶体振荡器线四部分,其引脚及总线结构如图 2-3 所示。

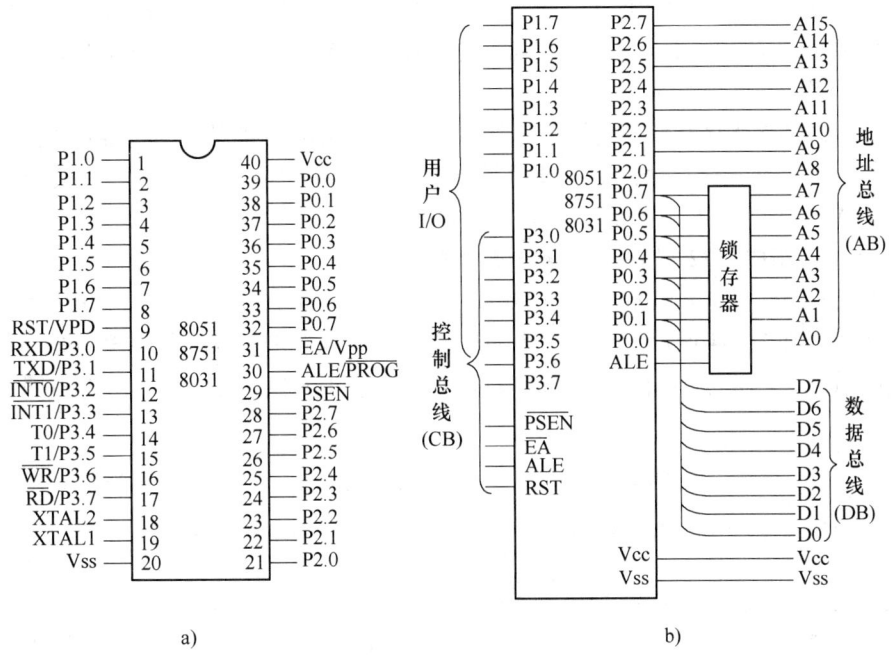

图 2-3 MCS-51 系列单片机引脚及总线结构
a) 引脚图 b) 引脚功能分类

1. 电源线

8051 单片机的电源线有以下两种:

1) Vcc:+5V 电源线。

2) Vss:接地线。

2. 外接晶体振荡器引脚

8051 单片机的外接晶体振荡器引脚有以下两种:

1) XTAL1:片内振荡电路反相放大器的输入端和内部时钟工作的输入端。采用内部振荡器时,它接外部石英晶体和微调电容的一个引脚。

2) XTAL2:片内振荡电路反相放大器的输出端,接外部石英晶体和微调电容的另一端。采用外部振荡器时,该引脚悬空。

在单片机内部,接到片内振荡器的反向放大器的输入端。当采用外部引脚时,对于 HMOS 单片机,该引脚作为外部振荡器信号输入端,对于 CHMOS 芯片,该引脚悬空不接。

3. 控制线

8051 单片机的控制线有以下几种:

1）RST/VPD：RST 是复位输入端，高电平有效。当单片机运行时，在此引脚加上持续时间大于两个机器周期（24 个时钟振荡周期）的高电平，就可以完成复位操作。

VPD 为本引脚的第二功能，即备用电源的输入端。当主电源 Vcc 发生故障，降低到某一规定的低电平时，将 +5V 的电源自动接入 RST 端，为内部 RAM 提供备用电源，以保证片内 RAM 中的信息不丢失，使单片机在复位后能继续运行。

2）ALE/$\overline{PROG}$：地址锁存允许/编程线。ALE 为地址锁存允许信号，当单片机正常工作时，ALE 引脚不断输出正脉冲信号。当访问单片机外部存储器时，ALE 输出信号的负跳沿用做低 8 位地址的锁存信号，即使不访问外部存储器，ALE 端仍有正脉冲信号输出，该频率为时钟振荡器频率的 1/6 的固定频率。

3）$\overline{PSEN}$：外部程序存储器的读选通线。在单片机访问外部程序存储器时，此引脚输出的负脉冲作为读外部程序存储器的选通信号。此脚接外部程序存储器的 $\overline{OE}$（输出允许）端。

4）$\overline{EA}$/VPP：片外 ROM 允许访问端/编程电源端。

4. I/O 端口组成（32 根 I/O 口线）**及功能**

(1) P0 口　P0 口有 8 条端口线（P0.0～P0.7），其中 P0.0 为低位，P0.7 为高位。每条线的结构组成如图 2-4 所示。它由一个输出锁存器；两个三态缓冲器、输出驱动电路和输出控制电路组成。P0 口是一个三态双向 I/O 口，它有两种不同的功能，用于不同的工作环境。

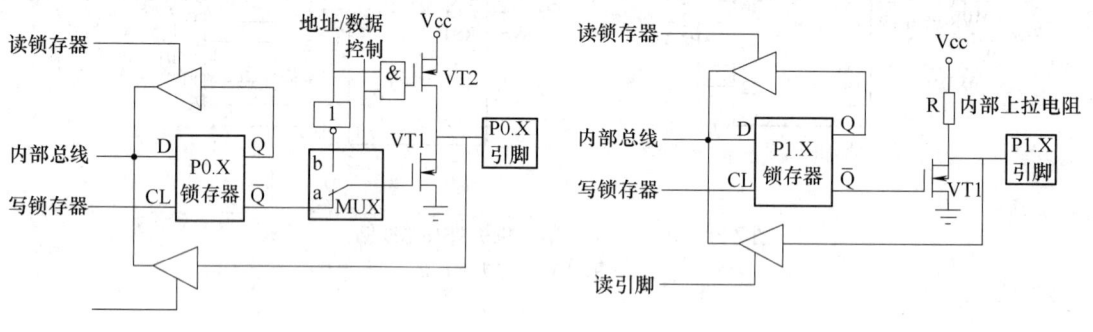

图 2-4　P0 口某位结构图　　　　图 2-5　P1 口某位结构图

(2) P1 口　P1 口有 8 条端口线（P1.0～P1.7），每条线的结构组成如图 2-5 所示。P1 口是一个准双向口，只作普通的 I/O 使用，其功能与 P0 口的第一功能相同。作输出口使用时，由于其内部有上拉电阻，所以不需外接上拉电阻；作输入口使用时，必须先向锁存器写入"1"，使场效应晶体管截止，然后才能读取数据。

(3) P2 口　P2 口有 8 条端口线（P2.0～P2.7），每条线的结构如图 2-6 所示。P2 口也是一个准双向口，它有两种使用功能：一种是当系统不扩展外部存储器时，作普通 I/O 口使用，其功能和原理与 P0 口第一功能相同，只是作为输出口时不需外接上拉电阻；

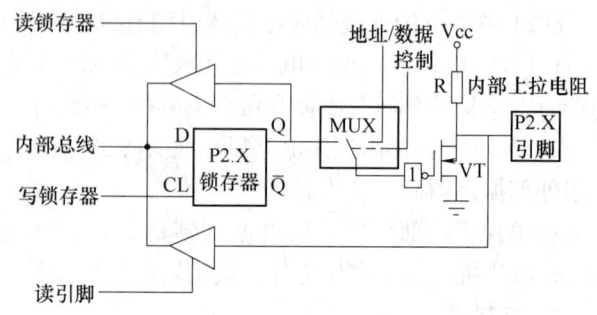

图 2-6　P2 口某位结构图

另一种是当系统外扩存储器时,P2 口作为系统扩展的地址总线口使用,输出高 8 位的地址 A8~A15,与 P0 口第二功能输出的低 8 位地址相配合,共同访问外部程序或数据存储器 (64KB),但它只能用做地址总线,并不能像 P0 口那样既能作地址总线使用又能作数据总线使用。

(4) P3 口 P3 口有 8 条端口线,命名为 P3.0~P3.7,每条线的结构如图 2-7 所示。P3 口是一个多用途的准双向口。第一功能是作普通 I/O 使用,其功能和原理与 P1 口相同;第二功能是作控制和特殊功能口使用,这时 8 条端口线所定义的功能各不相同,见表 2-4。

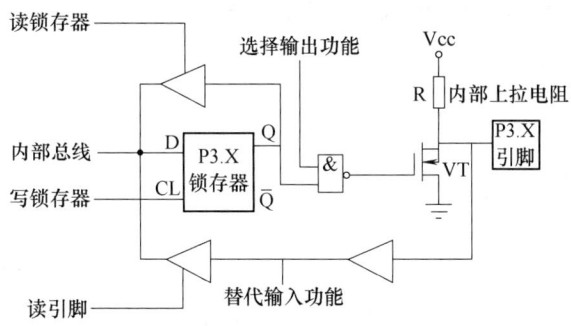

图 2-7 P3 口某位结构图

表 2-4 P3 口各引脚的第二功能表

引脚	第二功能名称	功能说明
P3.0	RXD	串行口输入
P3.1	TXD	串行口输出
P3.2	$\overline{INT0}$	外部中断 0 输入
P3.3	$\overline{INT1}$	外部中断 1 输入
P3.4	T0	定时器/计数器 0 计数输入
P3.5	T1	定时器/计数器 1 计数输入
P3.6	$\overline{WR}$	片外 RAM 写选通信号(输出)
P3.7	$\overline{RD}$	片外 RAM 读选通信号(输出)

(5) P0~P3 口的区别 通常 P0 和 P2 口构成单片机的 16 位地址总线,并且 P0 口还是 8 位的数据总线,P3 口多用于第二功能输入与输出,通常只有 P1 口用于一般输入/输出。在并行口的使用中,可定义一部分引脚为输入引脚,另一部分引脚为输出引脚,没有使用的引脚可以悬空。

P0 口由于是三态输出,其每个引脚均可驱动 8 个 LSTTL 输入,但它的输出级无上拉电阻。当它用做一般 I/O 口时,输出级是开漏电路,用它输出去驱动 NMOS 输入时须外接上拉电阻;用做输入时,应先向端口锁存器写"0"。当 P0 口作为地址/数据总线使用时,无需外接上拉电阻。而 P1~P3 口的输出级均有上拉电阻,每个引脚只能驱动 4 个 LSTTL 输入。作为输入口时,任何 TTL 或 NMOS 电路都能以正常的方式驱动单片机的 P1~P3 口。由于它们的输出级均有上拉电阻,所以也可以被集电极开路(OC 门)或漏极开路所驱动,无需外接上拉电阻。

在系统复位后,P0~P3 口的 32 个引脚均输出高电平,因此,在系统的设计过程中应保证这些引脚控制的外设不会因为系统复位而发生误动作。

P0~P3 口都是准双向口,作为输入时,必须将相应的端口锁存器写"1"。

2.3 MCS-51 系列单片机存储器结构

2.3.1 MCS-51 系列单片机存储器的分类及配置

MCS-51 系列单片机存储器采用哈佛型结构，即将程序存储器（ROM）和数据存储器（RAM）分开，它们有各自独立的存储空间、寻址机构和寻址方式。8051 单片机的存储器结构如图 2-8 所示。其存储器在物理结构上分为内部程序存储器、外部程序存储器、内部数据存储器和外部数据存储器四个存储空间。

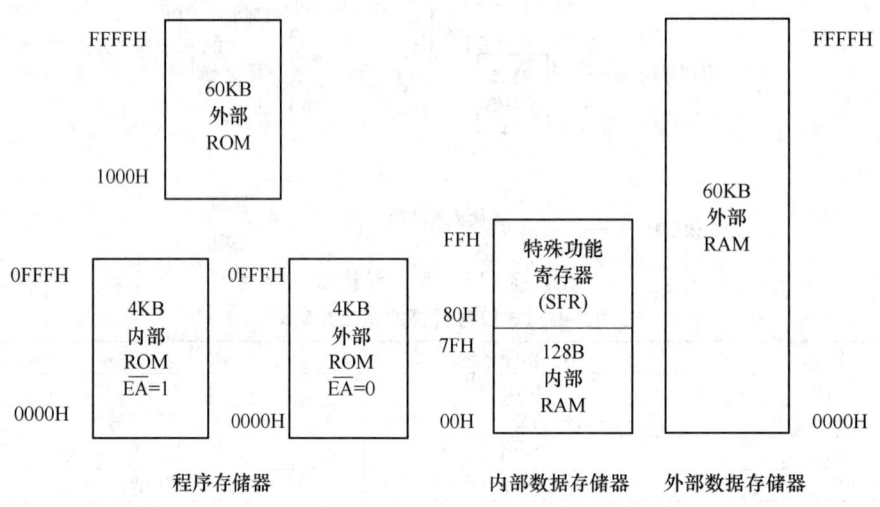

图 2-8 8051 存储器结构图

在逻辑空间上，即从用户使用的角度上看，8051 的存储器分为三个存储空间：
1) 内部外部统一编址（0000H～FFFFH）的程序存储器，用 16 位地址寻址。
2) 256B 内部数据存储器地址空间，包括各占 128B 地址空间的 RAM 和 SFR，地址为 00H～FFH，用 8 位地址寻址。
3) 64KB 的外部数据存储器地址空间，地址从 0000H～FFFFH，用 16 位地址寻址。

上述的三个存储空间是重叠的，为了用户能够正确使用这三个逻辑空间，在 8051 指令系统中设计了不同的数据传送指令符号。
1) CPU 访问内部、外部程序存储器时，指令为 MOVC。
例：MOVC A, @A+PC;
2) CPU 访问内部数据存储器时，指令为 MOV。
例：MOV A, R1;
3) CPU 访问外部数据存储器时，指令为 MOVX。
例：MOVX A, @DPTR;

2.3.2 程序存储器

程序存储器是用来存放程序和表格常数的，它由只读存储器 ROM 或 EPROM 组成。在

8051 中，片内有 4KB 的程序存储器。8051 有 64KB 程序存储器寻址区，其中 0000H～0FFFH 的 4KB 的地址空间可以为片内和片外公用。8051 提供了一条专用的控制引脚$\overline{EA}$（第 31 脚），用来控制程序存储器片内与片外地址单空间的选取。

1）若$\overline{EA}$为高电平，则 8051 使用片内 4KB 的程序存储器。
2）若$\overline{EA}$为低电平，则 8051 自动使用片外 ROM。
3）无论$\overline{EA}$为高电平还是低电平，当访问地址超过 4KB 时，自动转到片外 ROM。

在实际应用时，程序存储器的容量由用户根据需要来扩展，而程序地址空间原则上也可由用户任意安排，但程序最初运行的入口地址是固定的，用户不能更改。程序存储器中有复位和中断源共 6 个固定的入口地址，见表 2-5。

表 2-5　MCS-51 系列单片机复位、中断入口地址

操　作	程序入口地址
单片机复位	0000H
外部中断 INT0 中断服务程序	0003H
定时器 T0 中断服务程序	000BH
外部中断 INT1 中断服务程序	0013H
定时器 T1 中断服务程序	001BH
串行口中断服务程序	0023H

单片机复位后程序计数器（PC）的内容为 0000H，故必须从 0000H 开始取指令来执行程序。0000H 单元是系统的起始地址，一般在该单元存放一条无条件转移指令，用户设计的程序是从转移后的地址开始存放执行的。

2.3.3　内部数据存储器

8051 单片机内部设置有 128B 的内部数据存储器和 128B 的特殊功能寄存器寻址空间，在特殊功能寄存器寻址空间离散的分布着 21 个特殊功能寄存器（其他保留未用）。

1. 内部数据存储器

内部数据存储器共有 128B，分为工作寄存器区、位寻址区和堆栈区，见表 2-6。

（1）工作寄存器区（00H～1FH）　00H～1FH 这 32 个单元为工作寄存器区，分为四组，每组占八个 RAM 单元，地址由小到大分别用代号 R0～R7 表示。通过设置程序状态字 PSW 中的 RS1、RS0 状态来决定哪一组寄存器工作，见表 2-3。CPU 复位后，选中第 0 组寄存器为当前的工作寄存器。

（2）位寻址区（20H～2FH）　20H～2FH 这 16 个单元为位寻址区。它有双重寻址功能，既可以进行位寻址操作，也可以同普通 RAM 单元一样按字节寻址操作。在用作位寻址时，20H～2FH 单元共有 16×8 位 = 128 位，每一位分配有一个特定地址，即 00H～7FH。这些称为位地址，见表 2-6。

（3）堆栈区（30H～7FH）　30H～7FH 这 80 个单元为堆栈区，用于存放用户数据，只能按字节存取。堆栈是片内 RAM 存储器中的特殊群体，具有"后进先出，先进后出"的特点。

表 2-6　8051 内部 RAM 空间分配

7FH									堆栈区
…									
30H									
2FH	7FH	7EH	7DH	7CH	7BH	7AH	79H	78H	位寻址区
2EH	77H	76H	75H	74H	73H	72H	71H	70H	
2DH	6FH	6EH	6DH	6CH	6BH	6AH	69H	68H	
2CH	67H	66H	65H	64H	63H	62H	61H	60H	
2BH	5FH	5EH	5DH	5CH	5BH	5AH	59H	58H	
2AH	57H	56H	55H	54H	53H	52H	51H	50H	
29H	4FH	4EH	4DH	4CH	4BH	4AH	49H	48H	
28H	47H	46H	45H	44H	43H	42H	41H	40H	
27H	3FH	3EH	3DH	3CH	3BH	3AH	39H	38H	
26H	37H	36H	35H	34H	33H	32H	31H	30H	
25H	2FH	2EH	2DH	2CH	2BH	2AH	29H	28H	
24H	27H	26H	25H	24H	23H	22H	21H	20H	
23H	1FH	1EH	1DH	1CH	1BH	1AH	19H	18H	
22H	17H	16H	15H	14H	13H	12H	11H	10H	
21H	0FH	0EH	0DH	0CH	0BH	0AH	09H	08H	
20H	07H	06H	05H	04H	03H	02H	01H	00H	
1FH									工作寄存器区
…			3 组（R0~R7）						
18H									
17H									
…			2 组（R0~R7）						
10H									
0FH									
…			1 组（R0~R7）						
08H									
07H									
…			0 组（R0~R7）						
00H									

2. 特殊功能寄存器区

在片内 80H~FFH 这一区间，8051 集合了一些特殊用途的寄存器，一般称之为特殊功能寄存器（Special Function Register，SFR）。每个 SFR 占有一个 RAM 单元。它们离散地分布在 80H~FFH 地址范围内，见表 2-6。

没有被 SFR 占据的地址可能在片内并不存在。这些地址在读出时通常会得到随机的数据，而写入时将会有不确定的效应，因此，软件设计时不要使用这些单元。特殊功能寄存器通常用寄存器寻址，但也可以用直接寻址方式进行字节访问。其中 11 个寄存器（表 2-7 中带#号的寄存器）还可进行位寻址操作，其位地址的分配见表 2-8。

表 2-7 8051 特殊功能寄存器 SFR 一览表

寄存器符号	寄存器中文名称	字节地址
# B	B 寄存器	F0H
# ACC	累加器	E0H
# PSW	程序状态字节	D0H
# IP	中断优先级控制寄存器	B8H
# P3	P3 口锁存器	B0H
# IE	中断允许控制寄存器	A8H
# P2	P2 口锁存器	A0H
SBUF	串行口数据缓冲器	99H
# SCON	串行口控制寄存器	98H
# P1	P1 口锁存器	90H
TH1	定时器/计数器 1（高字节）	8DH
TH0	定时器/计数器 0（高字节）	8CH
TL1	定时器/计数器 1（低字节）	8BH
TL0	定时器/计数器 0（低字节）	8AH
TMOD	定时器/计数器 方式控制寄存器	89H
# TCON	定时器/计数器 控制寄存器	88H
PCON	电源控制寄存器	87H
DPH	数据地址指针（高字节）	83H
DPL	数据地址指针（低字节）	82H
SP	堆栈地址指针	81H
# P0	P0 口锁存器	80H

注：标有#的寄存器既可字节寻址，也可位寻址。

表 2-8 SFR 中位寻址区的位地址分配

寄存器符号	位地址								字节地址
	D7	D6	D5	D4	D3	D2	D1	D0	
B	F7H	F6H	F5H	F4H	F3H	F2H	F1H	F0H	F0H
ACC	E7H	E6H	E5H	E4H	E3H	E2H	E1H	E0H	E0H
PSW	D7H	D6H	D5H	D4H	D3H	D2H	D1H	D0H	D0H
IP			BCH	BBH	BAH	B9H	B8H		B8H
P3	B7H	B6H	B5H	B4H	B3H	B2H	B1H	B0H	B0H
IE	AFH			ACH	ABH	AAH	A9H	A8H	A8H
P2	A7H	A6H	A5H	A4H	A3H	A2H	A1H	A0H	A0H
SCON	9FH	9EH	9DH	9CH	9BH	9AH	99H	98H	98H

寄存器符号	位地址								字节地址
	D7	D6	D5	D4	D3	D2	D1	D0	
P1	97H	96H	95H	94H	93H	92H	91H	90H	90H
TCON	8FH	8EH	8DH	8CH	8BH	8AH	89H	88H	88H
P0	87H	86H	85H	84H	83H	82H	81H	80H	80H

2.3.4 外部数据存储器

8051 单片机可扩展片外 64KB 空间的数据存储器，地址范围为 0000H~FFFFH，它与程序存储器的地址空间是重合的，但两者的寻址指令和控制线不同。MCS-51 单片机访问外部数据存储器可用 R0、R1 及 DPTR 进行寻址。

2.4 8051 单片机复位电路和时钟电路

2.4.1 复位电路

单片机在开机时或在工作中因干扰而使程序失控或程序处于某种死循环状态等情况下都需要复位。复位的作用是使中央处理器 CPU 以及其他功能部件都恢复到一个确定的初始状态，并从这个状态开始工作。

8051 单片机的复位靠外部电路实现，信号由 RESET（RST）引脚输入，高电平有效，在振荡器工作时，只要保持 RST 引脚高电平持续两个机器周期，单片机即复位。复位分为上电复位和手动按键复位两种方式，电路图如图 2-9 所示。

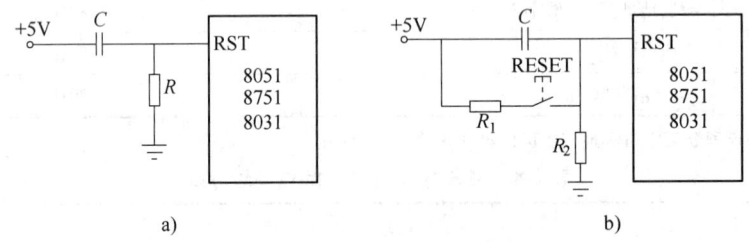

图 2-9 单片机复位电路图
a) 上电复位电路 b) 手动按键复位电路

2.4.2 复位状态

复位是单片机的初始化操作。其功能是把 PC 初始化为 0000H，使 CPU 从 0000H 单元开始执行程序。除了系统上电的正常初始化外，由于程序运行出错或操作错误使系统处于死锁状态时，也需要按复位键来重新启动。

除 PC 之外，复位操作还对其他一些寄存器有影响，它们的复位状态见表 2-9。

单片机复位后，内部 RAM 的数据是不变的。由表 2-9 可以看出：

第2章 MCS-51系列单片机硬件结构与功能

表2-9 MCS-51系列单片机寄存器复位状态表

特殊功能寄存器	复位状态	特殊功能寄存器	复位状态
ACC	00H	TMOD	00H
B	00H	TCON	00H
PSW	00H	TH0	00H
SP	07H	TL0	00H
DPL	00H	TH1	00H
DPH	00H	TL1	00H
P0～P3	0FFH	SCON	00H
IP	××000000B	SBUF	不定
IE	0××00000B	PCON	0×××××××B

注：×为随机状态。

1）PC的复位状态为0000H，表示复位后程序的入口地址为0000H。

2）PSW的复位状态为00H，其中RS1(PSW.4)=0，RS0(PSW.3)=0，表示复位后单片机选择工作寄存器0组。

3）SP的复位状态为07H，表示复位后堆栈在片内RAM的08H单元处建立。

4）P0～P3口锁存器为全1状态，说明复位后这些并行接口可以直接作输入口，无需向端口写1。

5）定时器/计数器、串行口、中断系统等特殊功能寄存器复位后的状态对各功能部件工作状态的影响将在后续有关章节中介绍。

2.4.3 振荡器与时钟电路

单片机内各部件之间有条不紊的协调工作，其控制信号是在一种基本节拍的指挥下按一定时间顺序发出的，这些控制信号在时间上的相互关系就是CPU时序。而产生这种基本节拍的电路就是振荡器和时钟电路。8051单片机的时钟信号通常由两种方式产生：一种是由内部时钟电路产生的，另一种是由外部时钟电路产生的。8051单片机时钟电路如图2-10所示。

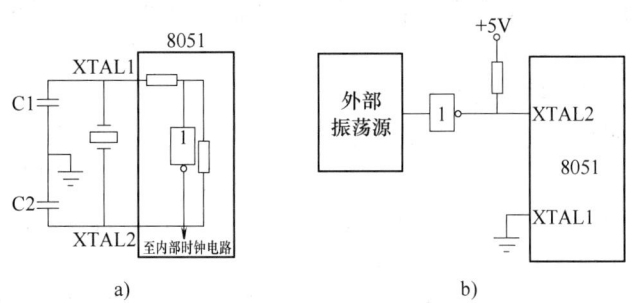

图2-10 8051单片机时钟电路
a）内部时钟电路 b）外部时钟电路

1. 内部时钟电路

内部时钟电路如图2-10a所示，在芯片内部有一个高增益的反相放大器，用于构成振荡器，XTAL1 为反相放大器的输入端，XTAL2 为反相放大器的输出端。在 XTAL1 和 XTAL2 端上外接定时元件，如晶振和电容组成的并联谐振电路（也可选用陶瓷谐振器），在内部便会产生与外加晶体同频率的振荡时钟。一般晶振频率范围是 1.2~12MHz。电容对振荡频率有微调作用，外接晶体时，C1 和 C2 通常选 30pF 左右；外接陶瓷谐振器时，C1、C2 的典型值为 47pF。

2. 外部时钟电路

外部时钟电路的接法是把外部已有的时钟信号引入到单片机内部。如图 2-10b 所示。外部时钟由 XTAL2 输入，直接送入内部时钟电路，XTAL1 接地。外部时钟电路常用于多片 8051 同时工作的情况，以便于多个单片机同步。一般要求外部时钟信号的高电平持续时间大于 20ns，且频率低于 12MHz。

2.4.4 时序

（1）振荡周期 振荡周期指由单片机片内或片外振荡器所产生的为单片机提供时钟源信号的周期，其值为振荡频率的倒数。

（2）时钟周期 时钟周期又称为状态周期或 S 周期，由内部时钟电路产生经二分频后得到的，其周期是振荡周期的 2 倍。每个时钟周期分为 P1 和 P2 两个节拍，前半周期 P1 节拍信号有效，主要完成各种算术或逻辑的操作；后半周期 P2 节拍信号有效，主要完成内部寄存器与寄存器间的数据传送。每个节拍有效时完成不同的逻辑操作。

（3）机器周期 一个机器周期在单片机内可以完成一个独立的操作，如读操作或写操作等。一个机器周期由 6 个状态周期（12 个振荡周期）组成，6 个状态周期分别用 S1~S6 表示，每一状态周期的两个节拍用 P1、P2 表示，则一个机器周期的 12 个节拍就可用 S1P1、S1P2、S2P1、…、S6P1、S6P2 表示。

（4）指令周期 指完成一条指令操作所占用的全部时间。一个指令周期通常由 1~4 个机器周期组成。MCS-51 单片机大多数指令是单字节单周期的，也有一些是单字节双周期或双字节双周期的，只有乘法和除法指令占用 4 个机器周期。若外接晶振频率为 f_{osc} = 12MHz，则四个基本周期的具体数值为：振荡周期 = 1/12μs，时钟周期 = 1/6μs，机器周期 = 1μs，指令周期 = 1~4μs。

MCS-51 单片机指令按照指令字节数和机器周期数可分为六类，即单字节单机器周期指令、单字节双机器周期指令、单字节四机器周期指令、双字节单机器周期指令、双字节双机器周期指令和三字节双机器周期指令。

图 2-11 所示为 8051 单片机几种典型的单机器周期和双机器周期指令的时序。按照 MCS-51 单片机的规定，一个机器周期分为 6 个状态周期，一个状态周期分为两个振荡周期，即一个机器周期等于 12 个振荡周期。在每个机器周期中，ALE 信号两次有效，一次在 S1P2 和 S2P1 期间，另一次在 S4P2 和 S5P1 期间。

图 2-11a 所示为单字节单机器周期指令（例 INCA），对于这类指令 CPU 只需进行一次读指令操作。当第二个 ALE 有效时，由于 CPU 封锁 PC 加 1，所以读出的还是原指令，故第二次读操作无效；图 2-11b 所示为双字节单机器周期指令（例 ADD A, #data），对应 ALE 的两次读操作都是有效的，第一次读指令操作码，第二次读指令的第二个字节（本例中为立即数 data）。

MCS-51 系列单片机大多数指令是在一个机器周期内完成的，但也有少数指令（如 MUL（乘）和 DIV（除）指令）需要四个机器周期。一般情况下，CPU 在一个机器周期中读取两个字节码，但对于单字节双机器周期来说分两种情况：第一种情况如 INC DPTR 指令，如图 2-11c 所示，在第一个机器周期的第一次读操作后，该指令已经全部读完，后面三次读操作所读的信息全部丢掉；第二种情况如 MOVX 指令，如图 2-11d 所示，执行 MOVX 指令时，仍然在第一个机器周期的 S1 期间读入操作码，并将第一个机器周期中第二次读入的操作码舍弃，由于 MOVX 指令是访问外部存储器的，因此，在第二个机器周期内无 ALE 信号产生，且不再读取指令操作码。

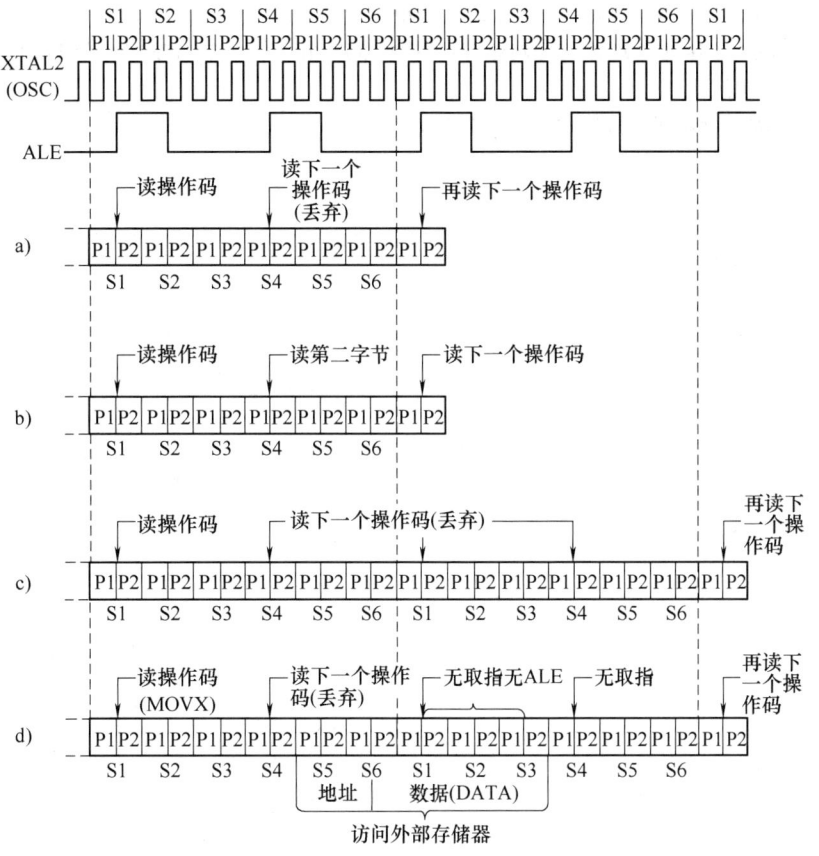

图 2-11 8051 单片机典型指令时序图
a) 单字节单机器周期指令 b) 双字节单机器周期指令
c) 单字节双机器周期指令（INC DPTR） d) 单字节双机器周期指令（MOVX）

思考与练习题

1. 8051 单片机内部结构由哪几部分组成？
2. 程序状态字寄存器（PSW）各位的定义是什么？
3. 程序计数器（PC）的作用是什么？怎样工作？
4. P0～P3 口各有什么功能？P0 口用做普通 I/O 口使用时应注意什么？
5. 对于 MCS-51 系列中无 ROM/EPROM 的单片机，在应用中 P0 口能否直接作为 I/O 口连接开关、指示灯之类的外设？为什么？

6. 时钟周期、机器周期、状态周期和指令周期的定义是什么？这四种周期如何分配？当晶振为6MHz时，它们的频率和周期各是多少？

7. 8031片内RAM的空间地址是如何分配的？

8. 程序存储器中的6个特殊单元有何作用？

9. 单片机复位后SP的内容为多少？第一个入栈数据进入哪个单元？

10. 内部RAM中字节地址00H～7FH与位地址00H～7FH完全重合，CPU是如何区分二者的？

11. MCS-51系列单片机复位后的状态如何？复位方法有几种？

12. 8051的$\overline{PSEN}$的作用是什么？$\overline{RD}$和$\overline{WR}$的作用是什么？

13. 8051的XTAL1和XTAL2的作用是什么？时钟频率和哪些因素有关？

14. DPTR是什么寄存器？它的作用是什么？它由哪几个寄存器组成？

15. MCS-51系列单片机的21个特殊功能寄存器中，可进行位寻址的有哪些？在这些特殊功能寄存器中，位地址的编排有何规律？

16. 什么是堆栈？数据进入堆栈应遵循什么原则？

第3章 MCS-51单片机指令系统

3.1 概述

3.1.1 机器语言、汇编语言和高级语言

在计算机中,所有的指令、数据都是用二进制代码来表示的。用二进制代码表示的指令系统称为机器语言(Machine Language),用机器语言编写的程序称为机器语言程序或目标程序(Object program)。对于计算机,机器语言能被识别并快速执行;但对于使用者,这种用机器语言编写的程序很难识别和记忆,容易出错。为了克服这些缺点,出现了汇编语言和高级语言。

用助记符代表指令的操作码和操作数,用标号或符号代表地址、常数或变量的程序设计语言称为汇编语言(Assembly Language)。它由字母、数字和符号组成,又称为符号语言。由于助记符一般都是操作码的英文缩写,使程序易写、易读和易改。可见,汇编语言仍是一种面向机器的语言。

由于汇编语言是一种面向机器的语言,所以受到机器种类的限制,不能在不同类型的计算机上通用,故后来又出现了高级语言。高级语言是一种面向过程的语言,这种语言更接近英语和数字表达式,易被一般用户掌握。高级语言是独立于机器的,在编程时,用户不需要对机器翻译的硬件结构和指令系统有深入的了解。高级语言直观、易学,通用性强,易于移植到不同类型的机器上去。

计算机对高级语言不能直接识别和执行,需要转换为机器语言,因此,它的执行速度比机器语言和汇编语言慢,且占用内存空间大。因汇编语言运行速度快,占用内存空间小,且易读、易记忆,所以在工业控制中广泛采用的是汇编语言。

3.1.2 指令格式

MCS-51单片机的指令格式如下:

[标号:]操作码 [目的操作数,][源操作数][;注释]

一条汇编指令由多个字段组成,各字段之间用空格或规定的标点符号隔开。方括号内的字段可以省略。

标号是由用户定义的符号组成,必须用大写英文字母开始。标号可有可无。若一条指令中有标号,标号代表该指令第一个字节存放的存储器单元的地址,故标号又称符号地址,在汇编时,把该地址赋值给标号。

操作码是指令的功能部分,不能缺省。它是便于记忆的助记符,如"MOV"是数据传送的助记符,"ADD"是加法的助记符。

操作数是指令要操作的数据信息。根据指令的不同功能,操作数可以有三个、两个、一

个或没有操作数。

注释是对指令功能的说明,便于程序的阅读和维护,它不参与计算机的操作。在程序中可有可无。

用汇编语言指令编写的程序计算机不能直接识别,必须通过汇编语言把它翻译成机器码,这个翻译过程称为汇编。若用人工查指令表的方法把汇编语言指令逐条翻译成对应的机器码,这种方法称为手工汇编,手工汇编对程序员来说在某些场合经常会用到。

3.1.3 MCS-51 单片机指令系统

1. MCS-51 单片机指令系统概述

MCS-51 单片机指令系统是一种简明易掌握、效率较高的指令系统,它使用 42 种助记符,有 51 种基本操作。通过助记符及指令中的源操作数和目的操作数的不同组合构成了 MCS-51 单片机的 111 条指令。

MCS-51 单片机的指令系统按字节数分为 49 条单字节指令、46 条双字节指令和 16 条三字节指令。按指令执行的周期划分为 64 条单机器周期指令、45 条二机器周期指令和 2 条四机器周期指令(乘法和除法)。当晶振为 12MHz 时,单机器周期指令的执行时间为 1μs。

MCS-51 单片机的一大特点是在硬件结构中有一个位处理机,对应这个位处理机,指令系统中相应地设计了一个处理位变量的指令子集,这个子集在设计需大量处理位变量的程序时十分有效、方便,使 MCS-51 单片机更适合于工业控制,这是 MCS-51 单片机指令系统的一大特点。

2. 指令系统说明

MCS-51 单片机汇编指令系统约定了一些指令格式描述中的常用符号。现将这些符号的标记和含义说明如下:

1) Rn:选定当前寄存器区的寄存器 R0 ~ R7。
2) @Ri:通过寄存器 R0 和 R1 间接寻址 RAM 单元。"@"为间接寻址前缀符号,i 为 0 或 1。
3) direct:直接地址,一个内部 RAM 单元地址或一个特殊功能寄存器的地址。
4) #data:8 位或 16 位常数,也称为立即数。"#"为立即数前缀符号。
5) addr16:16 位目的地址,供 LCALL 和 LJMP 指令使用。
6) addr11:11 位目的地址,供 ACALL 和 AJMP 指令使用。
7) rel:表示 8 位带符号偏移量(以二进制补码表示),常用于相对转移指令。
8) bit:表示位地址。
9) /:位操作前缀,表示该位内容求反,如/bit。
10) (x):表示 x 地址单元中的内容。
11) ((x)):表示 x 地址单元中的内容为地址的单元中的内容。
12) $:表示当前指令的地址。

3. 指令对标志位的影响

MCS-51 单片机指令分两类:一类指令执行后要影响到 PSW 中某些标志位的状态,即无论指令执行前标志位状态如何,指令执行时总按标志位的定义形成新的标志状态;另一类指令执行后不会影响到标志位的状态,原来是什么状态,指令执行后仍然是原来的状态。

不同的指令对标志位影响是不同的，每条指令对标志位的影响见附录A。

3.2 MCS-51 指令系统的寻址方式

在单片机中，数据的存放、传送和运算都要由编程人员来规划并通过执行指令来完成。编程人员必须清楚地知道操作数存放的地址或位置。所谓寻址方式，就是寻找操作数所在地址的方式。在这里，地址泛指一个存储单元或某个寄存器等。

MCS-51 单片机采用了 7 种寻址方式，分别为立即寻址、直接寻址、寄存器寻址、寄存器间接寻址、基址加变址寻址、相对寻址和位寻址。

3.2.1 立即寻址

立即寻址方式是指在该条指令中给出直接参与操作的常数（称为立即数），立即数有1字节和2字节。操作数前应冠以前缀"#"号，以便与直接地址相区别。例如：

MOV A, #40H; 40H→A

该指令的功能是把操作码后面的立即数40H送入A中，执行过程如图3-1所示。

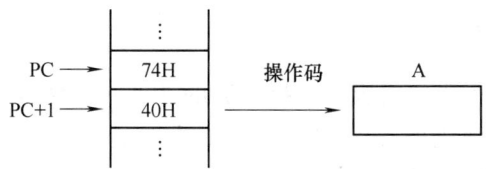

图 3-1 立即寻址指令"MOV A, #40H"执行过程

又如指令：

MOV DPTR, #5678H; DPTR←5678H

其功能是将 16 位立即数 5678H 送入 16 位寄存器 DPTR 中，该指令的执行过程如图 3-2 所示。

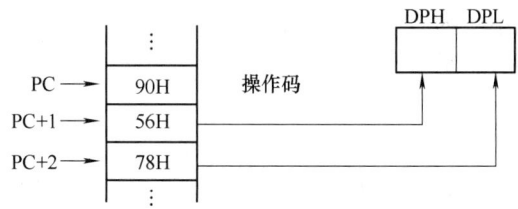

图 3-2 指令"MOV DPTR, #5678H"执行过程示意图

3.2.2 直接寻址

在指令中直接给出操作数所在存储单元的地址，该地址指出了参与操作的数据所在的字节地址或位地址。

直接寻址方式中操作数存储的空间有如下三种：

1) 内部数据存储器的低 128 个字节单元（00H~7FH）。例如：

MOV　A，70H；（70H）→A

该指令功能是把内部 RAM 中 70H 单元中的内容送入累加器 A。

2）位地址空间。例如：MOV C，00H；直接将 00H 内容→进位位

3）专用功能寄存器。专用功能寄存器只能用直接寻址方式进行访问。例如：

　　　　　　MOV　IE，#85H；85H→中断允许寄存器 IE。

IE 为专用功能寄存器，其字节地址为 0A8H。

3.2.3　寄存器寻址

由指令指出某一个寄存器（R0~R7、A、B 和 DPTR）中的内容作为操作数，这种寻址方式称为寄存器寻址。由于寄存器在 CPU 内部，所以采用寄存器寻址可以获得较高的运算速度。例如：

MOV　A，R0；A←（R0）

该指令的功能是将 R0 中的数据传送到累加器 A 中。源操作数和目的操作数都采用了寄存器寻址。又如：

INC　DPTR　　　　；DPTR←（DPTR）+1
ADD　R7，#20H　　；R7←#20H+（R7）

3.2.4　寄存器间接寻址

由指令指出某一个寄存器的内容作为操作数的地址，这种寻址方式称为寄存器间接寻址。寄存器间接寻址只能使用寄存器 R0 或 R1 作为地址指针来寻址内部 RAM（00H~FFH）中的数据。寄存器间接寻址也适用于访问外部 RAM，可使用 R0，R1 或 DPTR 作为地址指针。寄存器间接寻址用符号"@"表示。例如：

MOV　A，@R0　；（（R0））→A

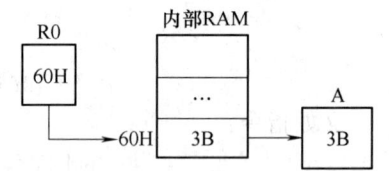

图 3-3　寄存器间接寻址过程

指令功能是把 R0 所指出的内部 RAM 单元中的内容送入累加器 A。若 R0 内容为 60H，而内部 RAM 中 60H 单元中的内容是 3BH，则指令"MOV　A，@R0"的功能是将 3BH 这个数送到累加器 A，如图 3-3 所示。

3.2.5　基址加变址寻址

这种寻址方式用于访问程序存储器中的数据表格。以 16 位的程序计数器 PC（当前值）或数据指针 DPTR 作为基址寄存器，以 8 位的累加器 A 作为变址寄存器，两者作为无符号数相加形成 16 位的地址。该地址即为参与操作的数据的存储地址。例如：

MOVC　A，@A+DPTR　；把 A+DPTR 所指的程序存储器单元的内容→A
MOVC　A，@A+PC　　；把 A+PC 所指的程序存储器单元的内容→A

A 中为无符号数，指令功能是 A 的内容和 DPTR 或 PC 的内容相加得到程序存储器的有效地址，把该存储器单元中的内容送到 A。

例如：MOVC　A，@A+PC；（（PC）+（A））→A

若（A）=88H，（PC）=801FH，执行后，（80A7H）→A。

3.2.6 相对寻址

相对寻址是以程序计数器 PC 的当前值（指读出该双字节或三字节的跳转指令后，PC 指向的下条指令的地址）为基准，加上指令中给出的相对偏移量 rel 以形成目标地址。此种寻址方式的操作是修改 PC 的值，所以主要用于实现程序的分支转移。

在跳转指令中，相对偏移量 rel 给出相对于 PC 当前值的跳转范围，其值是一个带符号的 8 位二进制数，取值范围是 -128 ~ +127，以补码形式置于操作码之后存放。当执行跳转指令时，先取出该指令，PC 指向当前值，再把 rel 的值加到 PC 上以形成转移的目标地址。

目的地址 = 源地址 + 2（相对转移指令字节数）+ rel

例如：JC rel；若（PC）= 1005H，（CY）= 1，则目的地址（即当前 PC）= 1005H + 2 + FF80H = 0F87H。

3.2.7 位寻址

位寻址是将 8 位二进制数中的某一位作为操作数，在指令中给出的是位地址，一般用 bit 表示。MCS-51 单片机片内 RAM 有两个区域可以位寻址：一个是 20H ~ 2FH 的 16 个单元中的 128 位，另一个是字节地址能被 8 整除的特殊功能寄存器中 11 个单元中的 83 位，共有 211 个位地址，见表 3-1。

例如：SETB 20H   ；20H 位←1

表 3-1 MCS-51 系列全部位地址空间

字节地址	寄存器名	位 地 址							
F0H	B	F7H	F6H	F5H	F4H	F3H	F2H	F1H	F0H
E0H	ACC	E7H	E6H	E5H	E4H	E3H	E2H	E1H	E0H
D0H	PSW	D7H	D6H	D5H	D4H	D3H	D2H	D1H	D0H
	位名称：	Cy	AC	F0	RS1	RS0	OV	—	P
B8H	IP	BFH	BEH	BDH	BCH	BBH	BAH	B9H	B8H
	位名称：				PS	PT1	PX1	PT0	PX0
B0H	P3	B7H	B6H	B5H	B4H	B3H	B2H	B1H	B0H
A8H	IE	AFH	AEH	ADH	ACH	ABH	AAH	A9H	A8H
	位名称：	EA			ES	ET1	EX1	ET0	EX0
A0H	P2	A7H	A6H	A5H	A4H	A3H	A2H	A1H	A0H
98H	SCON	9FH	9EH	9DH	9CH	9BH	9AH	99H	98H
	位名称：	SM0	SM1	SM2	REN	TB8	RB8	TI	RI
90H	P1	97H	96H	95H	94H	93H	92H	91H	90H
88H	TCON	8FH	8EH	8DH	8CH	8BH	8AH	89H	88H
	位名称：	TF1	TR1	TF0	TR0	IE1	IT1	IE0	IT0
80H	P0	87H	86H	85H	84H	83H	82H	81H	80H
2FH		7FH	7EH	7DH	7CH	7BH	7AH	79H	78H
2EH		77H	76H	75H	74H	73H	72H	71H	70H

（续）

字节地址	寄存器名	位　地　址							
2DH		6FH	6EH	6DH	6CH	6BH	6AH	69H	68H
2CH		67H	66H	65H	64H	63H	62H	61H	60H
2BH		5FH	5EH	5DH	5CH	5BH	5AH	59H	58H
2AH		57H	56H	55H	54H	53H	52H	51H	50H
29H		4FH	4EH	4DH	4CH	4BH	4AH	49H	48H
28H		47H	46H	45H	44H	43H	42H	41H	40H
27H		3FH	3EH	3DH	3CH	3BH	3AH	39H	38H
26H		37H	36H	35H	34H	33H	32H	31H	30H
25H		2FH	2EH	2DH	2CH	2BH	2AH	29H	28H
24H		27H	26H	25H	24H	23H	22H	21H	20H
23H		1FH	1EH	1DH	1CH	1BH	1AH	19H	18H
22H		17H	16H	15H	14H	13H	12H	11H	10H
21H		0FH	0EH	0DH	0CH	0BH	0AH	09H	08H
20H		07H	06H	05H	04H	03H	02H	01H	00H

表 3-2 所示为 MCS-51 单片机的七种寻址方式及寻址空间。

表 3-2　MCS-51 单片机的七种寻址方式及寻址空间

序号	寻址方式	寻址空间
1	立即寻址	程序存储器(ROM)
2	直接寻址	内部数据存储器(RAM)低 128 字节、特殊功能寄存器
3	寄存器寻址	R0 ~ R7、A、B、Cy(位)、DPTR
4	寄存器间接寻址	内部 RAM 低 128 字节(@ R0,@ R1,@ SP) 外部 RAM(@ R0,@ R1,@ DPTR)
5	基址加变址寻址	ROM(@ A + DPTR,@ A + PC)
6	相对寻址	ROM256 字节范围(PC + rel)
7	位寻址	内部 RAM 的 20H ~ 2FH 单元字节地址、部分特殊功能寄存器

3.3　MCS-51 指令系统

按指令的功能分类，MCS-51 单片机指令系统可分为如下五类：
1) 数据传送类指令：28 条。
2) 算术运算类指令：24 条。
3) 逻辑运算类指令：25 条。
4) 位操作类指令：17 条。位操作类指令由位处理机执行。
5) 控制转移类指令：17 条。

3.3.1 数据传送类指令

数据传送类指令是编程时使用得最频繁的一类指令，数据的传送是一种最基本、最主要的操作。数据传送类指令是把源操作数传送到目的操作数。指令执行后，源操作数不改变，目的操作数修改为源操作数，或者源、目的单元内容互换。

1. 以累加器 A 为目的操作数的指令

汇编指令格式：

助记符　　　　　　功能说明

MOV　A，Rn　　　；(Rn)→A

MOV　A，@Ri　　 ；((Ri))→A

MOV　A，direct　 ；(direct)→A

MOV　A，#data　　；#data→A

这组指令的功能是把源操作数送入目的操作数 A 中，源操作数的寻址方式分别为寄存器寻址、寄存器间接寻址、直接寻址和立即寻址。

例 3-1　若（R1）=21H，（21H）=55H，执行指令"MOV A，@R1"后，(A) = 55H。而（R1）=21H，（21H）=55H 不变。

2. 以 Rn 为目的操作数的指令

汇编指令格式：

助记符　　　　　　功能说明

MOV　Rn，A　　　；(A) →Rn

MOV　Rn，direct　 ；(direct)→Rn

MOV　Rn，#data　 ；#data→Rn

这组指令的功能是把源操作数送入目的操作数 Rn 中，源操作数的寻址方式分别为寄存器寻址、直接寻址和立即寻址。

例 3-2　若(50H)=40H，执行指令"MOV R6，50H"后，(R6)=40H。

3. 以直接地址 direct 为目的操作数的指令

汇编指令格式：

助记符　　　　　　功能说明

MOV　direct，A　　；(A) →direct

MOV　direct2，direct1　；(direct1)→direct2

MOV　direct，#data　；#data→direct

MOV　direct，@Ri　；((Ri))→direct

MOV　direct，Rn　　；(Rn)→direct

这组指令的功能是把源操作数送入目的操作数 direct 中，源操作数的寻址方式分别为寄存器寻址、直接寻址、立即寻址、寄存器间接寻址和寄存器寻址。Direct 是指内部 RAM 或 SFR 的地址。

例 3-3　若 R0 =40H，(40H)=78H，执行"MOV 30H，@R0"后，(30H)=78H，其他不变。

4. 以寄存器间接地址为目的操作数的指令

汇编指令格式：

助记符	功能说明
MOV @Ri, A	; (A)→((Ri))
MOV @Ri, direct	; (direct)→((Ri))
MOV @Ri, #data	; #data→((Ri))

这组指令的功能是把源操作数送入目的操作数@Ri中，源操作数的寻址方式分别为寄存器寻址、直接寻址和立即寻址。

例3-4 若(R1)=30H，(A)=20H，执行指令"MOV @R1, A"后，(30H)=20H。

5. 以 DPTR 为目的操作数的指令

汇编指令格式：

助记符	功能说明
MOV DPTR, #data16	; data16→DPTR

MCS-51单片机只有这一条16位传送指令，其功能是把源操作数送入目的操作数DPTR，16位的数据指针由DPH和DPL组成。源操作数的寻址方式为立即寻址。

例3-5 执行指令"MOV DPTR, #1234H"后，(DPH)=12H，(DPL)=34H。

6. 累加器 A 与片外 RAM 之间传送指令

汇编指令格式：

助记符	功能说明
MOVX @Ri, A	; A→((Ri)+(P2))
MOVX A, @Ri	; ((Ri)+(P2))→A
MOVX @DPTR, A	; A→((DPTR))
MOVX A, @DPTR	; ((DPTR))→A

这组指令功能是访问外部RAM，源操作数采用寄存器间接寻址或寄存器寻址。

例3-6 若(DPTR)=3020H，外部RAM(3020H)=48H，执行指令"MOVX A, @DPTR"后，(A)=48H。

例3-7 若(P2)=20H，(R1)=48H，(A)=66H，执行指令"MOVX @Ri, A"后，外部RAM单元(2048H)=66H。

例3-8 将片外数据存储器2000H单元的内容传送到片内的20H单元中。

解：　　MOV　　DPTR, #2000H；
　　　　MOVX　A, @DPTR；
　　　　MOV　　20H, A；

例3-9 将片外数据存储器2000H单元的内容传送到片外0FAH单元。

解：MOV　　DPTR, #2000H；
　　MOVX　A, @DPTR；
　　MOV　　R0, #0FAH；
　　MOVX　@R0, A；

7. 累加器 A 与程序存储器 ROM 之间传送指令

汇编指令格式：

助记符	功能说明
MOVC　A，@A+PC	；(PC)+1→(PC)，((A)+(PC))→A
MOVC　A，@A+DPTR	；((A)+(DPTR))→A

这组指令的功能是读程序存储器 ROM，特别适合于查阅 ROM 中已建立的数据表格。源操作数的寻址方式采用基址加变址寻址。

例3-10 若(PC)=3000H，(A)=20H，执行"MOVC　A，@A+PC"后，把程序存储器中3021H 单元的内容送入 A。

8. 数据交换指令

汇编指令格式：

助记符	功能说明
XCH　A，direct	；(direct)与(A)互换
XCH　A，@Ri	；(A)与((Ri))互换
XCH　A，Rn；	；(A)与(Rn)互换
XCHD　A，@Ri	；($A_{3\sim0}$)与(($Ri_{3\sim0}$))互换

前三条指令的功能是字节数据交换，实现源操作数内容与 A 的内容进行交换。后一条指令的功能是源操作数的低半字节与 A 的低半字节内容交换。

例3-11 已知：(R1)=65H，(A)=20H，(65H)=36H。
　　　　　执行指令 XCH　A，R1 后，(A)=65H，(R1)=20H。
　　　　　执行指令 XCHD　A，@R1 后，(A)=26H，(65H)=30H。

9. 堆栈操作指令

1）进栈指令

助记符	功能说明
PUSH direct	；(SP)+1→(SP)，(direct)→((SP))

2）出栈指令

助记符	功能说明
POP　direct	；((SP))→(direct)，(SP)-1→(SP)

例3-12 SP=07H，(30H)=50H，执行"PUSH 30H"后，(08H)=50H，SP=08H。
例3-13 SP=35H，(35H)=60H，执行"POP 40H"后，(40H)=60H，SP=34H。
例3-14 交换片内 RAM 中的 42H 单元与 55H 单元的内容。程序如下：

PUSH　42H
PUSH　55H
POP　42H
POP　55H

从程序中可以看出，通过堆栈操作中数据"后进先出"的特点，实现了两个不同地址单元内容的交换。

3.3.2 算术运算类指令

算术运算指令可以完成加、减、乘、除、加 1 和减 1 运算操作。这类指令大多数都同时以 A 为源操作数之一，同时又使 A 为目的操作数。算术运算操作将影响程序状态字 PSW 中的溢出标志 OV、进位（借位）标志 CY、辅助进位（辅助借位）标志 AC 和奇偶标志位 P 等。

1. 不带进位的加法指令

汇编指令格式：

助记符	功能说明
ADD　A，#data	；(A) + data→A
ADD　A，direct	；(A) + (direct)→A
ADD　A，Rn	；(A) + (Rn)→A
ADD　A，@Ri	；(A) + ((Ri))→A

这组指令的功能是把源操作数与累加器 A 的内容相加再送入目的操作数 A 中，源操作数的寻址方式分别为立即寻址、直接寻址、寄存器寻址和寄存器间接寻址。

影响程序状态字 PSW 中的 OV、CY、AC 和 P 的情况如下：

1) 进位标志 CY：若和的 D_7 位有进位时，CY = 1；否则 CY = 0。

2) 辅助进位标志 AC：若和的 D_3 位有进位时，AC = 1；否则，AC = 0。

3) 溢出标志 OV：和的 D_6、D_7 位只有一个有进位时，OV = 1；和的 D_6、D_7 位同时有进位或同时无进位时，OV = 0。溢出表示运算的结果超出了数值所允许的范围，例如，两个正数相加结果为负数或两个负数相加结果为正数时属于错误结果，此时 OV = 1。

4) 奇偶标志 P：当 A 中"1"的个数为奇数时，P = 1；为偶数时，P = 0。

例 3-15　若 (A) = 84H，(30H) = 8DH，执行指令"ADD　A，30H"后的结果为 (A) = 11H，CY = 1，AC = 1，OV = 1，P = 0。

例 3-16　若 (A) = C2H，(R1) = AAH，执行指令"ADD　A，R1"后的结果为 (A) = 6CH，CY = 1，AC = 0，OV = 1。

2. 带进位的加法指令

汇编指令格式：

助记符	功能说明
ADDC　A，#data	；(A) + data + (CY)→A
ADDC　A，direct	；(A) + (direct) + (CY)→A
ADDC　A，Rn	；(A) + (Rn) + (CY)→A
ADDC　A，@Ri	；(A) + ((Ri)) + (CY)→A

这组指令的功能是把源操作数与累加器 A 的内容相加再与进位标志 CY 的值相加，结果送入目的操作数 A 中。需要说明的是，所加的进位标志 CY 的值是在该指令执行之前已经存在的进位标志的值。

例 3-17　设 (A) = C2H，(R1) = AAH，CY = 1，执行指令"ADDC　A，R1"后的结果为 (A) = 6DH，CY = 1，AC = 0，OV = 1。

3. 带借位的减法指令

汇编指令格式：

助记符	功能说明
SUBB　A，#data	；(A) − data − (CY)→A
SUBB　A，#direct	；(A) − (direct) − (CY)→A
SUBB　A，Rn	；(A) − (Rn) − (CY)→A

SUBB　A，@Ri　　　　　；(A)-((Ri))-(CY)→A

这组指令的功能是把源操作数 A 的内容减去指令指定单元的内容再减去借位 CY 的值，结果再送入目的操作数 A 中。

例3-18　若(A)=C9H，(R2)=54H，CY=1，执行指令"SUBB　A，R2"后，则结果为 (A)=74H，CY=0，AC=0，OV=1，P=0。

4. 乘法指令

汇编指令格式：

助记符　　　　　　　　功能说明

MUL　AB　　　　　　　；A 与 B 相乘，乘积高 8 位送 B，低 8 位送 A

此指令的功能是将 A 和 B 中的两个 8 位无符号数相乘，在乘积大于 FFFFH 时，OV 置 1，否则 OV 置 0，CY 位总是为 0。

例3-19　若(A)=50H，(B)=A0H，执行指令"MUL　AB"后的结果为(A)=00H，(B)=32H，OV=1，CY=0。

例3-20　设(A)=4EH，(B)=5DH，执行指令"MUL　AB"后的结果为(A)=56H，(B)=1CH。

5. 除法指令

汇编指令格式：

助记符　　　　　　　　功能说明

DIV　AB　　　　　　　；A 除以 B，商送 A，余数送 B

此指令的功能是将 A 中的无符号 8 位二进制数除以寄存器 B 中的无符号 8 位二进制数，商的整数部分存放在累加器 A 中，余数部分存放在寄存器 B 中。

当除数为零时，则存放在 A 和 B 中的结果不确定，且溢出标志位 OV=1。而标志 CY 总是被清 0。

例3-21　若(A)=FBH，(B)=12H，执行指令"DIV　AB"后的结果为(A)=0DH，(B)=11H，OV=0，CY=0。

6. 加 1 指令

汇编指令格式：

助记符　　　　　　　　功能说明

INC　A；　　　　　　　(A)+1→A

INC　Rn；　　　　　　 (Rn)+1→Rn

INC　direct；　　　　　(direct)+1→direct

INC　@Ri；　　　　　　((Ri))+1→(Ri)

INC　DPTR；　　　　　(DPTR)+1→DPTR

这组指令的功能是把源操作数的内容加 1，结果再送回源操作数。这组指令仅"INC A"影响 P 标志，其余指令都不影响标志位的状态。

7. 十进制调整指令

汇编指令格式：

助记符　　　　　　　　功能说明

DA　A；　　　　　　　调整累加器 A 内容为 BCD 数

这条指令的功能是用于对两个 BCD 码数相加后的结果进行十进制调整，从而得到正确的压缩型 BCD 码并放在 A 中。调整方法如下：

1）当累加器 A 中的低 4 位数出现了非 BCD 码 1010～1111 或低 4 位产生进位（AC＝1），则应在低 4 位加 6 调整，以产生低 4 位正确的 BCD 结果。

2）当累加器 A 中的高 4 位数出现了非 BCD 码 1010～1111 或高 4 位产生进位（CY＝1），则应在高 4 位加 6 调整，以产生高 4 位正确的 BCD 结果。

例 3-22　若 A 中有 BCD 数 30H（即 30），执行指令

　　ADD　A，#99H
　　DA　A

执行结果为 A＝29H。

8. 减 1 指令

汇编指令格式：

助记符	功能说明
DEC　A；	(A)－1→A
DEC　Rn；	(Rn)－1→Rn
DEC　direct；	(direct)－1→direct
DEC　@Ri；	((Ri))－1→(Ri)

这组指令的功能是把源操作数的内容减 1，结果再送回源操作数。

3.3.3　逻辑运算类指令

MCS-51 单片机的逻辑运算指令可分为四大类：对累加器 A 的逻辑操作，对字节变量的逻辑与、逻辑或、逻辑异或操作。指令中的操作数都是 8 位的，它们在进行逻辑运算操作时都不影响标志位。

1. 对累加器 A 的逻辑操作

汇编指令格式：

助记符	功能说明
CLR　A；	00H→A
CPL　A；	($\overline{A}$)→A
RL　A；	←A7←A0←
RLC　A；	←CY←A7←A0←
RR　A；	→A7→A0→
RRC　A；	→CY→A7→A0→
SWAP　A；	A7～4　A3～0

在使用上述指令时，应注意以下几点：

1）"CLR　A" 是清零指令，是将 A 中所有位全部置 0。

2）"CPL　A" 是对 A 中内容按位取反，即原来为 1 变为 0，原来为 0 变为 1。

3)"RL　A"和"RLC　A"指令都使 A 中内容逐位左移一位,但 RLC A 将使 CY 连同 A 中内容一起左移循环,A7 进入 CY,CY 进入 A0。

4)"RR　A"和"RRC　A"指令的功能类似于"RL　A"和"RLC　A",仅是 A 中数据位移动方向向右。

5)"SWAP　A"的操作为 A 的两个半字节(高 4 位和低 4 位)内容交换。

例 3-23　若(A)= B5H,执行指令"RL　A"后,(A)= 6BH。

若(A)= B5H,(CY)= 0,执行指令"RLC　A"后,(A)= 6AH。

若(A)= B5H,执行指令"RR　A"后,(A)= DAH。

若(A)= B5H,(CY)= 0,执行指令"RRC　A"后,(A)= 5AH。

若(A)= B5H,执行指令"SWAP　A"后,(A)= 5BH。

2. 逻辑与指令

汇编指令格式:

助记符　　　　　　　　功能说明

ANL　A,Rn;　　　　　(A)∧(Rn)→A

ANL　A,direct;　　　　(A)∧(direct)→A

ANL　A,@Ri;　　　　 (A)∧((Ri))→A

ANL　A,#data;　　　　(A)∧#data→A

ANL　direct,A;　　　　(A)∧(direct)→direct

ANL　direct,#data;　　(direct)∧#data→direct

前四条指令的功能是把源操作数与累加器 A 的内容相"与",结果送入目的操作数 A 中。后两条指令功能是把源操作数与直接地址指定的单元内容相"与",结果送入直接地址指定的单元。

3. 逻辑或指令

汇编指令格式:

助记符　　　　　　　　功能说明

ORL　A,Rn;　　　　　(A)∨(Rn)→A

ORL　A,direct;　　　　(A)∨(direct)→A

ORL　A,@Ri;　　　　 (A)∨((Ri))→A

ORL　A,#data;　　　　(A)∨#data→A

ORL　direct,A;　　　　(A)∨(direct)→direct

ORL　direct,#data;　　(direct)∨#data→direct

前四条指令的功能是把源操作数与累加器 A 的内容相"或",结果送入目的操作数 A 中。后两条指令功能是把源操作数与直接地址指定的单元内容相"或",结果送入直接地址指定的单元。

4. 逻辑异或指令

汇编指令格式:

助记符　　　　　　　　功能说明

XRL　A,Rn;　　　　　(A)⊕(Rn)→A

XRL　A,direct;　　　　(A)⊕(direct)→A

XRL　A，@Ri；　　　　　（A）⊕((Ri))→A
XRL　A，#data；　　　　（A）⊕#data→A
XRL　direct，A；　　　　（A）⊕(direct)→direct
XRL　direct，#data；　　(direct)⊕#data→direct

前四条指令的功能是把源操作数与累加器A的内容相"异或"，结果送入目的操作数A中。后两条指令功能是把源操作数与直接地址指定的单元内容相"异或"，结果送入直接地址指定的单元。

例3-24　已知(A) = CAH，(R1) = BCH。

执行指令"ANL　A，R1"后的结果为(A) = 88H。

执行指令"ORL　A，R1"后的结果为(A) = FEH。

执行指令"XRL A，R1"后的结果为(A) = 76H。

例3-25　若(P1) = 35H，使其变为05H，用逻辑指令实现。

ANL　P1，#0FH

例3-26　使P1口中P1.2、P1.3、P1.7位清零，其他位不变。

ANL　P1，#01110011B 或 ANL　P1，#73H

例3-27　使P1口中的P1.1、P1.4、P1.5置1。

ORL　P1，#00110010B 或 ORL　P1，#32H

例3-28　试将累加器中的低3位送P0口，并使P0口高5位不变。

ANL　A，#07H

ANL　P0，#0F8H

ORL　P0，A

例3-29　要求P1口中的0~4位受A中0~4位控制。

ANL　A，#1FH

ANL　P1，#0E0H

ORL　P1，A

例3-30　对内部RAM中78H单元中的1、3、5、7位取反。

MOV　A，#AAH

XRL　78H，A

3.3.4　位操作指令

位操作又称布尔操作，它是以位为单位进行的各种操作。在进行位操作时，以进位标志位C作为位累加器。

在位操作中有四种位地址的表示形式：直接地址方式、点操作符方式、位名称方式以及伪指令定义方式。

注意：累加器A在作为一个字节使用时，用A表示；访问A中的位地址时，用"ACC."表示。

1. 位变量传送指令

汇编指令格式：

助记符　　　　　　　　功能说明

```
MOV    C, bit              ;(bit)→(C)
MOV    bit, C              ;(C)→(bit)
```
这两种指令可以实现地址单元与位累加器之间的数据传送。

例 3-31 若(C)=1, (P3)=1100 0101B, (P1)=0011 0101B, 执行以下指令:
```
MOV    P1.3, C
MOV    C, P3.3
MOV    P1.2, C
```
则结果为:(C)=0, P3 口内容不变, (P1)=0011 1001B。

2. 位清零和置位传送指令

汇编指令格式:

助记符   功能说明
```
CLR    C                   ;0→(C)
CLR    bit                 ;0→(bit)
```
这两条指令可以实现地址单元与位累加器的清零。
```
SETB   C                   ;1→(C)
SETB   bit                 ;1→(bit)
```
这两条指令可以实现地址单元与位累加器的置位(即置1)。

3. 位逻辑运算指令

汇编指令格式:

助记符   功能说明
```
ANL    C,bit               ;(C)∧(bit)→C
ANL    C,/bit              ;(C)∧(bit 取反)→C
```
这两条指令可以实现位地址单元的内容或者取反后的值与位累加器的内容相"与"。操作结果送位累加器 C。
```
ORL    C,bit               ;(C)∨(bit)→C
ORL    C,/bit              ;(C)∨(bit 取反)→C
```
这两条指令可以实现位地址单元的内容或者取反后的值与位累加器的内容相"或"。操作结果送位累加器 C。
```
CPL    C                   ;(C 取反)→(C)
CPL    bit                 ;(bit 取反)→(bit)
```
这两条指令可以实现位累加器的内容或位地址单元的内容的取反。

例 3-32 试用位操作指令实现以下逻辑操作,要求不得改变未涉及的位的内容。

1) 使 ACC.0 置位:执行指令"SETB ACC.0"。
2) 使 ACC.2 复位:执行指令"CLR ACC.2"。

4. 位条件转移指令

汇编指令格式:

(1) 判位变量转移指令

助记符   功能说明
```
JB     bit,rel              ;(PC)+3→PC
```

	当(bit) = 1,则(PC) + rel→PC
	当(bit) = 0,则顺序往下执行
JNB bit,rel	;(PC) + 3→PC
	当(bit) = 0,则(PC) + rel→PC
	当(bit) = 1,则顺序往下执行

上面两条指令分别对指定位进行检测,当(bit) = 1 或(bit) = 0 时,程序转向目标地址;否则,顺序执行下一条指令。对该位进行检测时,不影响原变量值,也不影响标志位。

（2）判 C 转移指令

助记符	功能说明
JC rel	;(PC) + 2→PC
	当(C) = 1,则(PC) + rel→PC
	当(C) = 0,则顺序往下执行
JNC rel	;(PC) + 2→PC
	当(C) = 0,则(PC) + rel→PC
	当(C) = 1,则顺序往下执行

上面两条指令分别对进位标志位 C 进行检测,当 C = 1 或 C = 0 时,程序转向目标地址;否则,顺序执行下一条指令。

助记符	功能说明
JBC bit,rel	;(PC) + 3→PC
	当(bit) = 1,则(PC) + rel→PC,0→(bit)
	当(bit) = 0,则顺序往下执行

该指令对指定位进行检测,当（bit）= 1,则将该位清零,程序转向目标地址去执行;否则,顺序执行下一条指令。不管该位原为何值,在进行检测后即清零。

例 3-33 试判断累加器中数的正负,若为正数,存入 20H 单元;若为负数,存入 21H 单元。

解：START：JB ACC.7, LOOP   ;累加器符号位为1,转至 LOOP
　　　　　　MOV　20H, A　　　　;否则为正数,存入 20H 单元
　　　　　　RET　　　　　　　　;返回
　　　LOOP：MOV　21H, A　　　　;负数存入 21H 单元
　　　　　　RET　　　　　　　　;返回

3.3.5 控制转移类指令

一般情况下,程序的执行是按顺序进行的,但也可以根据需要改变程序的执行顺序,这种情况称为程序转移。控制程序转移利用转移指令。MCS-51 系列的转移指令有无条件转移、条件转移和子程序调用与返回指令。

1. 无条件转移指令

当程序执行到该指令时,程序无条件转移到指令所提供的地址处执行。

（1）短转移指令

汇编指令格式：

助记符　　　　　功能说明
AJMP　addr11　　;(PC)+2→PC,addr11→(PC$_{10\sim0}$),PC$_{15\sim11}$ 不变

这是 2KB 范围内的无条件跳转指令。AJMP 把 MCS-51 的 64KB 程序存储器空间划分为 32 个区,每个区为 2KB,转移目标地址必须与 AJMP 下一条指令的第一个字节在同一 2KB 范围内(即转移目标地址必须与 AJMP 下一条指令的地址 addr15~11 相同),否则将引起混乱。

执行该指令时,先将 PC 加 2,然后把 addr11 送入 PC.10~PC.0,PC.15~PC.11 不变,程序转移到指定的地方。

(2) 长转移指令

助记符　　　　　功能说明
LJMP　addr16　　;addr16→(PC)

该指令执行时,将指令的第二、三个字节地址码分别装入程序计数器 PC 的高 8 位和低 8 位中,程序无条件地转移到指定的目标地址去执行。LJMP 指令提供的是 16 位地址,因此程序可以转向 64KB 的程序存储器地址空间的任何单元。

(3) 相对转移指令

助记符　　　　　功能说明
SJMP　rel　　　　;(PC)+2→PC,(PC)+rel→PC

rel 是一个带符号的偏移量,其范围在 -128~+127 之间,负数表示反向转移,正数表示正向转移。该指令为双字节指令,执行时先将 PC 中的内容加 2,再加相对偏移地址 rel,即得到转移目标地址。

(4) 间接跳转指令

助记符　　　　　功能说明
JMP　@A+DPTR　　;(A)+(DPTR)→PC

该指令的功能是把累加器中 8 位无符号数与数据指针 DPTR 的 16 位数相加,其结果作为转移地址送入 PC,指令的执行过程不改变累加器和数据指针 DPTR 内容,也不影响标志。

例 3-34　执行下列程序:
```
       MOV   DPTR,#TABLE
       JMP   @A+DPTR
TABLE: AJMP  ROUT0
       AJMP  ROUT1
       AJMP  ROUT2
       AJMP  ROUT3
```
当(A)=00H 时,程序将转到 ROUT0 处执行;当(A)=02H 时,程序将转到 ROUT1 处执行,其余依次类推。

2. 条件转移指令

条件转移指令是根据给出的条件进行检测,条件满足时则转移(相当于一条相对转移指令),条件不满足则按顺序执行下面一条指令。转移的目标地址是以下一条指令地址为中心,在 256B 范围内(-128~+127)进行。

(1) 累加器 A 判 0 转移指令

汇编指令格式：

助记符　　　　　　　　功能说明

JZ　rel　　　　　　　；(PC)+2→PC。若(A)=00H,则(PC)+rel→PC;若(A)≠0时,程序顺序执行。

JNZ　rel　　　　　　　；(PC)+2→PC。若(A)≠0时,则(PC)+rel→PC;若(A)=00H,程序顺序执行。

这两条指令的功能是对累加器 A 的内容为 0 和不为 0 进行检测并转移。

（2）比较不相等转移指令

汇编指令格式：

助记符　　　　　　　　功能说明

CJNE　A,direct,rel　　；　(PC)+3→PC,

　　　　　　　　　　　　若(direct)<(A),则(PC)+rel→PC 且(CY)=0

　　　　　　　　　　　　若(direct)>(A),则(PC)+rel→PC 且(CY)=1

　　　　　　　　　　　　若(direct)=(A),则顺序执行,且(CY)=0

CJNE　A,#data,rel　　；　(PC)+3→PC,

　　　　　　　　　　　　若#data<(A),则(PC)+rel→PC 且(CY)=0

　　　　　　　　　　　　若#data>(A),则(PC)+rel→PC 且(CY)=1

　　　　　　　　　　　　若#data=(A),则顺序执行,且(CY)=0

CJNE　Rn,#data,rel　　；　(PC)+3→PC,

　　　　　　　　　　　　若#data<(Rn),则(PC)+rel→PC 且(CY)=0

　　　　　　　　　　　　若#data>(Rn),则(PC)+rel→PC 且(CY)=1

　　　　　　　　　　　　若#data=(Rn),则顺序执行,且(CY)=0

CJNE　@Ri,#data,rel　　；　(PC)+3→PC,

　　　　　　　　　　　　若#data<((Ri)),则(PC)+rel→PC 且(CY)=0

　　　　　　　　　　　　若#data>((Ri)),则(PC)+rel→PC 且(CY)=1

　　　　　　　　　　　　若#data=((Ri)),则顺序执行,且(CY)=0

这组指令的功能是对指定的目的字节和源字节进行比较,若它们的值不相等则转移,转移的目标地址为当前的 PC 值加 3 后,再加指令的第三字节偏移量 rel;若目的字节的内容大于源字节的内容,则进位标志清零;若目的字节的内容小于源字节的内容,则进位标志置"1";若目的字节的内容等于源字节的内容,程序将继续往下执行,则进位标志清零。

例 3-35　找出片内 RAM 的 20H 为首址的数据块中第一个等于 100 的数,并将其地址存入 A 中。

解：　　　MOV　R0,#20H
LOOP1：CJNE　@R0,#64H,LOOP2
　　　　　SJMP　LOOP3
LOOP2：INC　R0
　　　　　SJMP　LOOP1
LOOP3：MOV　A,R0

（3）减 1 不为 0 转移指令

汇编指令格式：
助记符　　　　　　功能说明
DJNZ　Rn,rel　　；(PC)+2→PC,(Rn)-1→Rn
　　　　　　　　　当(Rn)≠0时,则(PC)+rel→PC
　　　　　　　　　当(Rn)=0时,则程序顺序往下执行。
DJNZ　direct,rel　；(PC)+2→PC,(direct)-1→direct
　　　　　　　　　当(direct)≠0时,则(PC)+rel→PC
　　　　　　　　　当(direct)=0时,则程序顺序往下执行。

这组指令将源操作数（Rn、direct）减1，结果回送到源操作数寄存器或存储器中去。如果结果不为0则转移，否则往下执行。该指令可以用做程序循环计数器。

例3-36　将内部RAM的30H~7FH单元清零。

解：这是一个重复操作过程，可以使用循环指令。30H~7FH共50H个单元，循环次数为50H。

程序如下：
```
        MOV    R7,#50H
        MOV    R0,#30H
NEXT:   MOV    @R0,#0
        INC    R0
        DJNZ   R7,NEXT
```

（4）调用子程序指令

1）短调用指令。

汇编指令格式：
助记符　　　　　　功能说明
ACALL　addr11　　；(PC)+2→PC,(SP)+1→SP,(PC$_{7~0}$)→((SP))
　　　　　　　　　(SP)+1→SP,(PC$_{15~8}$)→((SP))
　　　　　　　　　addr$_{10~0}$→(PC$_{10~0}$);PC$_{15~11}$不变。

这是2KB范围内调用子程序的指令。执行时先把PC加2获得下一条指令地址，把子程序返回地址压入堆栈中保护，即栈指针SP加1，PCL进栈，SP再加1，PCH进栈。最后把PC的高5位和addr$_{10~0}$连接获得子程序入口地址并送入PC，转向执行子程序。所调用的子程序地址必须与ACALL指令下一条指令的第一个字节在同一个2KB区内，否则将引起程序转移混乱。指令的执行不影响标志。

2）长调用指令。

助记符　　　　　　功能说明
LCALL　addr16　　；(PC)+3→PC,(SP)+1→SP,(PC$_{7~0}$)→((SP))
　　　　　　　　　(SP)+1→SP,(PC$_{15~8}$)→((SP)),
　　　　　　　　　addr$_{15~0}$→(PC)。

该指令无条件调用位于指定地址的子程序。它把程序计数器加3获得下条指令的地址并把它压入堆栈（先低位字节后高位字节），同时把栈指针加2。接着把指令的第二和第三字节（addr$_{15~8}$、addr$_{7~0}$）分别装入PC的高位和低位字节中，然后从PC中指出的地址开始执行程序。LCALL 指令可以调用 64KB 范围内程序存储器中的任何一个子程序，执行后不影响任何标志。

（5）子程序的返回指令

汇编指令格式：

助记符　　　　功能说明

RET　　　　;((SP))→($PC_{15\sim8}$),(SP) - 1→SP,

　　　　　　((SP))→($PC_{7\sim0}$),(SP) - 1→SP

RET 指令是子程序返回指令，当程序执行到本指令时，表示结束子程序的执行，返回调用指令（ACALL 或 LCALL）的下一条指令处（断点）继续往下执行。因此，它的主要操作是将栈顶的断点地址送 PC。于是，从子程序返回主程序继续执行。

（6）中断返回指令

汇编指令格式：

助记符　　　　功能说明

RETI;　　　　((SP))→($PC_{15\sim8}$),(SP) - 1→SP,

　　　　　　((SP))→($PC_{7\sim0}$),(SP) - 1→SP

这条指令是中断返回指令，其功能和 RET 指令相似，不同的是清除 MCS-51 内部的中断状态标志。

（7）空操作指令

汇编指令格式：

助记符　　　　功能说明

NOP　　　　;(PC) + 1→PC

这是一条单字节指令，除（PC）+1 外，不影响其他寄存器和标志位，"NOP"指令常用来产生一个机器周期的延时。

例 3-37　如图 3-4 所示，在 P1.0 ~ P1.3 分别装有两个红灯和两个绿灯，下面是一种红绿灯定时切换的程序。

```
START: MOV  A, #05H
SW:    MOV  P1, A      ;点亮红绿灯
       ACALL DL
CH:    CPL  A          ;两组切换
       AJMP SW
DL:    MOV  R7, #0FFH
DL1:   MOV  R5, #0FFH
DL2:   DJNZ R5, DL2
       DJNZ R7, DL1
       RET
```

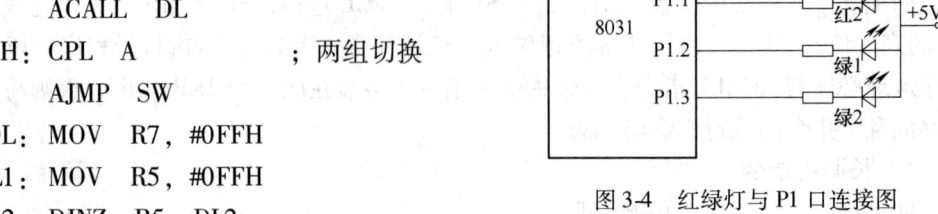

图 3-4　红绿灯与 P1 口连接图

当上述程序执行到"ACALL　DL"指令时，程序转移到子程序"DL"，执行到子程序的"RET"指令后又返回到主程序的"CH"处。这样 CPU 将不断地在主程序和子程序之间转移，实现对红绿灯的定时切换。

3.4 伪指令

上一节介绍的 MCS-51 指令系统中每一条指令都是用意义明确的助记符来表示的。本节介绍的伪指令不是单片机执行的指令,没有对应的机器码,仅用来对汇编过程进行某种控制。伪指令就是汇编程序能够识别的汇编命令。标准的 8051 汇编程序中定义的常用伪指令有以下几条:

1. 起始伪指令 ORG(Origin)

起始地址伪指令 ORG 用来设定程序或数据存储区的起始地址。其格式为

[标号:] ORG   16 位地址

例如:

   ORG   8000H
START:MOV A,#30H
   …

该语句规定第一条指令从地址 8000H 单元开始存放。标号 START 的值为 8000H。

通常,在一个汇编语言源程序的开始,都要设置一条 ORG 伪指令来指定该程序在存储器中存放的起始位置。若省略 ORG 伪指令,则该程序段从 0000H 单元开始存放。在一个源程序中,可以多次使用 ORG 伪指令,以规定不同程序段或数据段存放的起始地址,但要求 16 位地址值由小到大依序排列,不允许空间重叠。

2. 结束伪指令 END

其格式为

[标号:] END

END 是汇编语言源程序结束的伪指令,表示汇编程序结束。在 END 语句后面的所有语句都不进行汇编。在一个程序中,只允许出现一条 END 语句,应放在程序的末尾。

3. 字节数据定义伪指令 DB(Define Byte)

其格式为

[标号:] DB 8 位字节数据表

其功能是从标号指定的地址单元开始,在程序存储器中定义字节数据。

字节数据表可以是一个或多个字节数据、字符或表达式。该伪指令将字节数据表中的数据按从左到右的顺序依次存放在指定的存储单元中。一个数据占一个存储单元。

例如,DB "IT IS WRONG!" 把字符串中的字符以 ASCII 码的形式存放在连续的 ROM 单元中。

又如:DB 3FH,06H,5BH,4FH,66H,6DH。把 6 个数转换连续地存放在 6 个 ROM 单元中。

该伪指令常用于存放数据表格常数。如存放数码管显示的十六进制的字形码,可以用多条伪指令完成:

  DB C0H,F9H,A4H,B0H,99H,92H,82H,F8H
  DB 80H,90H,88H,83H,C6H,A1H,86H,84H

4. 字数据定义伪指令 DW（Define Word）

其格式为

［标号:］ DW 16 位字数据表

其功能是从标号指定的地址单元开始，在程序存储器中定义字数据。

该伪指令将字数据表中的数据按从左到右的顺序依次存放在指定的存储单元中。应特别注意：对于 16 位的二进制数，高 8 位存放在低地址单元，低 8 位存放在高地址单元。

例如： ORG 1000H
TABLE: DW 8D41H, 78H
…

汇编后：(1000H) = 8DH, (1001H) = 41H, (1002H) = 00H, (1003H) = 78H

5. 空间定义伪指令 DS（Define Storage）

其格式为：［标号:］DS 表达式

其功能是从标号指定的地址单元开始，在程序存储器中保留由表达式所指定个数的存储单元作为备用的空间，并均填以零值。

例如：ORG 1000H
　　　DS 05H
　　　DB 11H, 22H, 33H

以上伪指令经汇编后从 1000H 单元开始，保留 5 个字节的存储单元，从 1005H 单元开始连续存放 11H、22H、33H 的代码。

注意：对于 MCS-51 系列单片机来说，DB、DW、DS 伪指令只能用于程序存储器，而不能用于数据存储器。

6. 赋值伪指令 EQU（或 =）

其格式为

符号名 EQU 表达式（符号名 = 表达式）

其功能是将表达式的值或特定的某个汇编符号定义为一个指定的符号名。

例如：
LEN　EQU　10
SUM　EQU　21H
BLOCK　EQU　22H
CLR　A
MOV　R7, #LEN
MOV　R0, #BLOCK
LOOP: ADD　A, @R0
INC　R0
DJNZ　R7, LOOP
MOV　SUM, A
END

该程序是把 BLOCK 单元开始存放的 10 个无符号数进行求和，并将结果存入 SUM 单元中。

7. 数据地址赋值伪指令 DATA

其格式为

DATA 表达式

DATA 数据地址赋值伪指令功能是把由表达式指定的数据地址或代码地址赋予规定的标号。它和 EQU 伪指令的功能有些相似，但有以下不同的地方：

1）DATA 伪指令带有的字符名称可以先使用，后定义。

2）DATA 伪指令后只能跟表达式或数据，而不能跟汇编符号。

3）DATA 伪指令可将一个表达式赋给一个字符名称，所有由 DATA 定义的字符名称也可以出现在表达式中，而由 EQU 定义的字符则不能这样使用。

4）DATA 伪指令常在程序中用来定义数据地址。

5）DATA 语句一般放在程序的开头或末尾。

8. 位地址符号定义伪指令 BIT

其格式为

［字符名称］ BIT ［位地址］

位地址符号定义伪指令 BIT 功能是将位地址赋给指定的符号名。

例如：

ST BIT P1.0

A1 BIT 03H

该程序是将 P1.0 的位地址赋给符号名 ST，将 03H 值赋给 A1，在其后的编程中可以用 ST 代替 P1.0 使用，而 A1 的值为位地址 03H。

思考与练习题

1. MCS-51 单片机有哪几种寻址方式？
2. 要访问特殊功能寄存器和片外数据存储器，可采用哪些寻址方式？
3. MCS-51 系列单片机的短调用和长调用指令本质上有何区别？如何选用？
4. 在 MCS-51 程序段中，怎样识别位地址和字节地址？
5. 试说明 LJMP 指令、AJMP 指令和 SJMP 指令的区别。
6. 用指令实现下列数据传送：

1）R7 内容传送到 R4。

2）内部 RAM 20H 单元送内部 RAM 40H 单元。

3）外部 RAM 20H 单元内容送内部 RAM 30H 单元。

4）ROM 2000H 单元内容送 R2。

5）外部 RAM 3456H 的内容送外部 RAM 78H 单元。

6）外部 ROM 2000H 单元内容送外部 20H 单元。

7）外部 RAM 2040H 单元与 3040H 单元内容交换。

8）将片内数据存储器 20H～23H 的 4 个单元内容传送片外数据存储器 3000H～3003H 单元。

7. 试用三种方法将累加器 A 中的无符号数乘 2。

8. 已知（A）=7AH,（R0）=30H,（B）=32H,（30H）=A5H,（PSW）=80H，求执行下列各指令的结果（每条指令相互独立）。

1）XCH A, R0;（A）= __ ,（R0）= __

2）XCH A, 30H;（A）= __ ,（30H）= __

3) XCHD A, @R0; (A) = ＿, (R0) = ＿, (30H) = ＿

4) ADD   A, R0; (A) = ＿, (CY) = ＿, (OV) = ＿

5) ADDC A, 30H; (A) = ＿, (CY) = ＿, (OV) = ＿

6) SUBB A, 30H; (A) = ＿, (CY) = ＿, (OV) = ＿

7) SUBB A, #30H; (A) = ＿, (CY) = ＿, (OV) = ＿

8) MUL   AB; (A) = ＿, (B) = ＿

9) DIV   AB; (A) = ＿, (B) = ＿

10) SWAP A; (A) = ＿

9. 若(SP) = 25H, (PC) = 2345H, LABEL 代表的地址为 3456H, 试判断下面两条指令的正确性, 并说明原因。

1) LCALL   LABEL

2) ACALL   LABEL

10. 试编写程序, 将累加器 ACC.4 与 80H 相与的结果通过 P1.4 输出。

11. 试编写程序: 将片内 RAM 中 55H 单元内容的高 4 位清零, 低 4 位置 1。

12. 试编写程序将片外 RAM 中 3000H 单元内容的奇数位求反, 偶数位不变。

13. 试编写程序, 将两个 16 位数相减 (6F5DH − 134BH), 结果保存在内部 RAM 的 30H 和 31H 单元, 30H 存高 8 位。

14. 试编写程序, 当(A)≥10H 时, 调用子程序 PROG1; 当(A) = 10H 时, 调用子程序 PROG2。

第4章 MCS-51单片机汇编程序设计

4.1 汇编语言程序设计概述

1. 汇编语言程序设计的步骤

（1）任务分析　首先对要解决的任务和问题进行分析，以求对问题有正确的理解。例如，解决问题的方法、具体的工作过程、现有的条件、已知的数据、精度和速度的要求、设计的硬件结构是否便于编程等。

（2）确定算法并进行算法的优化　在明确要解决问题的各种要求和指令系统的特点后，通过对多种可能方案的分析比较，挑选出最佳方案、最佳的计算公式和计算方法。

（3）程序总体设计及程序流程图绘制　为了直观地表示出解决问题的思路、步骤和方法，充分表达程序的设计方法，将问题与程序联系起来，体现出程序的基本结构、整体和部分之间的关系，常常要画出程序流程图的方法，以便于阅读、理解程序以及查找错误。

程序流程图又叫程序框图，由一些简单的线条和符号组成，常用的符号如图4-1所示。

（4）分配内存单元　分配内存工作单元，确定程序和数据区的起始地址。

（5）编写汇编语言源程序　根据确定的算法及程序流程图并结合所选用的指令系统写出相应的汇编语言源程序。编写程序时，力求简单明了，层次清晰。

（6）汇编语言程序的调试　将编制好的源程序输入单片机并试运行，根据运行的结果来判断程序的正确性，为修改程序提供依据从而进行程序优化。

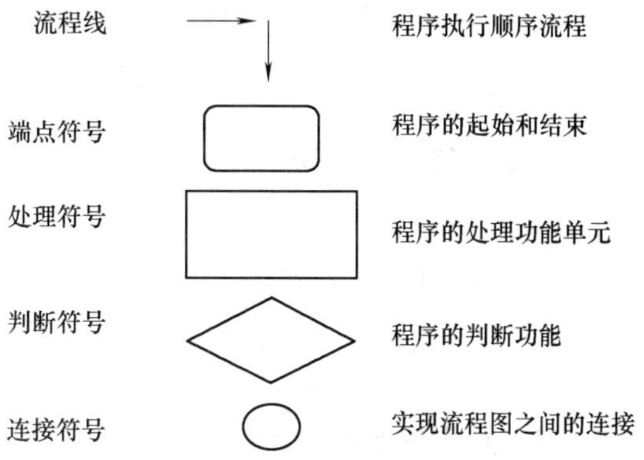

流程线	→	程序执行顺序流程
端点符号	▭	程序的起始和结束
处理符号	▭	程序的处理功能单元
判断符号	◇	程序的判断功能
连接符号	○	实现流程图之间的连接

图4-1　程序流程图符号

2. 汇编语言编程的注意事项

在程序设计过程中，应注意以下事项：

1）应尽量采用循环结构和子程序。这样可以使程序的总容量减少，提高程序的效率，节省内存。

2）尽量少用无条件转移指令。这样可以使程序条理更加清晰，从而减少错误。

3）对于通用子程序要考虑保护现场。由于子程序的通用性，除了保护子程序入口参数的寄存器内容外，对于子程序中用到的其他寄存器的内容也应进栈保护。

4）对于中断处理，除了保护处理程序中用到的寄存器外，还要保护程序状态字。在中断服务程序中，难免对程序状态字产生影响，如果程序状态字被改变，当中断服务程序执行结束返回主程序时，整个程序的执行就被打乱。

5）充分利用累加器。累加器是主程序和子程序之间信息传递的枢纽，利用累加器传递入口参数或返回参数比较方便,在子程序中,一般不要把累加器内容压入堆栈。

4.2 基本结构程序设计

在汇编语言程序设计中,普遍采用结构化程序设计方法。这种设计方法的主要依据是任何复杂的程序都可由顺序结构、分支结构和循环结构等构成。每种结构只有一个入口和出口,整个程序也只有一个入口和出口。三种基本程序结构的示意图如图4-2所示。结构程序设计的特点是程序的结构清晰,易于读写,易于验证,可靠性高。

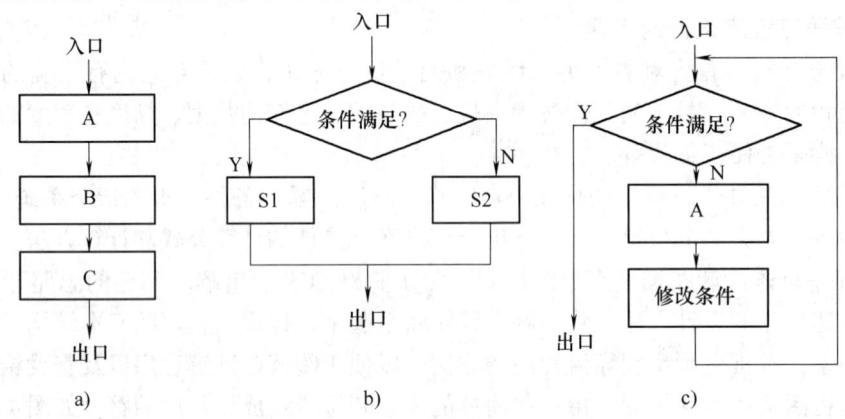

图 4-2 基本程序结构
a) 顺序结构 b) 分支结构 c) 循环结构

4.2.1 顺序结构程序设计

1. 顺序结构

它是程序结构中最简单的一种,如果用程序设计语言表达,就是一个语句接着一个语句执行;若用程序流程图表示,则是一个处理框紧接着一个处理框。程序的走向是唯一的,程序的执行顺序与书写顺序完全一致。如图4-2a所示。

2. 顺序结构程序设计举例

例 4-1 将片外数据存储器中2040H的内容拆成两段,其高4位存入2041H单元的低4位,其低4位存入2042H单元的低4位。

解: 程序流程图如图4-3所示。
根据流程图设计源程序如下:

```
START: MOV   DPTR, #2040H
       MOVX  A, @DPTR        ;取数送 A
       MOV   R0, A           ;数据暂存于 R0
       SWAP  A               ;(A) 的高、低4位互换
       ANL   A, #0FH         ;分离出 (A) 的低4位
       INC   DPTR
       MOVX  @DPTR, A        ;将分离结果送2041H单元
       MOV   A, R0           ;重新取数
```

```
ANL   A，#0FH              ;分离出（A）的低4位
INC   DPTR
MOVX  @DPTR，A             ;将分离结果送2042H单元
END
```

例 4-2 设数 a 存放在 R1 中，数 b 存放在 R2 中，计算 $y = a^2 - b$，并将结果放入 R4 和 R5 中。

解：因为 y 的值为 16 位，因此，在存放结果时，可按高字节对应高地址，低字节对应低地址的方式进行存放，程序流程图如图 4-4 所示。

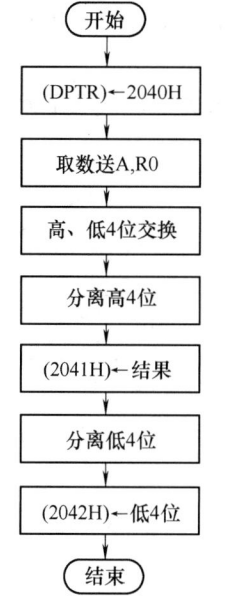

图 4-3　例 4-1 程序流程图

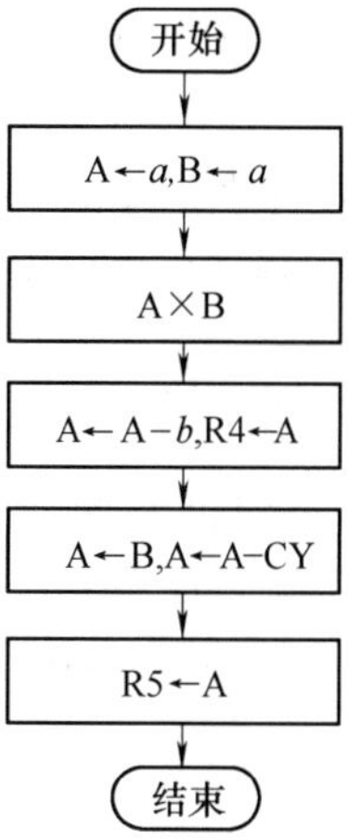

图 4-4　例 4-2 程序流程图

程序如下：
```
MOV   A，R1          ;A←a
MOV   B，A           ;B←a
MUL   AB             ;计算 a²
CLR   C
SUBB  A，R2          ;a² 低8位减 b
MOV   R4，A          ;结果低8位送 R4
MOV   A，B           ;a² 高8位送 A
SUBB  A，#00H        ;a² 高8位减 00H
MOV   R5，A          ;a² 结果高8位送 R5
END                  ;结束
```

4.2.2　分支结构程序设计

单纯由顺序结构构成的程序比较简单，应用有限，在实际问题中，往往需要计算机对某

种情况作出判断，根据判断结果作出相应的处理。通常，计算机依据某些运算结果来判断和选择程序的不同走向，形成分支。因此，在形成分支时，一般要有测试、转向和标示三个部分。如图4-2b所示。

MCS-51系列单片机指令系统中的条件转移类指令均具有测试功能，通过对程序状态寄存器PSW中各位状态的测试，或通过对指定的单元或指定的寄存器的某位或某些位或全部位的测试，判断某条件是否成立，决定是否转移，形成分支。

转向：根据测试结果决定程序的走向。在源程序中由转移类指令完成，在流程图中以菱形逻辑框表示走向。

标示：对每个程序分支，给出一个标示，以标明程序转移的方向，一般将分支程序转向的第一个语句赋予一个标号，作为此分支的标示。

分支程序又分为单分支和多分支结构，在MCS-51指令系统中，实现单分支程序转移的指令有JZ、JNZ、CJNE和DJNZ等。此外，还有以位状态作为条件进行程序分支的指令，如JC、JNC、JB、JNB和JBC等。使用这些指令时，可以以0、1、正、负、相等或不等作为程序分支的依据。

例4-3 求下列符号函数，其中 x 在30H单元，结果 y 放在31H单元。

$$y = \begin{cases} 1, & x > 0 \\ 0, & x = 0 \\ -1, & x < 0 \end{cases}$$

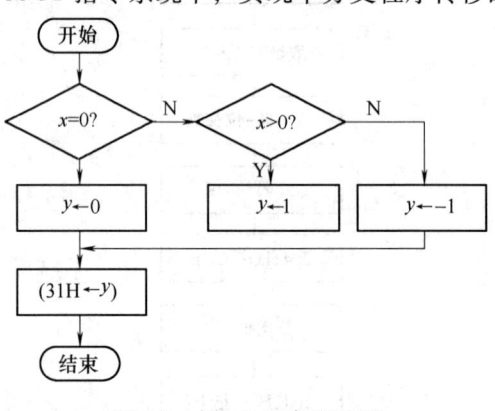

图4-5 例4-3 程序流程图

解：程序流程图如图4-5所示。
程序如下：

```
        ORG    1000H
        MOV    A, 30H           ; 取 x
        CJNE   A, #00H, N2      ; 比较 x≠0，则转 N2
        MOV    A, #00H
        AJMP   L2               ; 若 x = 0，置 A = 0，转 L2
N2:     JB     ACC.7, M2        ; 判断 x 是否为负数，是转 M2
        MOV    A, #01H          ; 判断 x 不为负数，A 置为 01H
        AJMP   L2
M2:     MOV    A, #81H          ; 若 x 是负数，置 A 为 -1
L2:     MOV    31H, A           ; A 送结果单元
        END
```

例4-4 设有两个16位无符号数NA、NB，分别存放在8031单片机内部RAM的40H、41H及50H、51H单元中。当NA>NB时，将内部RAM的42H单元清零；否则，将该单元置成全1，试编制实现此功能的程序。

解：因MCS-51系列单片机指令系统没有16位比较指令，只能使用8位比较指令。于是应先比较两数的高8位，若NA的高8位大于NB的高8位，则说明NA>NB，将内部RAM

的 42H 单元清零；若 NA 的高 8 位小于 NB 的高 8 位，则说明 NA＜NB，将 42H 单元置全 1；若 NA 的高 8 位等于 NB 的高 8 位，则再比较两者的低 8 位，具体处理方法与高 8 位相同。其流程图如图 4-6a 所示。相应程序如下：

```
        ORG   1000H
START1: MOV   A, 50H        ; 取 NB 高 8 位
        CJNE  A, 40H, SUB1   ; 判 NA 高 8 位 = NB 高 8 位？若不相等，则转 SUB1
        MOV   A, 51H        ; 若高 8 位相等，则取 NB 低 8 位
        CJNE  A, 41H, SUB1   ; 判 NA 低 8 位 = NB 低 8 位？若不相等，则转 SUB1
        SJMP  SUB2          ; 若 NA = NB，则转 SUB2
SUB1:   JC    SUB3          ; 若 NA＞NB，则转 SUB3
SUB2:   MOV   42H, #0FFH    ; NA≤NB，则置非大于标志
        SJMP  DONE
SUB3:   MOV   42H, #00H     ; NA＞NB，则置大于标志
DONE:   RET
        END
```

在程序中应尽量少用无条件转移指令，这样可使程序结构紧凑而且易阅读、理解。因此，对于类似的程序设计，在程序初始化时可假设某条件成立，而将某寄存器（或存储单元）置成相应的状态，若判断结果与假设相同，则将该寄存器（或存储单元）的内容送结果单元；若判断结果与假设相反，则修改该寄存器（或存储单元）的内容，然后再将其送结果单元，流程图如图 4-6b 所示。根据此思路可将上述程序修改如下：

```
        ORG   1000H
START2: MOV   R0, #00H;     R0 置成大于标志
        MOV   A, 50H
        CJNE  A, 40H, SUB1
        MOV   A, 51H
        CJNE  A, 41H, SUB1
        SJMP  SUB2
SUB1:   JC    SUB3
SUB2:   MOV   R0, #0FFH     ; 置 R0 为非大于标志
SUB3:   MOV   42H, R0
        END
```

比较程序 START1 和 START2 可以发现，后者比前者少用一条无条件转移指令而且易于理解、易于阅读。

例 4-5 散转程序。散转程序的功能是根据某一输入变量或运算结果的值，转向各个不同的处理程序入口。它是多路分支程序中的一种，MCS-51 系列单片机指令系统中的"JMP @A+DPTR"作为散转指令，可方便地实现多路分支。下面介绍一种常用的键盘处理散转程序。

某单片机应用系统有 16 个键，经键盘扫描程序得到某个键的键码值（00H～0FH）存放在 R7 之中，16 个键盘的键处理程序入口地址分别为 KEY1、KEY2、…、KEY16。

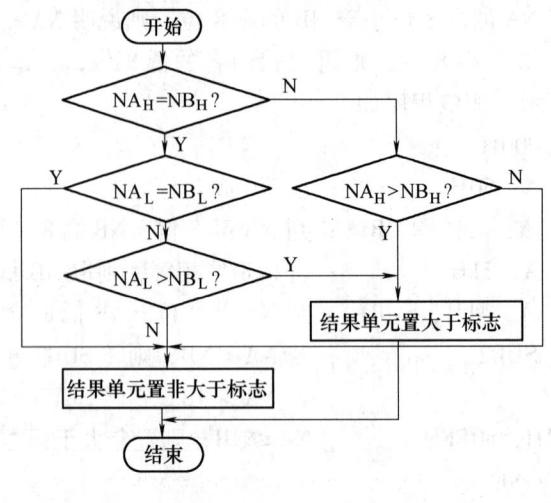

a)

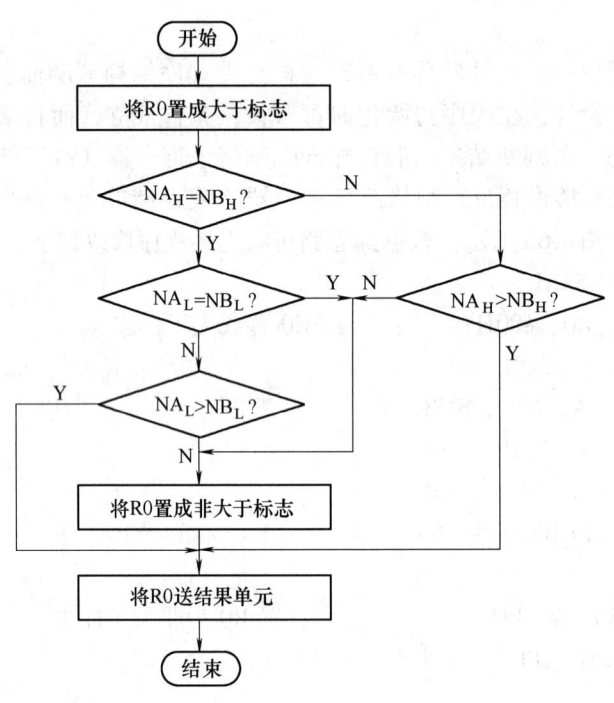

b)

图 4-6　比较两个无符号数大小的流程图
a) 方法一流程图　b) 方法二流程图

可先在程序存储器中建立一张转移表,按 A 的值从小到大的顺序从地址 TAB 开始,每三个单元写入一条相应的无条件转移指令,即 LJMP　KEY1、LJMP　KEY2、…、LJMP KEY16,则转移表程序如下:

```
EXAMP: MOV   A, R7           ;(A)←键码
       ADD   A, R7
       ADD   A, R7           ;(A)←(A)×3
       MOV   DPTR, #TAB      ;赋表首址
       JMP   @A+DPTR         ;散转
TAB:   LJMP  KEY1            ;转向第1个键的处理程序
       LJMP  KEY2            ;转向第2个键的处理程序
       …
       LJMP  KEY16           ;转向第16个键的处理程序
```

4.2.3 循环结构与循环结构程序设计

前面介绍的顺序结构程序和分支结构程序中的指令一般都只执行一次。而在实际应用中，同一组操作往往要重复执行许多次，这种有规可循又反复处理的问题，可以通过循环结构的程序使程序简短，占用内存少。重复的次数越多，运行的效率也就越高。但是并不能节省程序执行的时间。

1. 循环程序的结构

循环程序可以有两种结构形式图 4-7a 所示为把对循环控制条件的判断放在循环的入口，先判断条件，满足条件就执行循环体，否则退出循环；图 4-7b 所示为先执行循环体，然后根据具体情况选择使用。

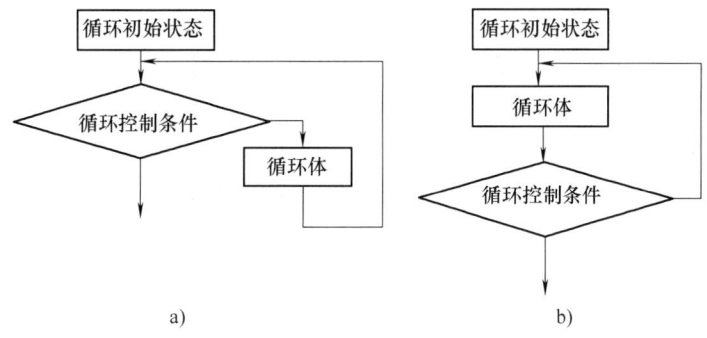

图 4-7 循环程序的两种结构形式
a) 先判断后处理   b) 先处理后判断

一般来说，如果有循环次数等于 0 的可能，则应选择前面一种结构；否则，选择后一种结构。无论哪一种结构形式，循环程序可由如下三部分组成：

1) 初始化部分。程序在进入循环部分之前，应对各循环变量、其他变量和常量赋初值。为循环做必要的准备工作。

2) 循环体部分。这部分由重复执行部分和循环控制部分组成。这是循环程序的主体，又称为循环体。值得注意的是，每执行一次循环后，必须为下一次循环创造条件，如对数据指针、循环计数器等循环变量的修改工作，还要检查判断循环条件，符合循环条件则继续重复循环，不符合时就退出循环，以实现对循环的判断和控制。

3) 结束部分。这部分用来存放和分析循环程序的处理结果。循环程序的关键是对各循

环变量的修改和控制，尤其是循环次数的控制。在一些实际的系统中，对于循环次数为已知的循环，可以用计数器来控制；对于循环次数为未知的循环，可以按问题的条件来控制。

循环程序可分为单循环程序和多重循环程序。

2. 循环程序的设计

（1）单循环　在一个循环程序中不包含其他的循环称为"单循环"。循环终止控制一般采用计数的方法，即用一个寄存器作为循环次数计数器，每循环一次后加 1 或减 1，达到终止数值后循环停止。对于 MCS-51 系列单片机，可以用 DJNZ 来实现计数方法的循环终止控制，工作寄存器 R0~R7 和片内数据 RAM 单元均可作为循环计数器，但 A 寄存器不能作为循环计数器。

例 4-6　编写程序完成下列计算：

$Y = \sum_{i=1}^{n} X_i$，设 $n = 10$，X_i 顺序存放在片内 RAM 从 50H 开始的连续单元中，所求的和放在 R3 及 R4 中。

流程图如图 4-8a 所示，源程序如下：

```
NSUN: MOV   R2, #10      ;数组长度送 R2
      MOV   R3, #0       ;（R3）清零
      MOV   R4, #0       ;（R4）清零
      MOV   R0, #50H     ;数据块首址送 R0
LOOP: MOV   A, R4
      ADD   A, @R0
      MOV   R4, A        ;和数的低字节送 R4
      CLR   A
      ADDC  A, R3
      MOV   R3, A        ;和数的高字节送 R3
      INC   R0           ;修改地址指针
```

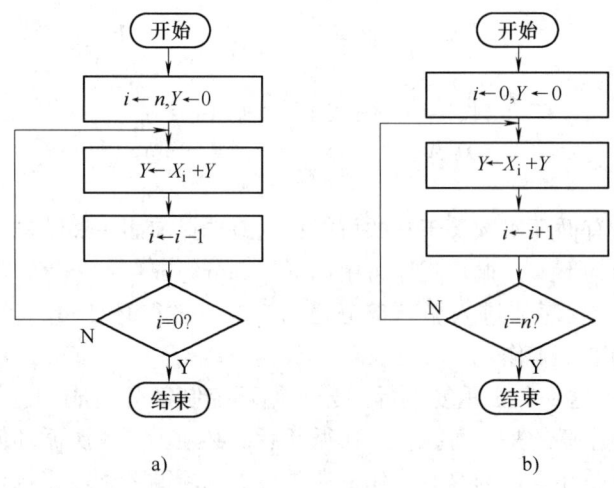

图 4-8　N 个单字节数据求和程序流程图
a）用减法计数器控制循环　b）用加法计数器控制循环

```
        DJNZ   R2,LOOP           ;数据未加完,则继续执行
        RET
```

程序中用 R2 作为减法计数器。同样也可用加法计数器来控制循环,流程图如图 4-8b 所示。

例 4-7 设有一带符号的数组存放在 8031 单片机内部 RAM 以 20H 为首址的连续单元中,其长度为 90,要求找出其中的最大值并将其存放到内部 RAM 的 1FH 单元中,试编写相应的程序。

解:开始时将第一单元内容送 A,接着从第二单元起依次将其内容 X 与 A 比较,如 X > A,那么将 X 送 A;如果 A > X,那么 A 值不变。直到最后一个单元内容与 A 比较,操作完毕,则 A 中就是该数组中的最大数。这里需要解决如何判别两个带符号数 A、X 的大小,通常可以采用如下的方法:首先判断 A、X 是否同号,若是同号,则进行 A − X 操作。若差 > 0,那么 A > X;若差 < 0,那么 A < X;若两者异号,则可判 A(或 X)是否为正。若为正,则 A(或 X) > X(或 A);若为负,则 A(或 X) < X(或 A)。相应的程序流程图如图 4-9 所示。相应的程序如下:

```
               ORG    1000H
SCMPMA:  MOV    R0,#20H         ;置取数指针 R0 初值
               MOV    B,#59H          ;置循环计数器 B 初值
               MOV    A,@R0           ;第一个数送 A
SCLOOP:  INC    R0              ;修改指针
               MOV    R1,A            ;暂存
               XRL    A,@R0           ;两数对应的二进制位相"异或",以判两数
                                       是否同号
               JB     ACC.7,RESLAT    ;若相异,则转 RESLAT
               MOV    A,R1            ;若相同,则恢复 A 原来的值
               CLR    C               ;C 清零
               SUBB   A,@R0           ;两数相减,以判两者的大小
               JNB    ACC.7,SMEXT1    ;若 A 为大,则转 SMEXT1
CXAHER:  MOV    A,@R0           ;若 A 为小,则将大数送入 A
               LJMP   SMEXT2
RESLAT:  XRL    A,@R0           ;恢复 A 原值
               JNB    ACC.7,SMEXT2    ;若 A 为正,则转 SMEXT2
               LJMP   CXAHER          ;若 A 为负,则转 CXAHER
SMEXT1:  ADD    A,@R0           ;恢复 A 原值
SMEXT2:  DJNZ   B,SCLOOP        ;判断所有的单元是否均比较过,若未比较
                                       完,则继续进行
               MOV    1FH,A           ;最大者送 1FH 单元
               END
```

(2)多重循环 以上介绍的两个例子中,程序只有一个循环,这种程序称为单循环程序。在某些问题的处理中,仅采用单循环往往不够,还必须采用多重循环才能解决。所谓多

重循环是指在循环程序中嵌套有其他循环程序。利用机器指令周期进行延时是最典型的多重循环程序。

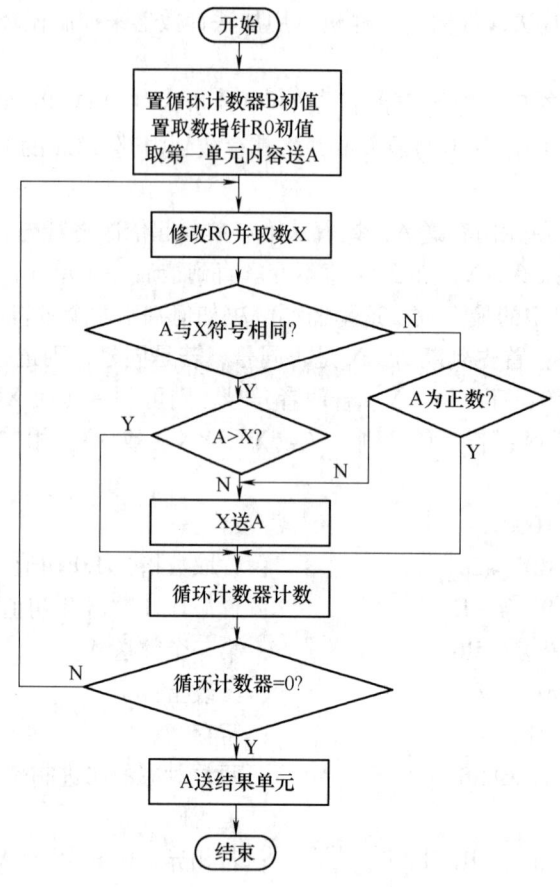

图 4-9 找出带符号数组中的最大值程序流程图

例 4-8 延时 50ms 子程序，设晶振主频率为 12MHz。

解： 在系统晶振主频率确定之后，延时时间主要与两个因素有关：其一是循环体（内循环）中指令执行的时间，其二是外循环变量（时间常数）的设置。

已知主频为 12MHz，一个机器周期为 1μs，执行指令 "DJNZ Rn, rel" 的时间为 2μs，则延时 50ms 的子程序如下：

```
DEL:  MOV   R7, #200   ; T_M = 1μs
DEL1: MOV   R6, #123   ;⎫
      NOP              ;⎬ 2T_M = 2μs
DEL2: DJNZ  R6, DEL2   ; (2×123+2)×T_M = 248μs
      DJNZ  R7, DEL1   ; [(248+2)×200+1]×T_M = 50.001ms
      RET
```

例 4-9 在外部 RAM 中 BLOCK 开始的单元中有一无符号数据块，其长度（n）存入 LEN 单元，试将这些无符号数按大小重新排列，并存入原存储区。

解： 处理这个问题要利用双重循环，在内循环中将相邻两数进行比较，若符合从大到小的顺序则不动，否则两数交换。这样两两比较下去，比较 n－1 次，所有的数都比较、交换完毕，最小数沉底，在下一个内循环中将减少一次比较交换。此时若从未交换过，说明这些数据本来就是按大小排列的，则程序可结束；否则，进行下一个循环。如此反复地比较、交换，每次内循环的最小数都沉底（下一内循环将减少一次比较、交换），而较大的数一个个冒上来，因此这种排序程序被称为"冒泡程序"。

用 P2 口作数据地址指针的高位字节地址，R0 和 R1 作相邻两单元的低位字节地址，R5 和 R6 作外循环与内循环计数器，程序状态字 PSW 的 F0 作交换标志。程序流程图如图 4-10 所示。

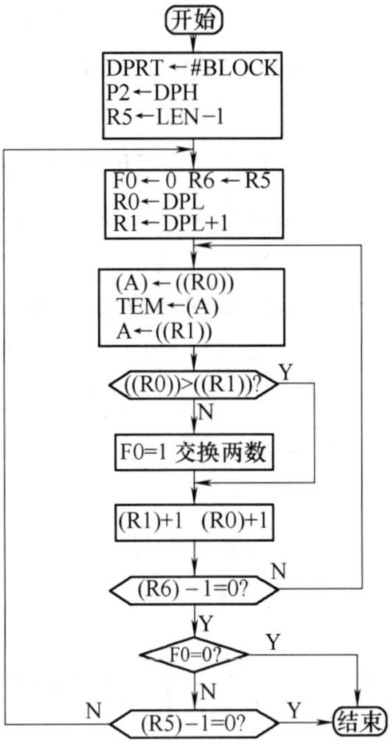

图 4-10 例 4-9 流程图

参考程序如下：

```
            ORG   2000H
            BLOCK DATA  2200H
            LEN   DATA  56H
            TEM   DATA  55H
            MOV   DPTR, #BLOCK    ;置地址指针
            MOV   P2, DPH         ;P2 作地址指针高字节
            MOV   R5, LEN         ;置外循环计数初值
            DEC   R5              ;比较与交换 n－1 次
LOOP0:      CLR   F0              ;交换标志清零
            MOV   R0, DPL
            INC   DPL
            MOV   R1, DPL         ;相邻两数地址指针低字节
            MOV   R6, R5          ;置内循环计数初值
LOOP1:      MOVX  A, @R0          ;取数
            MOV   TEM, A          ;暂存
            MOVX  A, @R1          ;取下一数
            CJNE  A, TEM, NEXT    ;两数比较，不等则转
            SJMP  NCH             ;相等则不交换
NEXT:       JC    NCH             ;CY＝1，则前者大于后者，不交换
            SETB  F0              ;置位交换标志
            MOVX  @R0, A
            XCH   A, TEM
            MOVX  @R1, A          ;两数交换，大者在上，小者在下
NCH:        INC   R0
            INC   R1              ;修改指针
            DJNZ  R6, LOOP1       ;内循环未完，则继续
```

```
            JNB    F0, HERE          ;若从未交换,则结束
            DJNZ   R5, LOOP0         ;未完,继续
   HERE:    SJMP   HERE              ;暂停、等待
            END
```

3. 设计循环程序时应注意的事项

1) 在进入循环之前,应合理设置循环初始变量。
2) 循环体只能执行有限次,如果无限执行的话,称为"死循环",应尽量避免。
3) 不能破坏或修改循环体,尤其应避免从循环体外直接跳转到循环体内。
4) 多重循环的嵌套应是从外层向内层一层层进入,从内层向外层一层层退出。不要在外层循环中用跳转指令直接转到内层循环体。
5) 循环体内可以直接转到循环体外或外层循环中,实现一个循环由多个条件控制结束的结构。
6) 对循环体的编程要仔细推敲,合理安排,对其进行优化时,应主要放在缩短执行时间上,其次是程序的长度。

4.3　子程序设计和参数传递

在实际应用中,经常会遇到在不同的程序中或在同一程序中不同的地方要求实现某些相同的操作,如代码转换、算术运算、数制转换、检索与排序、输入或输出等。这时我们可以把这个操作单独编成一个独立的程序段,这个独立的程序段称为子程序,把调用子程序的程序称为主程序。子程序也可以调用其他子程序,称为子程序嵌套。

主程序可在不同的位置通过子程序调用指令"LCALL"和"ACALL"多次调用子程序,又通过子程序中最后一条"RET"指令返回到主程序中的断点地址,继续执行主程序。

4.3.1　子程序设计

1. 子程序设计基本注意事项

(1) 子程序取名　子程序的第一条指令应加标号,作为子程序的入口地址(即有唯一的名称),以便主程序正确地调用子程序;通常以"RET"指令作为结束,以便正确地返回主程序。

(2) 现场保护与恢复　调用子程序后,CPU 处理转到了子程序,在转子程序前,CPU 有关寄存器和内存有关单元是主程序的现场,若这个现场信息还有用处,那么在调用子程序前要设法保护这个现场。保护现场的方式很多,多数情况是在调用子程序后由子程序前部操作完成现场保护,再由子程序后部操作完成恢复。现场信息可以压栈或传送到不被占用的存储单元,也可以避开这些有用的寄存器或单元,达到保护现场的目的。

恢复现场是保护现场的逆操作。当用堆栈保护现场时,还应注意恢复现场的顺序不能搞错,否则不能正确地恢复主程序的现场。

(3) 参数的传递　参数传递是指主程序与子程序之间相关信息或数据的传递。在调用子程序时,主程序应先把有关参数(常称为入口参数)放到某些约定的位置,如寄存器、A 累加器或堆栈等,子程序在运行时,从约定的位置取到有关参数。同样,子程序在运行结束

前,也应把运行结果(常称为出口参数)送到约定位置;在返回主程序后,主程序可以从这些地方得到所需的结果,这就是所谓的参数传递。

(4)子程序应具有通用性 为了使子程序具有通用性,子程序的操作对象通常采用寄存器或寄存器间址等寻址方式,而不用立即寻址方式。

2. 子程序设计实例

例4-10 计算 $c = a^2 + b^2$,设 a、b 分别存放在内部 RAM 的 40H、41H 单元中,结果 c 存放于 RAM 的 42H 单元中。

解:此题中可以两次利用子程序查找对应数据平方值表的方法算出 a^2 和 b^2,在主程序中完成 "$a^2 + b^2$" 的计算。

程序如下:
```
        ORG   1000H
START:  MOV   R0, #40H
        MOV   A, @R0         ;取出数 a 并送到 A
        ACALL SQR            ;计算 a²;
        MOV   R1, A          ;结果送到 R1
        INC   R0
        MOV   A, @R0         ;取出数 b 并送到 A
        ACALL SQR            ;计算 b² 并置于 A 中
        ADD   A, R1          ;计算 a² + b²,结果放在 A 中
        INC   R0
        MOV   @R0, A         ;存放结果到指定单元 42H
        SJMP  $              ;等待
        END
```

子程序如下:
```
        ORG   3000H
SQR:    INC   A              ;偏移量调整(RET 下一字符)
        MOVC  A, @A+PC       ;查平方表
        RET
TAB:    DB    0, 1, 4, 9, 16, 25    ;平方表
        DB    36, 49, 64, 81, …
```

子程序的调用地址(标号)为 "SQR"。入口参数为待求其平方值的数,存在累加器 A 中。出口参数为查出的数据平方值,存在累加器 A 中。

4.3.2 参数传递

1. 用工作寄存器或累加器传递参数

这种方法就是将入口参数或出口参数放在工作寄存器或累加器中。使用这种方法的优点是:程序最简单,运算速度最高。其缺点是:工作寄存器数量有限,不能传递太多的数据;主程序必须先把数据送到工作寄存器;参数个数固定,不能由主程序任意设置。

例4-11 把累加器 A 中的一个十六进制数的 ASCII 码字符转换为十六进制数存放于 A。

解：根据十六进制数和它的 ASCII 码字符之间的关系，可得到如下程序：

```
                        ; 调用地址 ASCH
                        ; 入口参数：ASCII 码字符在累加器中
                        ; 出口参数：转换所得十六进制数在累加器 A 中
ASCH:   CLR   C
        SUBB  A, #30H   ;（A）←ASCII 码 – 30H
        CJNE  A, #10, AH9 ;
AH9:    JC    AH10      ; 若（A）< 10（为数字），则返回
        SUBB  A, #07H   ; 若（A）> 10（为字母），(A)←(A) – 07H
                        ; 得到字母的顺序
AH10:   RET
```

2. 用指针寄存器来传递参数

由于数据一般存放在存储器中，而不是存放在工作寄存器中，所以可用地址指针来表示数据的位置，这样可以节省传递数据的工作量，并可实现可变长度计算。一般情况下，如果参数在片内 RAM 中，可用 R0 或 R1 作指针；如果参数在片外存储器中，可用 DPTR 作指针。可变长度运算时，可用一个寄存器来指出数据长度，也可在数据中指出其长度。

例 4-12 在 R2、R3 中输入源地址（如 0000H），R4、R5 中输入目的地址（如 2000H），R6、R7 中输入字节数（1FFFH），检查 0000H～1FFFH 中内容是否和 2000H～3FFFH 中的内容完全一致。

```
        ORG   0000H
SUB1:   MOV   DPL, R3
        MOV   DPH, R2        ; 建立源程序首地址
        MOVX  A, @DPTR       ; 取数
        MOV   DPL, R5
        MOV   DPH, R4        ; 目的地首地址
        MOVX  @DPTR, A       ; 传送
        CJNE  R3, #0FFH, MARK1
        INC   R2
MARK1:  INC   R3             ; 源地址加 1
        CJNE  R5, #0FFH, MARK2
        INC   R4
MARK2:  INC   R5             ; 目的地址加 1
        CJNE  R7, #00H, MARK3
        CJNE  R6, #00H, MARK4 ; 字节数减 1
LOOP:   SJMP  LOOP
        NOP
MARK3:  DEC   R7
        SJMP  SUB1
MARK4:  DEC   R7
```

```
        DEC    R6
        SJMP   SUB1                    ;未完继续
        RET
```

3. 利用堆栈传递参数

堆栈也可用于传递参数。调用时，主程序可用 PUSH 指令把参数压入堆栈中，以后子程序可按栈指针来间接访问堆栈中的参数；同时可把结果参数送回堆栈，返回主程序后，可用 POP 指令得到这些结果参数。这种方法的优点是：程序简单，能传递大量参数，不必为特定的参数分配存储单元。

例 4-13 十六进制数的 ASCII 码转换成相应的十六进制数的子程序 SUBASH。

由 ASCII 码表可知，0~9 的 ASCII 码为 30H~39H，此时只要将 ASCII 码值减去 30H 即可得相应的十六进制数；而 0AH~0FH 的 ASCII 码为 41H~46H，此时要将 ASCII 码值减去 37H 才是相应的十六进制数。由于本程序是子程序，所以（SP）及（SP）-1 所指示的是返回地址，而（SP）-2 所指示的才是欲转换的 ASCII 码。SUBASH 子程序流程图如图 4-11 所示。子程序如下：

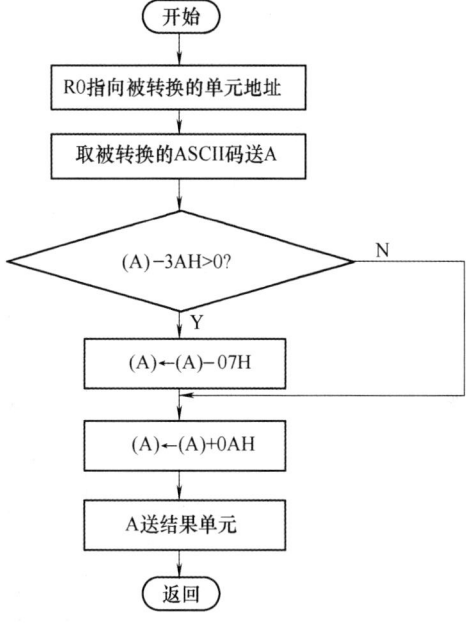

图 4-11 SUBASH 子程序流程图

```
                ;子程序名称：SUBASH
                ;入口参数：被转换的十六进制数的 ASCII 码存放在
                 （SP）-2 所指单元中
                ;出口参数：转换后的十六进制数仍放在原单元中
                ;所用寄存器：A，R0
SUBASH: MOV    R0, SP        ;保存 SP 值至 R0，SP 值不能改变，否则不能正确返
                              回
        DEC    R0
        DEC    R0
        XCH    A, @R0        ;从堆栈取出被转换的数送 A
        CLR    C
        SUBB   A, #3AH       ;判断是否为 0~9 的 ASCII 码
        JC     ASCDIG        ;若是，则转 ASCDIG
        SUBB   A, #07H       ;若不是，则再减去 7
ASCDIG: ADD    A, #0AH       ;转换成十六进制数
        XCH    A, @R0        ;转换后的十六进制数压入堆栈
        RET
```

例 4-14 设有 50 个十六进制数的 ASCII 码存放在 8031 单片机内部 RAM 以 30H 为首址

的连续单元中，要求将其转换成相应的十六进制数并存放到外部 RAM 以 100H 为首址的 25 个连续单元中。根据上述要求，调用程序的流程图如图 4-12 所示，试编制 SUBASH 子程序的调用程序：

```
            ORG     1000H
MAINASH：   MOV     R0，#2FH       ；置取数指针 R0 初值
            MOV     DPTR，#0FFH    ；置存数指针 DPTR
```

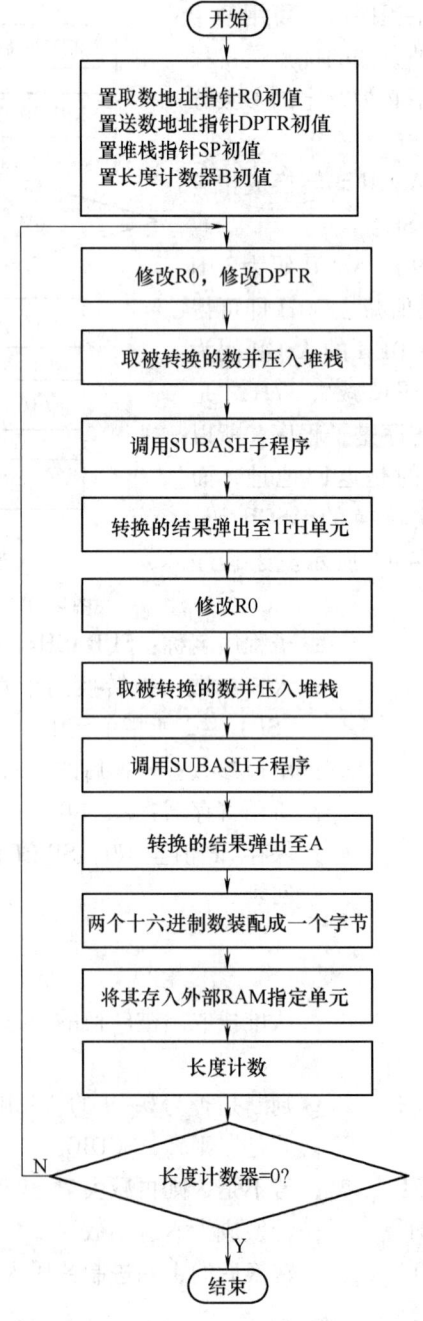

图 4-12　调用 SUBASH 子程序流程图

```
                MOV    SP, #20H          ; 置 SP 初值
                MOV    B, #19H           ; 置循环计数器 B 初值
        NELOOP: INC    R0                ; 修改 R0
                INC    DPTR              ; 修改 DPTR
                MOV    A, @R0            ; 取被转换的 ASCII 码
                PUSH   ACC               ; 压入堆栈
                ACALL  SUBASH            ; 调用 SUBASH 子程序
                POP    1FH               ; 相应的十六进制数弹出送 1FH 单元
                INC    R0                ; 修改 R0
                MOV    A, @R0            ; 取被转换的 ASCII 码
                PUSH   ACC               ; 压入堆栈
                ACALL  SUBASH            ; 调用 SUBASH 子程序
                POP    ACC               ; 相应的十六进制数弹出送 A
                SWAP   A
                ORL    A, 1FH            ; 两个十六进制数装配成一个字节
                MOVX   @DPTR, A          ; 送存数单元
                DJNZ   B, NELOOP         ; 判断转换是否结束，若未完，则继续
                SJMP   $                 ; 等待
                RET
                END
```

4.4 查表程序设计

查表程序是一种常用程序，它广泛应用于 LED 显示控制、打印机打印、计算以及转换等功能程序中，具有程序简单、执行速度快等优点。

所谓查表法，就是把事先计算或测得的数据按一定顺序编制成数据表，存放在计算机的程序存储中。而查表程序的任务就是根据给定的条件或被测参数的值，从表中查出所需要的结果。

一般数据表格有两种排列方式：一种是无序表格（表中的元素随机存放），另一种是有序表格（表中的元素按其值大小顺序存放）。由于表的排列不同，查表的方法也可不同，如顺序查表、计算查表和对分查表等。

1. 顺序查表法的程序设计

顺序查表法也称为线性查表法，是最基本和最简单的一种查表法。其表格的排列一般是无序的，查找的方法是从表格中的第一个元素开始比较，直到找到所要查找的关键字为止。在进行顺序查表时，应做好以下工作：表的起始地址送入 PC 或 DPTR；表格的长度放在某寄存器中；要查找的关键字放在某一个内存单元中；用"CJNE A, direct, rel"指令进行。

例 4-15 输入一个 ASCII 字符，要求按照输入的命令字符转去执行相应的处理程序。设命令字符为'A'、'B'、'C'、'E'、'G'、'I'、'Q'、'P'八种。对应的处理程序入口地址标号分别为 TAC, TBC, TCC、TEC, TGC, TIC, TQC, TPC。以"0"作为结束标志，

同时也为出错标志,并将 SBUF 置 FFH。已知待查找的命令字符在寄存器 A 中。程序如下:

```
            ORG   8000H
    FIND1:  MOV   DPTR, #FTAB1    ;取表头地址
            MOV   B, A
    LOP1:   CLR   A
            MOVC  A, @A+DPTR
            JZ    ERR1
            INC   DPTR
            CJNE  A, B, FLN1
            CLR   A
            MOVC  A, @A+DPTR
            MOV   B, A            ;处理程序入口地址高 8 位暂存入寄存器 B 中
            INC   DPTR
            CLR   A
            MOVC  A, @A+DPTR      ;处理程序入口地址低 8 位暂存入寄存器 A 中
            MOV   DPL, A
            MOV   DPH, A
            CLR   A
            JMP   @A+DPTR
    FLN1:   INC   DPTR
            INC   DPTR
            SJMP  LOP1
    ERR1:   MOV   SBUF, #0FFH     ;出错处理
    FTAB1:  DB    'A'             ;ASCII 码 A
            DW    TAC
            DB    'B'             ;ASCII 码 B
            DW    TBC
            DB    'C'             ;ASCII 码 C
            DW    TCC
            DB    'E'             ;ASCII 码 E
            DW    TEC
            DB    'G'             ;ASCII 码 G
            DW    TGC
            DB    'I'             ;ASCII 码 I
            DW    TIC
            DB    'P'             ;ASCII 码 P
            DW    TPC
            DB    'Q'             ;ASCII 码 Q
            DW    TQC
```

```
        DB   0                    ;表格结束标志
        END
```

本例程序采用顺序查表法，把事先存放在寄存器 A 中的待查值称为关键字。表中存放的字符按 ASCII 码的大小顺序排列。表尾用"0"作为结束标志，因此，表的前面部分为有序表，末尾为无序。

2. 二分法查表程序设计

对于有序表，可以用顺序查找法，也可以用对分查表法。

例 4-16 设有一个数列 2，15，23，65，78，85，98 共 7 个数，$n=7$，数列序号 $0 \sim n-1=6$，要查找的数值为 65，存于寄存器 A 中，R2 为查找次数，开始时置 FFH。设 DPTR 为数列地址指针，区间上限存放于 R4，区间下限存放于 R5。流程图如图 4-13 所示。程序如下：

```
        ORG    1000H
FIND2:  MOV    R4, #0
        MOV    R5, #7
        MOV    R2, #01
        MOV    R3, A           ;关键字暂存入 R3
LOOP:   MOV    DPTR, #TABLE
        MOV    A, R4
        ADD    A, R5
        CLR    C
        RRC    A               ;I = (L + P)/2
```

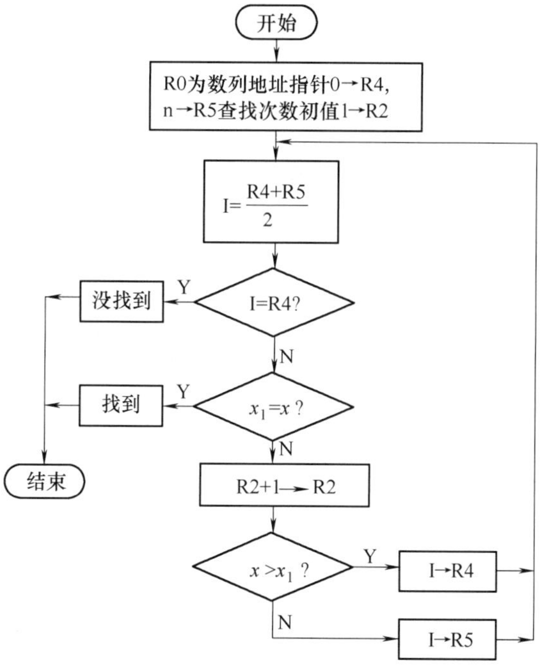

图 4-13 二分法查表流程图

```
              MOV   R1, A
              CLR   C
              SUBB  A, R4           ; I 与区间上限比较
              JZ    ERR             ; 相等未找到，转出
              MOV   A, R1
              DEC   A
              MOVC  A, @A+DPTR      ; 取 $x_1$
              CLR   C
              SUBB  A, R3           ; $x_1$ 和关键字相比
              JZ    FNSH            ; 相等，找到关键字
              JNC   BIG             ; $x_1 > x$，转移
              MOV   A, R1           ; $x_1 < x$，修改区间上限值
              MOV   R4, A
              INC   R2
              AJMP  LOOP
       BIG:   MOV   A, R1           ; 修改区间下限值
              MOV   R5, A
              INC   R2
              AJMP  LOOP
       ERR:   MOV   R2, #0FFH       ; 置出错标志
       FNSH:  RET
       TABLE: DB    2, 15, 23, 65, 78, 85, 98
              END
```

思考与练习题

1. 用 8051 单片机汇编语言进行程序设计包括哪些步骤？
2. 常用的程序结构有哪几种？特点如何？
3. 调用子程序时，参数的传递方法有哪几种？
4. 若有两个无符号数 x、y 分别存放在内部存储器 50H、51H 单元中，试编写一个程序实现 $x \times 10 + y$，结果存入 52H、53H 两个单元中。
5. 若 8051 的晶振频率为 6MHz，试计算延时子程序的延时时间。

```
       DELAY: MOV   R7, #0F6H
       LP:    MOV   R6, #0FAH
              DJNZ  R6, $
              DJNZ  R7, LP
              RET
```

6. 试编程将片内 40H～60H 单元中的内容传送到以 2100H 为起始地址的存储区。
7. 片外 RAM 区从 3000H 单元开始存有 100 个字节的无符号数，找出最大的值并存入 3100H 单元，试编写程序。
8. 从内部存储器 20H 单元开始，有 30 个数据。试编一个程序，把其中的正数、负数分别送 51H 和

71H 开始的存储单元，并分别记下正数、负数的个数送 50H 和 70H 单元。

9. 有一字符串放在内部 RAM 以 20H 为首址的连续单元中，字符串以 "＄" 作为结束标志，要求统计出字符串中字符 B（'B'=42H）的个数，并送外部 RAM 40H 单元中。

10. 在 DATA1 单元中有一个带符号的 8 位二进制数 x。编一程序，按以下关系计算 y 值，送 DATA2 单元。

$$y = \begin{cases} x+5, & x>0 \\ x, & x=0 \\ x-5, & x<0 \end{cases}$$

11. 编程将片外 RAM 中以 2000H 为首址的连续的 50 个单元中的无符号数按照从大到小的顺序进行排序，排序后仍存放在以 2000H 为首址的连续单元中。

12. 若晶振为 6MHz，试编写延时 50ms 的延时程序。

13. 设计一个循环灯系统。要求单片机的 P1 口输出驱动 8 个发光二极管。试编写程序，使这些发光二极管每次只点亮一个，循环左移，一个接一个地点亮，循环不止。

14. 某智能仪器的键盘中，根据命令的键值（0，1，2，3，4，5，6，7，8，9），转换成相应的双字节（16 位）命令操作入口地址，其键值与对应的入口地址关系如下：

键值：	0	1	2	3	4	5	6	7	8	9
口地址：	0123H	01D8H	0200H	02A8H	034EH	03DAH	0468H	04F6H	0594H	0610H

假设键值存放在 20H 单元中，要求将转换后的入口地址存放在 22H、23H 单元中。

15. 某监控程序中有 6 个命令，分别以字母 A、B、C、D、E、F 表示。这 6 个命令对应 6 个处理程序，要求根据输入不同的命令字转至相应的处理程序。试编写程序。

16. 设在片内 RAM 的 20H 单元中存放一数码，其值范围为 0～20，要求利用查表法求此数的平方值并将结果存入片外 RAM 的 20H，21H 单元中，试编制相应的程序。

第 5 章 中断和定时器/计数器

5.1 中断

5.1.1 中断系统概述

在 CPU 与外部设备交换信息时，存在高速的 CPU 和低速的外设之间的矛盾。若采用软件查询的方式，CPU 会浪费较多的时间去等待外设。此外，对 CPU 外部随机或定时（如定时器发出的信号）出现的紧急事件，也需要 CPU 能马上响应。为解决上述问题，在计算机中采用了中断技术。

1. 中断的概念

CPU 在处理某一事件 A 时，发生了另一事件 B 请求 CPU 迅速去处理（中断发生）；CPU 暂时中断当前的工作，转去处理事件 B（中断响应和中断服务）；待 CPU 将事件 B 处理完毕后，再回到原来事件 A 被中断的地方继续处理事件 A（中断返回），这一过程称为中断，如图 5-1 所示。

"中断"之后执行的处理程序通常称为中断服务程序或中断处理子程序，原来执行的程序称为主程序，主程序被中断的位置（地址）称为断点，引起中断的原因或能够发出中断申请的来源称为中断源。中断源要求服务的请求称为中断请求。中断请求通常是一种电信号，CPU 一旦对这个信号进行检测和响应便可自动转入该中断源的中断服务程序执行，并在执行完后自动返回源程序继续执行，由于中断源不同，中断服务程序的功能也不同。因此，中断又可看做 CPU 自动执行中断服务程序并返回源程序执行的过程。

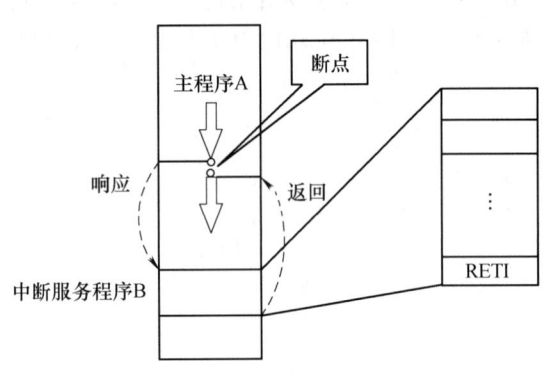

图 5-1 中断过程示意图

2. 中断的作用

中断主要有以下优点：

1）实现同步工作。计算机有了中断功能就解决了快速 CPU 与低速外设之间的矛盾，可以使 CPU 和外设同时工作。CPU 启动外设以后，继续执行主程序，同时外设也在工作。当外设把数据准备好后，就发出中断请求，请求 CPU 中断正在执行的程序，转去执行中断服务程序（如输入/输出处理）。中断服务程序执行完之后，CPU 恢复执行主程序，外设也继续工作。这样，CPU 可以指挥多个外设同时工作，从而大大提高了 CPU 的效率。

2）实现实时处理。在实时控制系统中，为使控制系统能保持在最佳工作状态，被控系统的各种控制参量可随时向计算机发出中断请求，要求 CPU 处理。对此，CPU 必须作出快速响应和及时处理，这种实时处理功能只有靠中断技术才能实现。

3）实现故障处理。若计算机在运行过程中出现了事先预料不到的情况或故障时，如电源掉电、存储出错、运算溢出和传输错误等，可以利用中断系统进行处理，而不必停机。

3. 中断源

在 MCS-51 系列单片机中，中断源通常有以下几种：

1）外部设备中断源。外部设备主要为计算机输入和输出数据，所以它是最原始和最广泛的中断源。外部设备在作为中断源时，通常要求它在输入或输出一个数据时能自动产生一个中断请求信号（如 TTL 高电平或 TTL 低电平），送到 CPU 的中断请求输入线 $\overline{INT0}$ 或 $\overline{INT1}$，以供 CPU 检测和响应。输入/输出设备如键盘、打印机等都可以用作中断源。

2）被控对象中断源。在计算机用做实时控制时，被控对象常常被用做中断源，用于产生中断请求信号。例如，电压、电流、温度、压力、流量和流速等超越上限和下限，以及开关和继电器触点的闭合或断开等都可以作为中断源来产生中断请求信号，要求 CPU 通过执行中断服务程序来加以处理。因此，被控对象常常被用做实时控制计算机的巨大中断源。

3）故障中断源。故障源是产生故障信息的来源，把它作为中断源可以使 CPU 能以中断的方式对已发生的故障进行及时处理。计算机故障中断源有内部和外部之分：CPU 内部故障源引起内部中断，如除法中除数为零的中断等；CPU 外部故障源引起外部中断，如掉电中断等。在掉电时，电压降低到一定值就发出中断申请，由计算机的中断系统响应中断执行中断服务程序，保护现场和启用备用电源，以保存存储器中的信息。待电压恢复后继续执行掉电前的用户程序。

和上述 CPU 故障中断源相似，被控对象的故障源也可用做故障中断源，以便对被控对象进行应急处理，从而可以减少系统在发生故障时的损失。

4）定时/计数脉冲中断源。定时/计数脉冲中断也有内部和外部之分。内部定时/计数脉冲中断是由单片机内部的定时器/计数器溢出（全"1"变全"0"）时自动产生的；外部定时/计数脉冲中断是由外部定时/计数脉冲通过 CPU 的中断请求输入线或者定时器/计数器的输入线引起的。

4. 中断系统的功能

MCS-51 单片机的中断系统有 5 个中断源，2 个优先级，可实现二级中断嵌套。由片内特殊功能寄存器中的中断允许寄存器（IE）控制 CPU 是否响应中断请求；由中断优先级寄存器（IP）安排各中断源的优先级；同一优先级内各中断源同时提出中断请求时，由内部查询逻辑确定其响应次序。

MCS-51 单片机的中断系统由中断请求标志位（在相关的特殊功能寄存器中）、中断允许寄存器 IE、中断优先级寄存器（IP）及内部硬件查询电路组成，图 5-2 所示为 MCS-51 单片机中断系统示意图。

为满足上述各种情况下的中断要求，中断系统一般具有以下功能：

1）进行中断优先权排队。通常情况下，在单片机系统中有多个中断源，有时可能会出现两个或多个中断源同时提出中断请求，CPU 应能找到优先级别最高的中断源，首先响应它的中断请求，在优先级别最高的中断源处理完之后，再去响应优先级别较低的中断请求。计算机按中断源优先级别高低逐次响应的过程称为中断优先权排队，这个过程可以通过硬件电路来实现,也可以通过软件查询来实现。

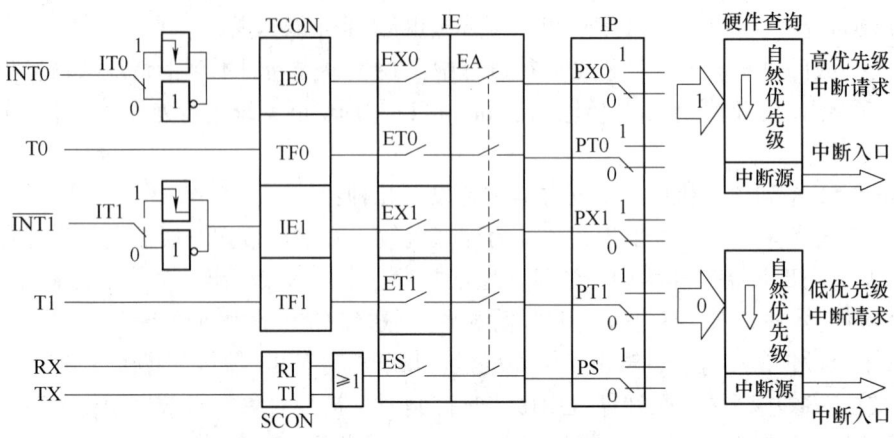

图 5-2 MCS-51 单片机中断系统示意图

2) 实现中断嵌套。当 CPU 响应某一中断源的中断请求在进行中断处理时,若有优先级别更高的中断源发出中断请求,则 CPU 应能中断正在执行的中断服务程序,保留这个程序的断点,去响应高级中断,待高级中断处理完后,再继续执行被中断的中断服务程序,这个过程称为中断嵌套。如果发出新的中断请求的中断源的优先级别与正在处理的中断源同级或更低时,CPU 则暂时不去响应这个中断请求,直到正在处理的中断服务程序执行完后,才去处理新的中断请求。

3) 自动响应中断并返回。中断源产生的中断请求是随机发生、无法预料的。当某一中断源发出中断请求时,CPU 应能决定是否响应该中断请求。若响应这个中断请求,则 CPU 必须在现行指令执行完后保护断点,即将断点地址(就是下一条应执行的指令地址)压入堆栈保存起来,然后 CPU 按照中断源提供的中断矢量自动转入相应的中断服务程序执行,这些都是由计算机硬件电路自动完成的。同时,用户在编写中断服务程序时要注意保护现场和恢复现场,即在中断服务程序开始前把有关的寄存器、存储器的内容和状态标志位压入堆栈保存起来,在中断服务程序结束后将原来保存的寄存器、存储器的内容和状态标志位弹出堆栈。最后通过执行中断返回指令"RETI"使 CPU 返回断点,继续执行主程序。

5.1.2 MCS-51 的中断请求源

在 MCS-51 单片机中,单片机的类型不同,其中断源的个数和中断标志位的定义也有差别。以 8031 为例,有 3 类 5 个中断源,它们分别是两个外部中断,两个定时器中断和一个串行口中断。

1. 外部中断源

8031 有两个外部中断源,即外部中断 0 和外部中断 1。它们的中断请求信号分别由引脚 $\overline{INT0}$ (P3.2) 和 $\overline{INT1}$ (P3.3) 引入。

外部中断请求有两种信号方式:电平触发方式和边沿触发方式。可以通过有关寄存器控制位的定义进行设定。电平触发方式是低电平有效,在这种方式下,只要单片机在中断请求输入端($\overline{INT0}$和$\overline{INT1}$)上采样到有效的低电平时,就激活外部中断;边沿触发方式是脉冲的负跳变有效,在此方式下,CPU 在两个相邻机器周期对中断请求引入端进行的采样中,如果前一次检测为高电平,后一次检测为低电平,即为有效的中断请求。

1) $\overline{INT0}$:外部中断 0 请求,可由 P3.2 脚输入。通过 IT0(TCON.0)来决定其为低电平有效还是下降沿有效。一旦输入信号有效,中断标志 IE0(TCON.0)置 1(由硬件自动完成),向 CPU 申请中断。

2) $\overline{INT1}$:外部中断 1 请求,可由 P3.3 脚输入。通过 IT1(TCON.2)来决定其为低电平有效还是下降沿有效。一旦输入信号有效,中断标志 IE1(TCON.3)置 1(由硬件自动完成),向 CPU 申请中断。

2. 定时器中断源

定时器中断是一种内部中断,是为满足定时或计数的需要而设置的。8031 内部有两个 16 位的定时器/计数器,可以实现定时和计数功能。这两个定时器/计数器在内部定时脉冲或从 T0/T1 引脚输入的计数脉冲作用下发生溢出(从全"1"变为全"0")时,即向 CPU 提出溢出中断请求,以表明定时时间到或计数值已满。定时器溢出中断常用于需要定时控制的场合。

1) TF0:定时器 T0 溢出中断请求。当定时器 0 产生溢出时,置位中断标志 TF0(由硬件自动完成),向 CPU 申请中断。

2) TF1:定时器 T1 溢出中断请求。当定时器 1 产生溢出时,置位中断标志 TF1(由硬件自动完成)向 CPU 申请中断。

3. 串行口中断源

串行口中断也是一种内部中断,它是为数据的串行传输需要而设置的。串行口中断分为串行口发送中断和串行口接收中断两种。每当串行口发送或接收完一组数据时,就会自动向 CPU 发出串行口中断请求:RI 或 TI 当串行口接收或发送完一帧串行数据时,置位 RI 或 TI(由硬件自动完成),向 CPU 申请中断。

当某中断源的中断请求被 CPU 响应之后,CPU 将把此中断源的入口地址装入程序计数器(PC)中,中断服务程序即从此地址开始执行,此地址称为中断入口地址,亦称为中断矢量。8031 单片机中各中断源与中断入口地址的对应关系见表 5-1。

表 5-1 8031 单片机中断源及入口地址

中断源	入口地址	中断源	入口地址
外部中断 0	0003H	定时器/计数器 T1 溢出	001BH
定时器/计数器 T0 溢出	000BH	串行口发送/接收中断	0023H
外部中断 1	0013H		

5.2 中断控制

MCS-51 单片机设置了一些寄存器供用户使用和控制中断系统。与中断有关的寄存器共有四个,它们是定时器控制寄存器(TCON)、中断允许控制寄存器(IE)、中断优先级控制寄存器(IP)和串行口控制寄存器(SCON)。这四个控制寄存器均属于专用寄存器。

5.2.1 定时器控制寄存器（TCON）

该寄存器单元地址为88H，位地址为88H～8FH，其内容及位地址见表5-2。

表5-2　TCON内容及位地址

位地址	8FH	8EH	8DH	8CH	8BH	8AH	89H	88H
位符号	TF1	TR1	TF0	TR0	IE1	IT1	IE0	IT0

该寄存器具有定时器/计数器的控制功能和中断控制功能，其中与中断有关的控制位共有六位。

1）TF1：定时器/计数器T1溢出中断标志。当定时器T1产生溢出中断时，该位由硬件自动置位（即TF1=1）。当定时器T1的溢出中断被CPU响应之后，该位由硬件自动复位（即TF1=0）。定时器溢出中断标志位的使用有两种情况：采用中断方式时，该位作为中断请求标志位来使用；采用查询方式时，该位作为查询状态位来使用。

2）TF0：定时器/计数器T0溢出中断标志，其功能与TF1类似。

3）IE1：外部中断1中断请求标志。当CPU检测到$\overline{INT1}$上中断请求有效时，IE1由硬件自动置位。在CPU响应中断请求后进入相应中断服务程序执行时，该位由硬件自动复位。

4）IT1：外部中断1触发方式标志。IT1=1为边沿触发方式（负跳变有效）；IT1=0为电平触发方式（低电平有效）。该位可由软件置位或复位。

5）IE0：外部中断0中断请求标志，其功能与IE1类似。

6）IT0：外部中断0触发方式标志，其功能与IT1类似。

5.2.2 串行口控制寄存器（SCON）

该寄存器单元地址为98H，位地址为98H～9FH，其内容及位地址见表5-3。

表5-3　SCON内容及位地址

位地址	9FH	9EH	9DH	9CH	9BH	9AH	99H	98H
位符号	SM0	SM1	SM2	REN	TB8	RB8	TI	RI

其中，与中断有关的控制位共有两位：

1）TI：串行口发送中断标志。当串行口发送完一帧串行数据后，该位由硬件自动置位，但在CPU响应串行口中断后转向中断服务程序执行时，该位是不能由硬件自动复位的，因此，用户应在串行口中断服务程序中通过指令来使它复位。

2）RI：串行口接收中断标志。当串行口接收完一帧串行数据后，该位由硬件自动置位，同样该位也不能由硬件自动复位，应由用户在中断服务程序中将其复位。

5.2.3 中断允许控制寄存器（IE）

该寄存器单元地址为A8H，位地址为A8H～AFH，其内容及位地址见表5-4。

1）EA：CPU中断总允许位。该位状态可由用户通过程序设置：EA=0时，CPU禁止所有中断源的中断请求，亦称关中断；EA=1时，CPU开放所有中断源的中断请求，但这些中断请求最终能否被 CPU 响应取决于 IE 中相应中断源的中断允许位状态。

表 5-4　IE 内容及位地址

位地址	AFH	AEH	ADH	ACH	ABH	AAH	A9H	A8H
位符号	EA	/	/	ES	ET1	EX1	ET0	EX0

2）ES：串行口中断允许位。若 ES=0，禁止串行口中断；若 ES=1，允许串行口中断。

3）ET1：定时器/计数器 T1 中断允许位。若 ET1=0，禁止定时器/计数器 T1 中断；若 ET1=1，允许定时器/计数器 T1 中断。

4）EX1：外部中断 1 中断允许位。若 EX1=0，禁止外部中断 1 中断；若 EX1=1，允许外部中断 1 中断。

5）ET0：定时器/计数器 T0 中断允许位。若 ET0=0，禁止定时器/计数器 T0 中断；若 ET0=1，允许定时器/计数器 T0 中断。

6）EX0：外部中断 0 中断允许位。若 EX0=0，禁止外部中断 0 中断；若 EX0=1，允许外部中断 0 中断。

MCS-51 单片机复位以后，IE 寄存器中各中断允许位均被清零，禁止所有中断。

例 5-1　设置外部中断 1、定时器 T1 中断允许，其他不允许，请设置 IE 的相应值。

解：根据 IE 的各位的含义，设置如下：

D7	D6	D5	D4	D3	D2	D1	D0
EA	×	×	ES	ET1	EX1	ET0	EX0
1	0	0	0	1	1	0	0

即 IE 相应值为 8CH。

编写程序时可以用以下两种方法：

1）用字节操作指令实现：

MOV　IE，　#8CH

或 MOV　A8H，　#8CH

2）用位操作指令实现：

SETB　EA　　　；使 EA=1，CPU 开中断

SETB　ET1　　　；使 ET1=1，定时器/计数器 T1 允许中断

SETB　EX1　　　；使 EX1=1，外部中断 1 允许中断

5.2.4　中断优先级控制寄存器（IP）

MCS-51 单片机的中断优先级控制比较简单，系统只定义了高、低两个优先级。用户可利用软件将每个中断源设置为高优先级中断或低优先级中断，并可实现两级中断嵌套。

高优先级中断源可以中断正在执行的低优先级中断服务程序，除非在执行低优先级中断服务程序时设置了 CPU 关中断或禁止某些高优先级中断源的中断。同级或低优先级中断源不能中断正在执行的中断服务程序。

IP 寄存器单元地址为 B8H，位地址为 B8H~BFH，其内容及位地址见表 5-5。

表 5-5 IP 内容及位地址

位地址	BFH	BEH	BDH	BCH	BBH	BAH	B9H	B8H
位符号	/	/	/	PS	PT1	PX1	PT0	PX0

1) PS：串行口中断优先级控制位。若 PS = 0，设定串行口中断为低优先级中断；若 PS = 1，设定串行口中断为高优先级中断。

2) PT1：定时器/计数器 T1 中断优先级控制位。若 PT1 = 0，设定定时器/计数器 T1 为低优先级中断；若 PT1 = 1，设定定时器/计数器 T1 为高优先级中断。

3) PX1：外部中断 1 中断优先级控制位。若 PX1 = 0，设定外部中断 1 为低优先级中断；若 PX1 = 1，设定外部中断 1 为高优先级中断。

4) PT0：定时器/计数器 T0 中断优先级控制位。若 PT0 = 0，设定定时器/计数器 T0 为低优先级中断；若 PT0 = 1，设定定时器/计数器 T0 为高优先级中断。

5) PX0：外部中断 0 中断优先级控制位。若 PX0 = 0，设定外部中断 0 为低优先级中断；若 PX0 = 1，设定外部中断 0 为高优先级中断。

系统复位后，IP 寄存器中各优先级控制位均被清零，即将所有中断源设置为低优先级中断。

由于 MCS-51 单片机只有两个中断优先级，在工作过程中如果遇到几个同一优先级的中断源同时向 CPU 发出中断请求时，CPU 将通过内部硬件查询逻辑按优先级顺序决定应该响应哪个中断请求，其优先级顺序由硬件电路形成，见表 5-6。

表 5-6 MCS-51 单片机中断源优先级顺序

中 断 源	优 先 级
外部中断 0	高
定时器 T0	↓
外部中断 1	
定时器 T1	
串行口中断	低

MCS-51 单片机的中断优先级有如下三条原则：

1) CPU 同时接收到几个中断时，首先响应优先级别最高的中断请求。

2) 正在进行的中断过程不能被新的同级或低优先级的中断请求所中断。

3) 正在进行的低优先级中断服务能被高优先级中断请求所中断。

为了实现后两条原则，中断系统内部设有两个用户不能寻址的优先级状态触发器。其中一个置 1，表示正在响应高优先级的中断，它将阻断后来所有的中断请求；另一个置 1，表示正在响应低优先级中断，它将阻断后来所有的低优先级中断请求。

例 5-2 将 T0、外部中断 1 设置为高优先级，其他为低优先级，求 IP 的值。

解：根据 IP 的结构，设置如下：

D7	D6	D5	D4	D3	D2	D1	D0
×	×	×	PS	PT1	PX1	PT0	PX0
0	0	0	0	0	1	1	0

即 IP 值为 06H。

例 5-3 例 5-2 中，如果 5 个中断请求同时发生，求中断响应的次序。

解：次序为定时器/计数器 T0→外部中断 1→外部中断 0→定时器/计数器 T1→串行中断。

5.2.5 中断响应过程

某一中断源发出中断请求，在中断响应条件满足后 CPU 才会去响应该中断请求。这些条件主要如下：

1）有中断源发出中断请求。

2）CPU 中断总允许，即 EA=1。

3）申请中断的中断源中断允许，即相应的中断允许标志位为 1。

满足以上条件时，CPU 一般会响应中断。中断响应的主要内容就是由硬件自动执行一条长调用指令"LCALL"，其格式为"LCALL addrl6"，这里的"addrl6"就是相应的中断入口地址。这些中断入口地址已由系统设定。例如，对于定时器/计数器 T0 的中断响应，自动调用的长调用指令为

LCALL 000BH

生成 LCALL 指令后，紧接着就由 CPU 执行。首先保护断点，再将中断入口地址装入 PC 中使程序执行，即转向相应的中断入口地址。但每个中断源的中断区只有 8 个单元，一般难以安排一个完整的中断服务程序。因此，通常是在各中断区入口地址处放置一条无条件转移指令，使程序转向存放在其他地址的中断服务程序执行。

但如果有下列情况之一时，则中断响应被暂时搁置：

1）CPU 正在执行一个同级或高优先级别的中断服务程序。

2）当前的机器周期不是正在执行的指令的最后一个机器周期，即只有在当前指令执行完毕后，才能进行中断响应。

3）当前正在执行的指令是返回指令（RET、RETI）或访问 IE、IP 的指令。按 MCS-51 单片机中断系统的特性规定，在执行完这些指令之后，还应再执行一条指令，然后才能响应中断。

中断服务程序的最后一条指令必须是中断返回指令 RETI。CPU 执行完这条指令后，把响应中断时所置位的优先级激活触发器清零，然后从堆栈中弹出两个字节内容（断点地址）装入程序计数器（PC）中，CPU 就从原来被中断处重新执行被中断的程序。

5.3 外部中断源系统的应用

MCS-51 为用户提供两个外部中断申请输入端 $\overline{INT0}$ 和 $\overline{INT1}$。在实际应用中，两个外部中断请求源往往不够，需对外部中断源进行扩充。本节介绍扩充外部中断源的方法。

5.3.1 中断请求的撤除

CPU 响应某中断请求后，在中断返回前，应该撤除该中断请求，否则将引起再次中断。对于定时器/计数器溢出中断，CPU 在响应中断后由硬件电路自动撤除该中断请求，用

户对此可不必考虑。

对于串行口中断，CPU 在响应中断后不能由硬件电路自动撤除该中断，应由用户利用软件将该中断请求撤除。例如：

CLR TI ; 撤除发送中断

CLR RI ; 撤除接收中断

对于外部中断请求，有如下两种情况：

1）当外部中断请求的触发方式为边沿触发时，CPU 在响应中断之后会由硬件电路自动撤除该中断请求，用户可以不必考虑。

2）当外部中断请求为电平方式时，外部中断标志 IE0 或 IE1 是依靠检测$\overline{INT0}$（P3.2）或$\overline{INT1}$（P3.3）引脚上低电平而置位的。尽管 CPU 在响应中断时相应中断标志 IE0 或 IE1 也能被硬件自动复位为"0"状态，但如果外部中断源不能及时撤除它在$\overline{INT0}$（P3.2）或$\overline{INT1}$（P3.3）引脚上的低电平，就会再次使已经变成

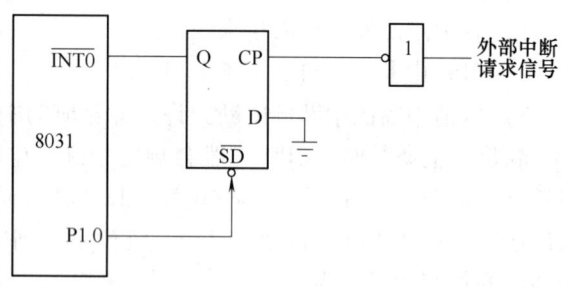

图 5-3 电平触发型外部中断请求的撤除电路

"0"的中断标志 IE0 或 IE1 置位为"1"，这是绝对不允许的。因此，电平触发型外部中断请求的撤除需要硬件、软件配合来实现。图 5-3 所示为一种可供采用的电平触发型外部中断请求的撤除电路。由图可见，当外部中断源产生中断请求时，D 触发器 Q 端被复位成"0"，Q 端的低电平被送到$\overline{INT0}$端，该低电平被 8031 检测到后就使中断标志 IE0 置"1"。8031 响应$\overline{INT0}$上中断请求便可转入$\overline{INT0}$中断服务程序执行，故我们可在中断服务程序开始前安排如下指令来撤除$\overline{INT0}$上的低电平。

ANL P1, #0FEH

ORL P1, #01H

CLR IE0

执行第一条指令使 P1.0 输出为"0"，其持续时间为 2 个机器周期，足以使 D 触发器置位，从而撤除中断请求；执行第二条指令使 P1.0 变为"1"，否则 D 触发器的$\overline{SD}$端始终有效，$\overline{INT0}$端始终为"1"，无法再次申请中断。

5.3.2 外部中断的应用

例 5-4 写出外部中断 1 为低电平触发、高优先级的中断系统的初始化程序。

解：用位操作指令实现：

SETB EA

SETB EX1 ; 开放外部中断 1 中断

SETB PX1 ; 令外部中断 1 为高优先级

CLR IT1 ; 令外部中断 1 为电平触发

采用字节型指令：

MOV IE, #84H ; 开放外部中断 1 中断

ORL IP, #04H ; 令外部中断 1 为高优先级

ANL　TCON，#0FBH　　　；令外部中断1为电平触发

例 5-5　某温度自动调节控制系统如图5-4所示。当空气温度高于指定温度（如20.50℃）时，产生一脉冲，引入$\overline{INT0}$引脚，使单片机发生中断，制冷机工作；当空气温度下降到指定温度（如19.50℃）时，同样产生脉冲，引入$\overline{INT1}$引脚，制冷机停止工作。试编程实现上述功能。

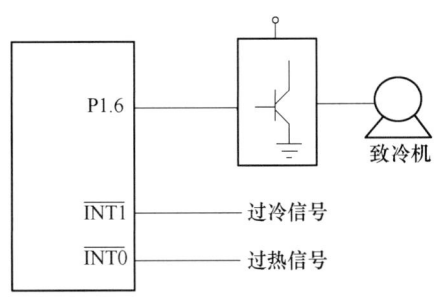

图 5-4　温度自动调节控制系统

程序如下：

```
        ORG    0000H
        AJMP   MAIN            ;转主程序
        ORG    0003H           ;过热中断处理程序（中断0）
HOT:    SETB   P1.6
        RETI
        ORG    0013H           ;过冷中断处理程序（中断1）
COOL:   CLR    P1.6
        RETI
        ORG    0100H           ;主程序
MAIN:   SETB   IT0             ;设置中断为脉冲触发方式
        SETB   IT1
        SETB   EX0             ;开外中断允许
        SETB   EX1
        SETB   EA              ;开总中断允许
        SJMP   $               ;等待中断
        END
```

例 5-6　图5-5所示为多个故障显示电路，当系统无故障时，4个故障输入端X1～X4全为低电平，显示灯全灭；当某个部分出现故障时，其对应的输入由低电平变为高电平，从而引起外部中断，中断服务程序判定故障源，并用其对应的发光二极管LED1～LED4进行显示。试编程实现上述功能

程序如下：

```
        ORG    0000H
        AJMP   MAIN            ;跳转主程序
        ORG    0003H           ;外部中断0入口地址
```

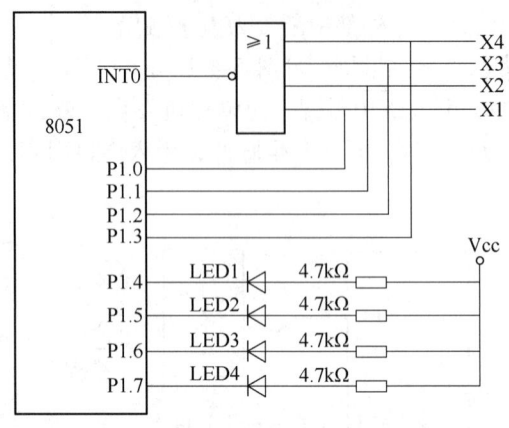

图 5-5　多个故障显示电路

```
              AJMP   PIT0              ;跳转外部中断 0 服务程序
              ORG    0030H
MAIN：ANL    P1，#0F0H          ;(主程序开始) P1.0~P1.3 全部置 0
              ORL    P1，#0F0H          ;灯全灭，准备好
              SETB   EA                ;开放总中断
              SETB   EX0               ;开放外部中断 0
              SETB   IT0               ;设外部中断 0 为边沿触发方式
WAIT：SJMP   WAIT              ;等待中断
PIT0：JNB    P1.0，L1           ;(中断服务程序开始) 若 Xl 无故障则转 L1
              CLR    P1.4              ;有故障则 LED1 亮
L1：    JNB    P1.1，L2           ;若 X2 无故障则转 L2
              CLR    P1.5              ;有故障则 LED2 亮
L2：    JNB    P1.2，L3           ;若 X3 无故障则转 L3
              CLR    P1.6              ;有故障则 LED3 亮
L3：    JNB    P1.3，L4           ;若 X4 无故障则转 L4
              CLR    P1.7              ;有故障则 LED4 亮
L4：    RETI                       ;中断返回
              END
```

5.3.3　中断、查询结合法

若系统中有多个外部中断请求源，可以按它们的轻重缓急进行排队，把其中最高级别的中断源直接接到 MCS-51 的一个外部中断源 $\overline{INT0}$ 的输入端，其余的中断源 IR1~IR4 用"线或"的办法连到另一个中断源输入端 $\overline{INT1}$，同时还连到 P1 口，中断源的中断请求由外设的硬件电路产生，这种方法原则上可处理任意多个外部中断。

例 5-7　5 个外部中断源按优先级从高到低的排列顺序依次为 IR0、IR1…IR4，对于这样的中断源系统，可以采用如图 5-6 所示的中断电路。

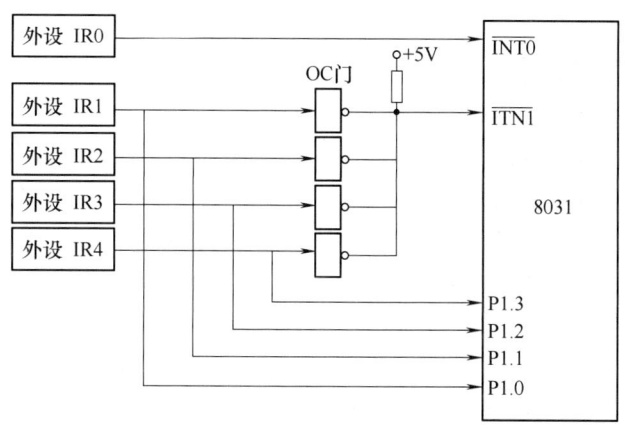

图 5-6 中断和查询相结合的多外部中断源电路

在图 5-6 中，4 个外设的中断请求通过集电极开路的 OC 门构成"线或"的关系，它们的中断请求输入均通过$\overline{INT1}$传给 CPU。无论哪一个外设提出高电平有效的中断请求信号，都会使$\overline{INT1}$引脚的电平变低。究竟是哪个外设提出的中断请求，通过程序查询 P1.0～P1.3 的逻辑电平便可知道。设 IR1～IR4 这 4 个中断请求源的高电平可由相应的中断服务程序清零。

INT1 的中断服务程序如下：

```
        ORG    1000H
        LJMP   INT1
INT1:   PUSH   PSW           ;保护现场
        PUSH   A
        JB     P1.0, IR1     ;如 P1.0 脚为高，则 IR1 有中断请求，跳标号 IR1 处理
        JB     P1.1, IR2     ;如 P1.1 脚为高，则 IR2 有中断请求，跳标号 IR2 处理
        JB     P1.2, IR3     ;如 P1.2 脚为高，则 IR3 有中断请求，跳标号 IR3 处理
        JB     P1.3, IR4     ;如 P1.3 脚为高，则 IR4 有中断请求，跳标号 IR4 处理
INTIR:  POP    A             ;恢复现场
        POP    PSW
        RETI                 ;中断返回
IR1:    IR1 的中断处理程序
        AJMP   INTIR         ;IR1 中断处理完毕，跳标号 INTIR 处执行
IR2:    IR2 的中断处理程序
        AJMP   INTIR         ;IR2 中断处理完毕，跳标号 INTIR 处执行
IR3:    IR3 的中断处理程序
        AJMP   INTIR         ;IR3 中断处理完毕，跳标号 INTIR 处执行
IR4:    IR4 的中断处理程序
        AJMP   INTIR         ;IR4 中断处理完毕，跳标号 INTIR 处执行
```

查询法扩展外部中断源比较简单，但是扩展的外部中断源个数较多时，查询时间较长。

5.4 定时器/计数器

在单片机应用中，定时与计数的需求较多。将定时电路集成在芯片中，称为定时器/计数器。MCS-51 单片机内部就设有两个 16 位可编程的定时器/计数器 T0 和 T1，可以用于定时或计数，并可通过设置特殊功能寄存器 TMOD 中的控制位来选择 T0 或 T1 为定时器还是计数器。T0 或 T1 状态字在相应的特殊功能寄存器中，通过对控制寄存器的设置，用户可以方便地选择 T0 或 T1 的工作模式。MCS-51 单片机定时器/计数器的结构如图 5-7 所示。

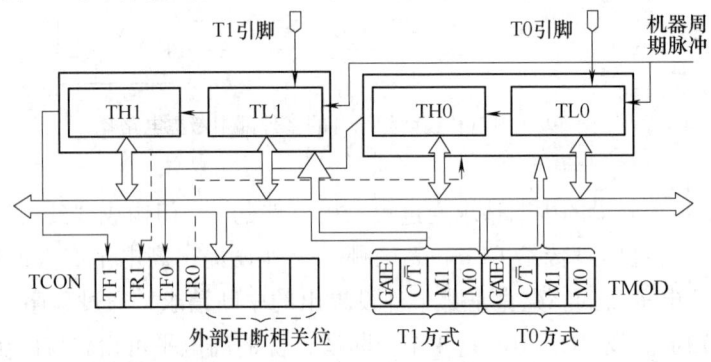

图 5-7 定时器/计数器的结构

TMOD 用于控制和确定各定时器/计数器的功能和工作模式；TCON 不但用于控制定时器/计数器 T0、T1 的启动和停止，同时还设置定时器/计数器的状态。它们的内容由软件设置，系统复位时，寄存器的所有位都被清零。

5.4.1 定时器/计数器的控制

1. 工作方式控制寄存器（TMOD）

TMOD 用于设定定时器/计数器的工作方式及工作模式，各位的定义见表 5-7。

表 5-7 TMOD 各位定义

	定时器/计数器 T1				定时器/计数器 T0			
位序	D7	D6	D5	D4	D3	D2	D1	D0
位符号	GATE	C/$\overline{\text{T}}$	M1	M0	GATE	C/$\overline{\text{T}}$	M1	M0

TMOD 地址为 89H，高 4 位为定时器 T1 的方式控制字段，低 4 位为定时器 T0 的方式控制字段。

1）门控位 GATE：当 GATE = 0 时，定时器/计数器只由软件控制位 TR0 或 TR1 来控制启停。TRi（i = 0 或 1）位为 1 时，定时器/计数器启动开始工作；为 0 时，定时器/计数器停止工作。当 GATE = 1 时，定时器/计数器的启动要由外部中断引脚和 TRi 来共同控制。只有当中断引脚 $\overline{\text{INT0}}$ 或 $\overline{\text{INT1}}$ 为高电平、TRi 置 1 时才能启动定时器/计数器工作。

2）C/$\overline{\text{T}}$：C/$\overline{\text{T}}$ = 0 为定时器方式，采用晶振脉冲的 12 分频信号作为计数器的计数脉冲，即对机器周期进行计数。若选择 12MHz 晶振，则定时器的计数频率为 1MHz。从定时器的计数值便可求得计数时间，因此称为定时器方式。

$C/\overline{T}=1$ 为计数器方式，采用外部引脚（T0 为 P3.4，T1 为 P3.5）的输入脉冲作为计数脉冲。当 T0（或 T1）输入发生高到低的负跳变时，计数器加 1，最高计数频率为晶振频率的 1/24。

3）M1、M0：定时器/计数器的工作方式由 M1、M0 两位的状态确定，对应关系见表 5-8。

表 5-8 定时器/计数器工作方式

M1	M0	工作方式	功 能 说 明
0	0	方式 0	13 位定时器/计数器
0	1	方式 1	16 位定时器/计数器
1	0	方式 2	自动重新装入初值的 8 位定时器/计数器
1	1	方式 3	T0：分成两个 8 位定时器/计数器；T1：停止定时器/计数

2. 定时器/计数器控制寄存器（TCON）

TCON 寄存器既参与中断控制，又参与定时控制，其单元地址为 88H，其内容及位地址见表 5-9。有关中断的控制内容已在前面介绍过，在此只介绍其与定时控制有关的各位。

表 5-9 TCON 内容及位地址

位地址	8FH	8EH	8DH	8CH	8BH	8AH	89H	88H
位符号	TF1	TR1	TF0	TR0	IE1	IT1	IE0	IT0

1）TF1 为 T1 的溢出标志位。当定时器/计数器 T1 溢出时，由硬件将 TF1 置 1，并申请中断。当进入中断服务程序时，硬件又自动将 TF1 清零（也可以用软件清零）。T1 工作时，CPU 可以随时查询 TF1 的状态。所以，TF1 可用作查询检测的标志。

2）TR1 为定时器/计数器 T1 的运行控制位。该位由软件置位和复位。当 GATE（TMOD.7）为 0、TR1 为 1 时，允许 T1 计数，TR1 为 0 时禁止 T1 计数；当 GATE 为 1、TR1 为 1 且 $\overline{INT1}$ 输入高电平时，才允许 T1 计数，TR1 为 0 或 $\overline{INT1}$ 输入为低电平时，禁止 T1 计数。

3）TF0 为定时器/计数器 T0 的溢出标志位。当定时器/计数器 T0 溢出时，由硬件将 TF0 置 1，并申请中断。当进入中断服务程序时，硬件又自动将 TF0 清零（也可以用软件清零）。其功能与 TF1 类同。

4）TR0 为定时器/计数器 T0 的运行控制位。该位由软件置位和复位。当 GATE（TMOD.3）为 0，TR0 为 1 时，允许 T0 计数，TR0 为 0 时，禁止 T0 计数；当 GATE 为 1、TR0 为 1 且 $\overline{INT0}$ 输入高电平时，才允许 T0 计数，TR0 为 0 或 $\overline{INT0}$ 输入为低电平时，禁止 T0 计数。其功能与 TR1 类同。

5.4.2 定时器/计数器的工作方式

定时器/计数器 T0 和 T1 有 4 种工作方式：方式 0、方式 1、方式 2 和方式 3。T0 和 T1 这两个定时器/计数器在方式 0、方式 1、方式 2 下工作时，用法完全一致，仅在方式 3 时有所区别。各种方式的选择是通过对 TMOD 的 M1、M0 两位进行编码来实现的。

1. 方式 0

当 TMOD 中的 M1M0 位为 00 时,定时器/计数器就工作在方式 0,图 5-8 所示为定时器 T0(或 T1)工作在方式 0 的逻辑结构。

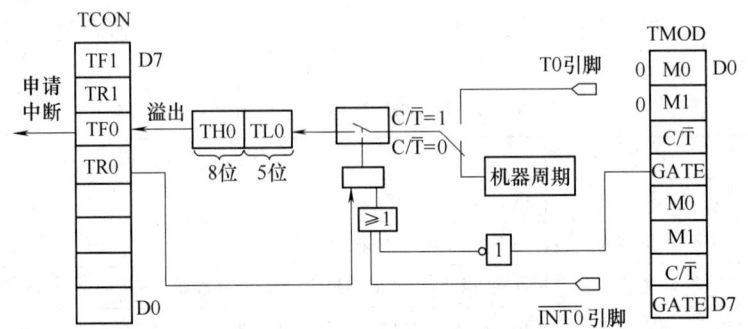

图 5-8 T0(或 T1)工作在方式 0 的逻辑结构图

方式 0 实质上是用定时器/计数器 T0(或 T1)的两个 8 位定时器/计数器 TH0、TL0(或 TH1、TL1)进行计数操作。其中高位定时器/计数器 TH0 的 8 位全部使用,而低位定时器/计数器 TL0 只用其低 5 位。从而构成了一个 13 位的定时器/计数器。计数时 TL0 低 5 位计数满后向 TH0 进位,TH0 计数满后向 TCON 中的中断标志位 TF0 进位,由硬件置位 TF0,申请中断。

13 位定时器/计数器选择定时还是计数则由逻辑软开关 C/T̄ 控制,定时器/计数器的启动和停止是受某些逻辑门控制的。

(1) 用做定时器(C/T̄ = 0) 其用做定时器使用时,计数时钟是由 CPU 的晶体振荡器经 12 分频产生的。此时 C/T̄ = 0,软开关拨向定时器,T0(T1)对机器周期计数。其定时时间由下式计算:

$$定时时间 = (2^{13} - X) \times 振荡周期 \times 12$$

式中的 X 即为 T0(T1)的初值。

(2) 用做计数器(C/T̄ = 1) 其用做计数器时,设定 C/T̄ = 1,使软开关接通 T0 的输入端(P3.4)引脚。外部时钟通过 P3.4 引脚供 13 位计数器计数用。

(3) 计数器启动和停止的控制 控制的信号主要是门控位 GATE 和运行控制位 TR0。GATE = 0 时计数器运行条件只取决于 TR0;GATE = 1 时,则由 TR0 和 INT0̄ 共同决定。

如图 5-8 所示,GATE = 0 时,或门输出总是 1(与 INT0̄ 无关)。若 TR0 = 1,则与门输出为 1,控制开关接通计数器,允许 T0 在原值上做加法计数,直到溢出。溢出时计数器恢复为 0,TF0 = 1(申请中断),T0 仍从 0 开始计数;若 TR0 = 0,则封锁与门,软开关断开,停止计数。

当 GATE = 1 且 TR0 = 1 时,则或门只受 INT0̄ 控制,与门也间接受 INT0̄ 控制,于是外部中断信号电平通过引脚 P3.2 直接启动或关闭计数通道。这种控制方法常用来测量外部信号的脉冲宽度(如 INT0̄ = 1 启动计数、INT0̄ = 0 停止计数,就记录了一个脉冲宽度。软件设定 IT0 = 1,则 IE0 = 1,申请中断。应注意与溢出中断的区别)。

例 5-8 选用 T0 工作方式 0,用于定时,由 P1.0 输出周期为 4ms 的方波,设晶振 f_{osc} =

12MHz。

解： 要在 P1.0 引脚输出周期为 4ms 宽的方波，只要每隔 2ms 将 P1.0 取反一次即可得到 4ms 的方波。因此，选用 T0 的定时时间为 2ms。先以 16 位计数器计算，初始值为

$$X = 2^{13} - f_{osc} \times t/12 = 8192 - 12 \times 2000/12 = 8192 - 2000 = 6192 = 1830H$$

由于采用工作方式 0，计数器为 13 位，TL0 的高 3 位未用，应补 0，TH0 占高 8 位，所以 X 的实际值应为

$$X = 1100000100010000B = C110H$$

根据题意设置方式控制字：TMOD = 00000000B = 00H

源程序如下：

```
        ORG    0010H
        MOV    TMOD, #00H       ; 置 T0 方式控制字
        MOV    TH0, #0C1H       ; T0 的计数初值 X0
        MOV    TL0, #10H
        SETB   TR0              ; 启动 T0
LOOP1:  JBC    TF0, LOOP2       ; 查询 T0 计数是否溢出，同时清除 TF0
        AJMP   LOOP1            ; 没有溢出则继续等待
LOOP2:  MOV    TH0, #0C1H       ; 若溢出重置计数初值
        MOV    TL0, #10H
        CPL    P1.0             ; 输出取反
        SJMP   LOOP1            ; 重复循环
```

2. 方式 1

当 TMOD 中的 M1M0 为 01 时，定时器/计数器工作于方式 1，这时的定时器/计数器的结构和工作过程几乎与方式 0 完全相同，唯一的区别是定时器/计数器的长度为 16 位，如图 5-9 所示。

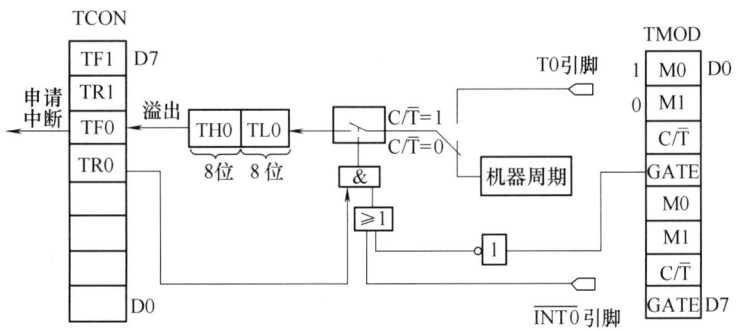

图 5-9 T0（或 T1）工作在方式 1 的逻辑结构图

定时时间 $= (2^{16} - X) \times$ 振荡周期 $\times 12$，X 即为 T0 的初值。

计数初值 $= 2^{16} - t \times f_{osc}/12$

例 5-9 用定时器 T0 产生一个 50Hz 的等宽方波脉冲，由 P1.1 输出，仍用程序查询方式，振荡频率为 12MHz。

解： 方波周期 $T = 1/50s = 0.02s = 20000\mu s$，定时值只需 $10000\mu s$，所以可用 T0 定时

10000μs。计数初值 X 为

$X = 2^{16} - 10000 \times 12/12 = 65536 - 10000 = 55536 = D8F0H$

源程序如下：

```
        ORG   0010H
        MOV   TMOD, #01H    ; T0 工作在方式 1，为定时模式
        SETB  TR0           ; 启动 T0
LOOP:   MOV   TH0, #0D8H    ; T0 计数初值
        MOV   TL0, #0F0H
        JNB   TF0, $        ; T0 没有溢出则原地等待，$ 为地址计数器
        CLR   TF0           ; 若产生溢出清标志位
        CPL   P1.1          ; P1.1 取反输出，输出方波
        SJMP  LOOP          ; 继续循环
```

3. 方式 2

当 TMOD 中的 M1M0 为 10 时，定时器/计数器工作于方式 2。当方式 0、方式 1 用于循环重复定时/计数，每次计满溢出时，寄存器全部为 0，下一次计数需重新装入计数初值。这样不仅编程麻烦，而且影响定时时间精度，方式 2 克服了它们的缺点，能自动重装计数初值。

方式 2 中把 16 位的定时器/计数器拆成两个 8 位定时器/计数器，低 8 位做定时器/计数器用，高 8 位保存计数初值。当低 8 位计数产生溢出时，将 TFi（i = 0 或 1）位置 1，同时又将保存在高 8 位中的计数初值重新自动装入低 8 位计数器中，再继续计数，循环重复不止。方式 2 的逻辑结构如图 5-10 所示。

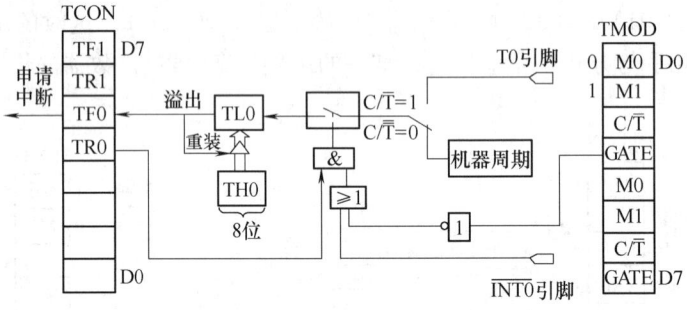

图 5-10　T0（或 T1）工作在方式 2 的逻辑结构图

初始化编程时，THi 和 TLi 都装入该计数初值。方式 2 宜用做较精确的脉冲信号发生器，尤其适合用做串行口波特率发生器。

例 5-10　利用定时器 T0 采用方式 2 计数。要求每计满 200 次，将 P1.1 端取反。

解： T0 工作于计数方式，外部计数脉冲由 T0（P3.4）引脚引入，每来一个由 1 至 0 的跳变，计数器加 1，由程序查询 TF0 的状态。

计数初值 $X = 2^8 - 200 = 56 = 38H$

所以 TH0 = TL0 = 38H，TMOD = 06H（T0 采用方式 2 工作于计数器模式）

源程序如下：

```
            ORG    0010H
            MOV    TMOD, 06H
            MOV    TH0, #38H        ;置 T0 计数初值
            MOV    TL0, #38H
            SETB   TR0              ;启动 T0
LOOP1： JBC    TF0, LOOP2       ;如果 TF0=1，则转到 LOOP2
            SJMP   LOOP1            ;否则一直等待
LOOP2： CPL    P1.1             ;P1.1 取反输出
            SJMP   LOOP1
```

例 5-11 某啤酒自动生产线上需要每生产 10 瓶执行装箱操作，将生产出的啤酒自动装箱。试用单片机的计数器实现控制要求。

解：如果啤酒自动生产线上装有传感器装置，每检测到一瓶啤酒就会向单片机发出一个脉冲信号，这样使用计数功能就可以实现控制要求。设用 T0 的工作方式 2 来实现。

程序如下：

```
            MOV    TMOD,   #06H      ;TMOD←00000110B
            MOV    TH0,    #0F6H     ;T0 的初值 = 2^8 - 10 = 246
            MOV    TL0,    #0F6H
LOOP：  JBC    TF0,    LOOP1
            AJMP   LOOP
LOOP1： …                             ;驱动电机转动的程序
            AJMP   LOOP
```

4. 方式 3

方式 3 是为了增加一个附加的 8 位定时器/计数器而提供的，使得 MCS-51 单片机具有 3 个定时器/计数器。方式 3 只适用于定时器/计数器 T0，定时器/计数器 T1 处于方式 3 时相当于 TR1=0，停止工作。

1）方式 3 下的 T0。当 TMOD 的低 2 位 M1M0 为 11 时，定时器/计数器 T0 工作在方式 3 下，引脚的逻辑结构如图 5-11 所示。

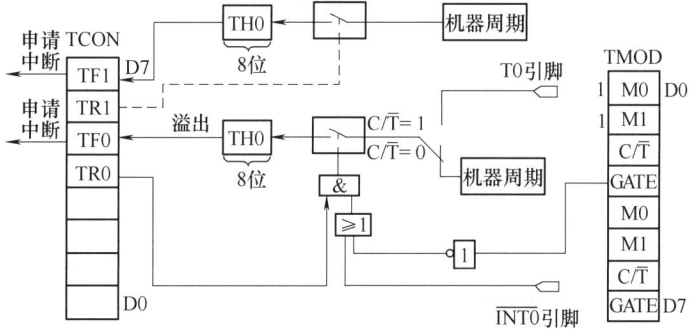

图 5-11 T0 工作在方式 3 的逻辑结构图

T0 在该方式下被拆成两个独立的 8 位定时器/计数器 TH0 和 TL0，其中 TL0 使用原来 T0 的一些控制位和引脚，如 C/T̄、GATE、TR0、TF0、T0（P3.4）以及 INT0（P3.2）引脚。

此方式下的 TL0 除作为 8 位定时器/计数器外，其功能和操作与方式 0、方式 1 完全相同，可做定时也可做计数用。

该方式下的 TH0 只可用做简单的内部定时器，它借用原定时器 T1 的控制位 TR1 和溢出标志位 TF1，同时占用了 T1 的中断源。TH0 的启动和关闭仅受 TR1 的控制，TR1 = 1，TH0 启动定时；TR1 = 0，TH0 停止定时工作。

2）方式 3 下的 T1。当 T0 选作工作模式 3 时，TH0 占用了 T1 的 TR1 和 TF1（控制位和溢出标志位），此情况下定时器/计数器 T1 只可以工作在方式 0、方式 1 和方式 2，作为串行口波特率发生器，或用在任何不需要中断的场合。

当 T0 选作工作模式 3 时，对 T1 的工作方式如下：

1）定时器/计数器 T1 的控制字 TMOD 的 M1M0 为 00 时，定时器/计数器 T1 工作在方式 0，工作示意图如图 5-12a 所示。

2）定时器/计数器 T1 的控制字 TMOD 的 M1M0 为 01 时，定时器/计数器 T1 工作在方式 1，工作示意图如图 5-12b 所示。

3）定时器/计数器 T1 的控制字 TMOD 的 M1M0 为 10 时，定时器/计数器 T1 工作在方式 2，工作示意图如图 5-12c 所示。

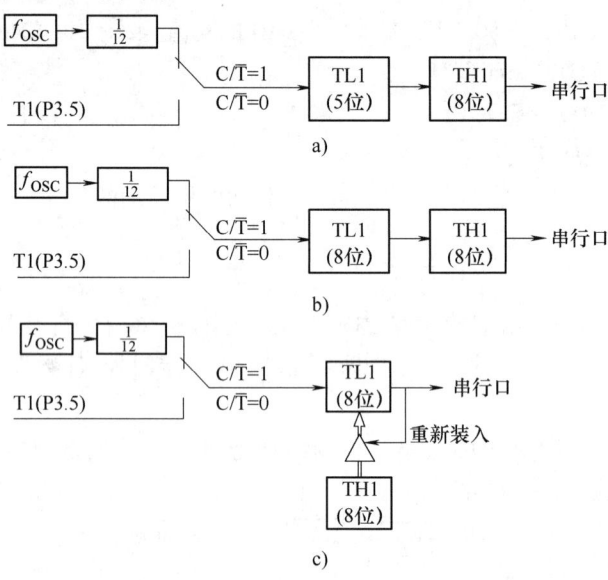

图 5-12 T0 工作于方式 3 时 T1 的不同工作方式
a) T1 工作于方式 0 b) T1 工作于方式 1 c) T1 工作于方式 2

4）定时器/计数器 T1 的控制字 TMOD 的 M1M0 为 11 时，定时器/计数器 T1 停止工作。

通过设置 T1 中的 C/$\overline{T}$ 位可对内部时钟进行定时或对外部引脚脉冲进行计数。当 T1 被设置成工作方式 3 时，由于 T1 的 TR1 和 TF1 被 TH0 占用，因此，T1 溢出产生中断时不能由 TF1 发出，只能从串行口输出 T1 的溢出信号。

由此可见，当 T0 工作于模式 3 时，T1 一般用做串行口波特率发生器。当设置好工作方式后，定时器/计数器 T1 自动开始运行，若要停止操作，只需送入一个设置定时器/计数器 T1 为工作方式 3 的模式控制字。

例5-12 设某用户系统中已使用了两个外部中断源,并置定时器/计数器T1工作于方式2,用做串行口波特率发生器。现要求再增加一个外部中断源并由P1.0输出一个10kHz的方波。单片机振荡频率为12MHz。

解: 为了不增加其他硬件开销,可设置T0工作于方式3的计数方式,把T0的引脚作为附加的外部中断输入端,TL0的计数初值为FFH。当检测到T0引脚由1至0的负跳变时,TL0立即产生溢出,申请中断,相当于边沿触发的外部中断源。

T0工作在模式3下,TL0作计数用,而TH0可用作8位的定时器,定时控制P1.0输出10kHz的方波信号。

因为P1.0输出的方波频率为10kHz,故周期$T = (1/10)$ kHz $= 0.1$ms $= 100\mu$s。

所以用TH0定时50μs,TL0的计数初值为FFH;TH0的计数初值$X = 256 - 50 \times 12/12 = 206 =$ CEH。

程序如下:

```
ORG    0010H
MOV    TMOD, #27H      ; T0工作于方式3,为计数器;T1工作于方式2,为定时器
MOV    TL0, #0FFH      ; TL0的计数初值
MOV    TH0, #0CEH      ; TH0的计数初值
MOV    TH1, #data[H]   ; data是根据波特率要求设置的常数
MOV    TL1, #data[L]
MOV    TCON, #55H      ; 外中断0、1边沿触发,启动T0、T1
MOV    B, #9FH         ; 开放全部中断
```

TL0溢出中断服务程序(由000BH转来):

```
TL0F: MOV   TL0, #0FFH   ; TL0重装初值
      (中断处理)
      RETI
```

TH0溢出中断服务程序(由001BH转来):

```
TH0 OV: MOV   TH0, #0D8H  ; TH0重装初值
        CPL   P1.0        ; P1.0取反输出
```

串行口及外部中断0、1的服务程序此处不再一一列出。

5.5 定时器/计数器编程和应用

5.5.1 定时器/计数器的初始化

定时器/计数器是单片机应用系统中经常使用的部件之一。定时器/计数器的使用方法对程序编制、硬件电路以及CPU的工作都有直接影响。下面将介绍定时器/计数器的具体应用方法。

定时器/计数器的功能是由软件设置的,一般在使用定时器/计数器前均要对其进行初始化。

1. 初始化的步骤

1）确定工作模式（是计数还是定时）、工作方式和启动控制方式，并将其写入 TMOD 寄存器。

2）设置定时/计数器的初值：可直接将初值写入 TH0、TL0 或 TH1、TL1 中。16 位计数初值必须分两次写入对应的定时器/计数器。

3）根据要求决定是否采用中断方式：直接对 IE 位赋值。开放中断时，对应位置"1"；采用程序查询方式时，IE 位应清零以进行中断屏蔽。

4）启动定时器/计数器工作。可使用指令"SETB TRi"启动。若第一步设置为软启动，即 GATE 设置为 0 时，以上指令执行后，定时器/计数器即可开始工作。若 GATE 设置为 1，还必须由外部中断引脚 $\overline{INT0}$ 和 $\overline{INT1}$ 共同控制，只有当 $\overline{INT0}$ 和 $\overline{INT1}$ 引脚为高电平时，以上指令执行后定时器/计数器方可启动工作。定时器/计数器一旦启动就按规定的方式定时或计数。

2. 计数初值的计算

定时器/计数器选择不同的模式、不同的工作方式，其计数初值均不相同。

设最大计数值为 M，各工作方式下的 M 值分别为

方式 0：$M = 2^{13} = 8192$

方式 1：$M = 2^{16} = 65536$

方式 2：$M = 2^8 = 256$

方式 3：$M = 256$，定时器/计数器 T0 分成两个独立的 8 位定时器/计数器，所以 TH0、TL0 的 M 均为 256。

MCS-51 单片机的两个定时器/计数器均为加 1 计数器，当加到最大值（00H 或 0000H）时产生溢出，将 TF 位置 1，可引发溢出中断。因此，计数器初值 X 的计算公式为

$$X = M - 计数值$$

式中的 M 由工作方式确定，不同的工作方式定时器/计数器的长度不相同，故 M 值也不相同。式中的计数值与定时器/计数器的工作方式有关。

1）计数工作模式。计数工作模式时，计数脉冲由外部引入，对外部脉冲进行计数，因此，计数值根据要求确定。其计数初值 $X = M - 计数值$。例如，某工序要求对外部脉冲信号计 100 次，则 $X = M - 100$。

2）定时工作模式。定时工作模式时，计数脉冲由内部供给，对机器周期进行计数，因此，计数脉冲频率为 $f_{cout} = f_{osc}/12$，计数周期 $T = 1/f_{cout} = 12/f_{osc}$，定时工作模式的计数初值 X 为

$$X = M - 计数值 = M - t/T = M - f_{osc} \times t/12$$

式中，f_{osc} 为振荡器的振荡频率，t 为要求定时的时间。

例如，MCS-51 单片机的主频为 6MHz，要求产生 1ms 的定时，试计算计数初值 X。若设置定时器工作于方式 1，定时 1ms，则计数初值 X 为

$$X = 2^{16} - 6 \times 10^6 \times 1 \times 10^{-3}/12 = 65536 - 500 = 65036 = FE0CH$$

3. 定时器/计数器初始化举例

例 5-13 设置 T0 为计数模式，对外部脉冲计数 100 次，硬启动，禁止中断，选择工作方式 2；设置 T1 为定时工作模式，定时 25ms，选择工作方式 1，允许中断，软启动。编写

其初始化程序，设 $f_{osc} = 12\text{MHz}$。

初始化如下：

T0 设为计数模式，工作于方式 2，硬启动，计数初值 X_0 为

$X_0 = 256 - 100 = 156 = 9\text{CH}$

T1 设为定时模式，定时 25ms，工作于方式 1，软启动，其计数初值 X_1 为

$X_1 = 65536 - 12 \times 25 \times 1000/12 = 65536 - 25000 = 40536 = 9\text{E58H}$

方式控制字：00011110H

初始化程序如下：

```
MOV   TMOD, #1EH          ；写控制字
MOV   TH0, #9CH           ；计数器 T0 置计数初值，TH0 中的数自动重新装入 TL0
MOV   TL0, #9CH
MOV   TH1, #9EH           ；定时器 T1 置计数初值
MOV   TL1, #58H
MOV   IE, #10001000B      ；CPU、T1 开中断
SETB  TR0                 ；启动 T0，但要等到 INT0 = 1 时方可真正启动
SETB  TR1                 ；启动 T1
```

5.5.2 定时器/计数器工作方式举例

例 5-14 P1.0、P1.1 经 7407 驱动 LED 交替发光并以每秒一次的频率闪烁。硬件连接如图 5-13 所示（采用 6MHz 晶振）。

解：闪烁周期为 1s，亮、灭各占一半时间，故定时时间需要 500ms。使用 6MHz 晶振，单片机最长定时时间仅为 131ms，因此，需要采用软件计数方法扩展定时时间。

使用定时器/计数器 T0 的定时模式，采用工作方式 1。

设置控制字 TMOD 为 01H。

设定时时间为 100ms，则定时器溢出 5 次为 500ms，使用 6MHz 晶振，定时初值：$X = 2^{16} - 6 \times 10^6 \times 1 \times 10^{-1}/12 = 65536 - 50000 = 3\text{CB0H}$

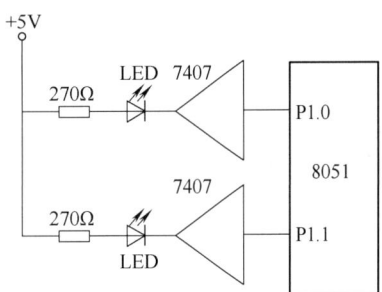

图 5-13 驱动 LED 电路

软件流程图如图 5-14 所示。

程序如下：

```
        ORG   0140H
LED1:   MOV   TMOD, #01H    ；设置定时器工作方式
        SETB  P1.0           ；输出初始状态
        CLR   P1.1
        SETB  TR0            ；启动定时器
LOOP0:  MOV   R2, #05H       ；送软件计数初值
LOOP1:  MOV   TL0, #0B0H     ；送定时常数
```

```
        MOV    TH0, #3CH
        JNB    TF0, $              ;循环等待定时时间到
        CLR    TF0
        DJNZ   R2, LOOP1           ;软件计数 -1≠0 循环
        XRL    P1, #03H            ;P1.0、P1.1 求反
        SJMP   LOOP0               ;循环
```

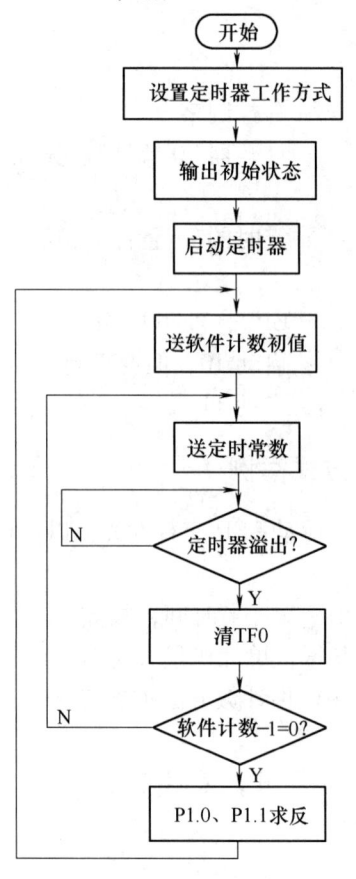

图 5-14 LED 驱动程序流程图

例 5-15 当 GATE = "1" 时，只有 $\overline{INT0}$ 或 $\overline{INT1}$ 为高电平定时器/计数器才能进行计数。利用这一点，可以方便地测量脉冲信号的宽度。设被测脉冲接至 $\overline{INT1}$ 引脚，将定时器/计数器 T1 设置为定时方式，即可进行脉冲宽度测量。要求测量脉宽单位为 1μs，选用 12MHz 晶振。

解：设置控制字 TMOD：GATE = "1"，定时器/计数器 T1 为定时方式 $C/\overline{T}$ = "0"，选用工作方式 1，TMOD = 90H。定时初值为零，在脉冲下跳沿读出计数器的计数值即为脉冲宽度。

程序如下：
```
              ORG    0180H
    PULSEW:   MOV    TMOD, #90H       ;设置定时器/计数器工作方式
```

```
        CLR   A                ;定时初值为零
        MOV   TH1,A
        MOV   TL1,A
        JB    P3.3,$            ;在低电平时启动定时,保证测量整个脉冲宽度
        SETB  TR1               ;启动定时器
        JNB   P3.3,$            ;等待脉冲到来
        JB    P3.3,$            ;等待脉冲结束
        CLR   TR1               ;停止计数
        MOV   R2,TH1            ;读出脉冲宽度
        MOV   R3,TL1
        …
```

运行上面程序后,只要将 R2、R3 两单元内容转换成十进制数,即可读出脉冲宽度。由于工作方式 1 的最大计数值为 65536,所以上面程序所测脉冲宽度不能大于 65536μs。

5.5.3 定时器/计数器编程和应用——电子琴

1. 设计要求

编制程序,利用 P1.0 输出不同频率的脉冲,通过扬声器发出不同频率音调。利用 74LS244 和开关量决定输出音调。

2. 设计电路及连线如图 5-15 所示。

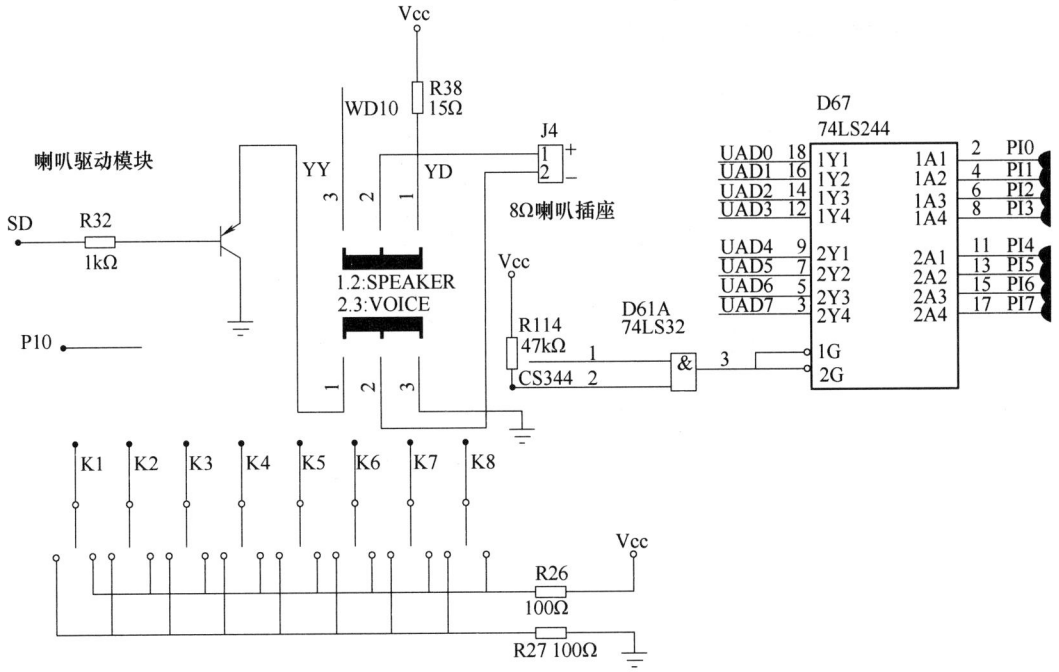

图 5-15 设计电路及连线

PI0～PI7 接 K1～K8,P10 接 SD,CS244 接 8200H。模块中的短路套套在 1、2 两端(上端)。

3. 设计说明

1）音阶由不同频率的方波产生，音阶与频率的关系见表 5-10：

表 5-10　音阶与频率关系表

音阶	频率/Hz	定时器初值 X	音阶	频率/Hz	定时器初值 X
1	262	F921H	5	392	FB68H
2	294	F9E1H	6	440	FBE9H
3	330	FA8CH	7	494	FC5BH
4	349	FAD8H	i	523	FC8FH

2）方波的频率由定时器控制。定时器计数溢出后，产生中断，将 P1.0 口取反即得周期方波。每个音阶相应的定时器初值 X 可按下法计算：

$$(1/2) \times (1/f) = (12/f_{osc}) \times (2^{16} - X)$$

即 $X = 2^{16} - f_{osc}/(24f)$。

当晶振 $f_{osc} = 11.0592\text{MHz}$ 时，音阶"1"相应的定时器初值 X 为

$X = 63777\text{D} = \text{F921H}$，其他音阶对应的定时器初值可同样求得。

3）音的节拍由延时子程序来实现。延时子程序实现基本延时时间，节拍值只能是它的整数倍。

4）调试程序前，八位开关 K1～K8 均拨在下端；运行时，从左至右依次拨动 K1～K8 至上端，扬声器会发出"1234567i"。

4. 程序设计流程图如图 5-16 所示。

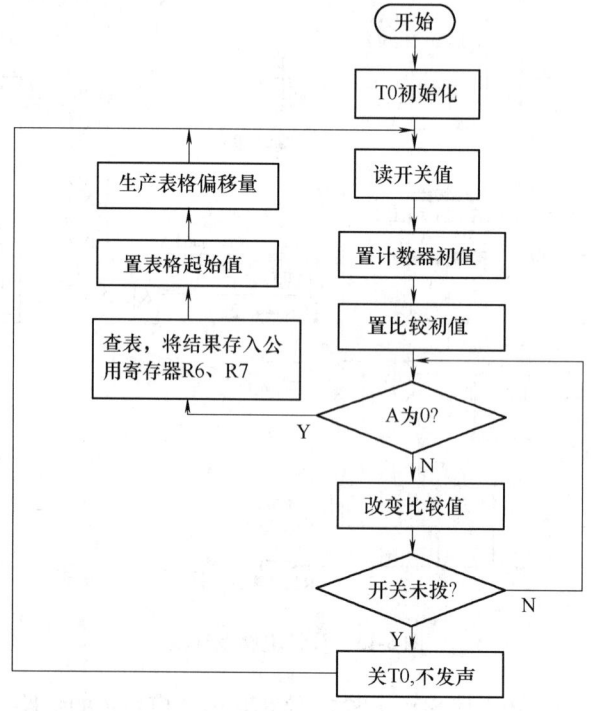

图 5-16　程序设计流程图

5. 参考程序

```
            PI    EQU   8200H              ;开关输入口地址
            ORG   0000H
            LJMP  START
            ORG   000BH                    ;T0中断程序入口地址
            LJMP  INT_T0
            ORG   0040H
START:      MOV   SP, #60H
            MOV   TMOD, #01H               ;T0工作于方式1
            CLR   TR0                      ;关T0
            SETB  ET0
            SETB  EA                       ;开中断
READ:       MOV   DPTR, #PI
            MOVX  A, @DPTR                 ;读开关值
            MOV   R1, A
            MOV   R0, #08H                 ;置计数器初值
            MOV   A, #01H                  ;置比较初值
KEY:        ANL   A, R1
            JZ    SOUND                    ;比较开关值
            RL    A                        ;改变比较值
            DJNZ  R0, KEY
            CLR   TR0                      ;开关未拨,不发声
            SJMP  READ
SOUND:      DEC   R0
            MOV   A, R0
            ADD   A, R0                    ;产生表格偏移量
            MOV   R0, A
            MOV   DPTR, #FREQUENCY         ;置表格起始值
            MOVC  A, @A+DPTR
            MOV   R7, A                    ;查表,将结果存入公用寄存器R6,R7
            MOV   A, R0
            INC   A
            MOVC  A, @A+DPTR
            MOV   R6, A
            SETB  TR0                      ;T0  允许
            SJMP  READ
INT_T0:     CLR   TR0                      ;T0 关闭
            CPL   P1.0                     ;产生波形
            MOV   TH0, R7                  ;重载定时器
```

```
        MOV   TL0, R6
        SETB  TR0                    ; T0 允许
        RETI
FREQUENCY:                           ; 音阶频率表
    DB  0FCH, 8FH, 0FCH, 5BH, 0FBH, 0E9H, 0FBH, 68H  ; i, 7, 6, 5
    DB  0FAH, 0D8H, 0FAH, 8CH, 0F9H, 0E1H, 0F9H, 21H  ; 4, 3, 2, 1
    END
```

思考与练习题

1. 8031 单片机提供了几个中断源？有几个中断优先级？各中断标志是如何产生的？如何清除这些中断标志？各中断源对应的中断向量地址分别是多少？

2. 说明中断优先级的处理原则。

3. 中断响应时，什么情况下需要保护现场？如何保护？

4. 外中断有几种触发方式？如何选择？在何种触发方式下需要在外部设置中断请求触发器？为什么？

5. 设有一个显示器，其接口与 CPU 相连，工作方式为查询方式，其数据端口地址为 0030H，状态端口地址为 0031H，状态字的 D7 位为 "准备好" 标志，它为 1 表示可以接收新的数据。试编写一个程序，把从 BUFFER 开始存放的 50 个字节的字符输出送显示器。

6. 定时器/计数器用做定时器时，其定时时间与哪些因素有关？用做计数器时，对外部计数脉冲有何要求？

7. 当定时器 T0 工作在方式 3 时，由于 TR1 被 T0 占用，如何控制定时器 T1 的开启和关闭。

8. 定时器的工作方式 2 有什么特点？适用于什么场合？

9. 定时器/计数器工作在方式 0 时，其计数初值如何计算？

10. 设单片机的晶振频率为 6MHz，使用定时器/计数器 T0 产生一个 50Hz 的方波，由 P1.0 输出，编程实现之。

11. 设晶振频率为 6MHz，定时器/计数器 T0 工作在定时模式，采用工作方式 1，定时时间为 2ms。每当定时时间到，申请中断，在中断服务程序中将累加器 A 的内容左环移一次，送 P1.0 输出，设 A 的初始值为 01H。请编程实现。

12. 利用定时器来测量单次正脉冲宽度，采用哪种工作方式才能获得最大量程？设 f_{osc} =6MHz，求允许测量的最大脉冲宽度是多少？编写测量程序。

13. 试利用定时器/计数器 T0 和 P1 口输出矩形脉冲，其波形如图 5-17 所示，设晶振频率为 6MHz（建议采用工作方式 2）。

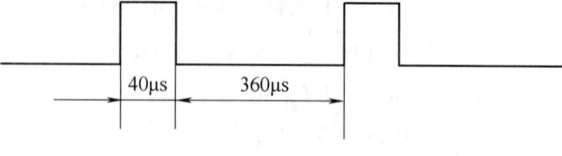

图 5-17 习题 13 图

14. 以定时器/计数器 1 进行外部事件计数，每计 1000 个脉冲后，定时器/计数器 1 转为定时工作模式。定时 10ms 后，又转为计数模式，如此循环不止。假设单片机晶振频率为 6MHz，请使用工作方式 1，编程实现。

15. 设计一电子钟，要求满 1s 则秒位 32H 单元内容加 1，满 60s 则分位 31H 单元内容加 1，满 60min 则时位 30H 单元内容加 1，满 24h 则将 30H、31H、32H 的内容全部清零。

第 6 章 MCS-51 单片机的串行通信

6.1 串行通信的概念

6.1.1 串行通信的基本方式

在计算机系统中，CPU 与外部设备的通信有两种基本方式：并行通信和串行通信。图 6-1 所示为并行通信和串行通信原理图。并行通信是指被传送数据信息的各位同时出现在数据传送端口上，信息的各位同时进行传送；而串行通信是把被传送的数据按组成数据各位的相对位置一位一位顺序传送，而接收时再把顺序传送的数据各位按原数据形式恢复。

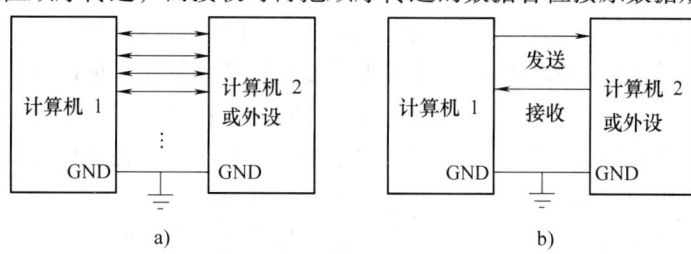

图 6-1 并行通信与串行通信的示意图
a) 并行通信 b) 串行通信

串行通信中，要把数据从一个地方传送到另一个地方，必须使用通信电路。按照通信方式，可将数据传输电路分为三种：单工方式、半双工方式和全双工方式。具体传输方式如图 6-2 所示。单工方式只允许数据向一个方向传送；半双工方式允许数据向两个方向中的任一方向传送，但每次只能有一端发送；全双工方式允许同时双向传送数据，它要求两端的通信设备都具有完整和独立的发送和接收能力。在实际应用中，尽管串行通信接口电路具有全双工通信能力，但通常只工作于半双工方式，即两端不同时收发。

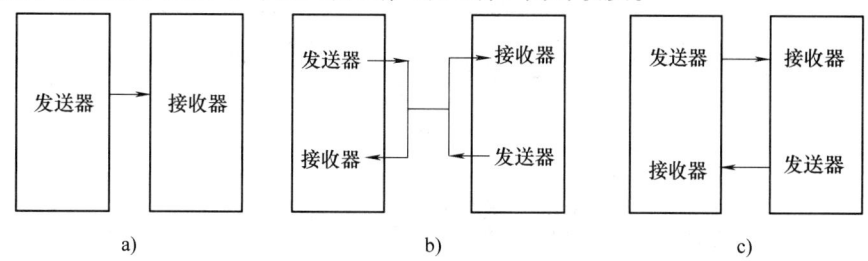

图 6-2 串行通信数据传输方式
a) 单工方式 b) 半双工方式 c) 全双工方式

串行通信方式可以分为同步通信和异步通信两类。

1. 异步通信（Asynchronous Communication）

异步通信（见图6-3）是指在通信发送与接收时使用各自的时钟数据的发送和接收的过程。为了使双方的收发协调，要求发送和接收设备的时钟应尽可能一致。

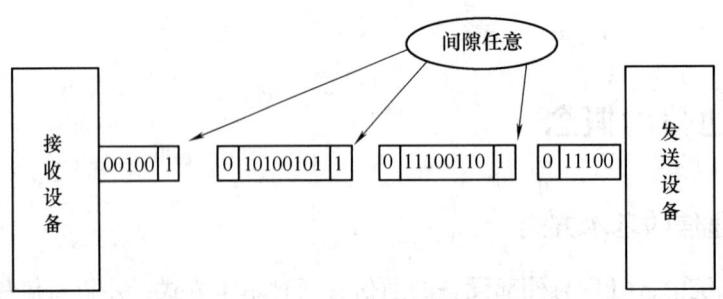

图6-3 异步通信示意图

异步通信规定了字符数据的传送格式，即每个数据以相同的帧格式传送。每一帧信息包括起始位、有效数据位、奇偶校验位和停止位。异步通信的起始位为字符帧开头，只占一位，始终为逻辑0低电平，用来向接收设备表示发送端开始发送一帧信息；有效数据位在起始位之后，可取5位、6位、7位或8位，低位在前，高位在后。若传送数据为ASCII字符，通常取7位；奇偶校验位为一位，用于有限差错检测，通信双方在通信时须约定一致的奇偶校验方式；停止位为一位高电平，是一个字符数据的结束标志。

在串行通信中，发送端一帧一帧地发送信息，接收端一帧一帧地接收信息。相邻帧间可以无空闲位，也可以有空闲位。当有空闲位时，空闲位必须为1。

2. 同步通信（Synchronous Communication）

同步通信指发送端与接收端在同步时钟频率一致的情况下，在每个数据块开始时使收、发双方同步，以同步字符开始，每位占用的时间相等，字符间不允许有间隙，当空闲或没有字符可发时，发送同步字符。这是一种连续串行传送数据的通信格式，一次通信只传送一帧数据。同步通信的字符帧和异步通信的字符帧不同，通常由若干字符组成，如图6-4所示。图6-4a所示为单同步字符帧结构，图6-4b所示为双同步字符帧的结构，它们均由同步字符、数据字符和校验字符CRC三部分组成。

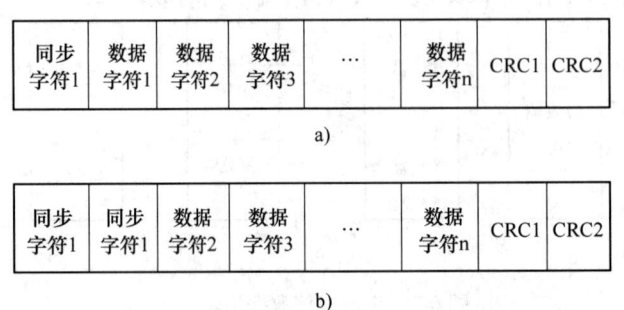

图6-4 同步通信的字符帧格式

a）单同步字符帧格式 b）双同步字符帧格式

3. 同步通信与异步通信的区别

异步通信的优点是：不需要传送同步脉冲，字符帧长度也不受限制，故所需设备简单；缺点是字符中因包含有起始位和停止位而降低了有效数据的传输速率。

在同步通信中，同步字符可以采用统一标准格式，也可由用户约定。同步通信的数据传输速率较高。其缺点是要求发送时钟和接收时钟保持严格同步，即除了要求发送时钟和发送波特率保持一致外，还要求把它同时传送到接收端去。

同步通信一次传送的数据量大，但对通信设备要求较严格。在信息量很大、对传输速度要求较高的场合，常采用同步通信；异步通信传送数据较慢，但在通信过程中发送与接收设备较容易协同一致，在实际中应用较广，常用于传输信息量不太大、对传输速度要求比较低的场合。

6.1.2 串行通信的接口标准

MCS-51 单片机的串行口输入和输出电平均为 TTL 电平。这种以 TTL 电平传输数据的方式抗干扰性差，传输距离短。为了提高串行通信的可靠性，增大通信距离，实际应用中一般采用标准串行接口，如 RS-232、RS-422A、RS-485 等。

不同的标准串行接口的特点不同，选择时需考虑以下几点：

1）可靠性。串行通信通道主要是传输数据和指令的通道，不允许有传输错误。

2）通信速度和通信距离。标准串行口的电气特性都有满足可靠传输时的最大通信速度和传输距离指标，这两个指标具有相关性，适当地降低通信速度，可以提高通信距离。

3）通信信道的抗干扰能力。通常，对于选择的标准接口，在不超过其使用范围时，都有一定的抗干扰能力，以保证可靠的信号传输。

1. RS-232C 标准

1）接口信号。RS-232C 标准（协议）是由美国电子工业联合会（Electronic Industries Association，EIA）与 BELL 等公司一起开发并于 1969 年公布的通信协议。它适合数据传输速率 0 ~ 20Kbit/s 范围内的通信，是异步串行通信中应用最广泛的标准总线。它包括了按位串行传输的电气和机械方面的规定。适用于数据终端设备（DTE）和数据通信设备（DCE）之间的接口。其中 DTE 主要包括计算机和各种终端机，而 DCE 的典型代表是调制解调器（MODEM）。

RS-232C 标准的机械指标规定：RS-232C 接口通向外部的连接器（插针插座）是一种"D"型 25 针插头。在计算机通信中，通常被使用的 RS-232C 接口引脚只有 9 根，见表 6-1。

表 6-1　计算机通信中常用的 RS-232C 接口引脚

引脚线	符号	方向	功　能	引脚线	符号	方向	功　能
2	TXD	输出	发送数据	7	GND		信号地
3	RXD	输入	接收数据	8	DCD	输入	数据载体检测
4	RTS	输出	请求发送	20	DTR	输出	数据终端准备就绪
5	CTS	输入	清除发送	22	RI	输入	振铃指示
6	DSR	输入	数据通信设备准备就绪				

2）电气特性。逻辑"1"：-3 ~ -15V；逻辑"0"：+3 ~ +15V。RS-232C 接口的主要电气性能见表 6-2。RS-232C 标准的信号传输的最大电缆长度为 30m，最高传输速率为

20Kbit/s。

3）电平转换。由于 TTL 电平和 RS-232C 电平互不兼容，所以两者接口时，必须进行电平转换。RS-232C 与 TTL 的电平转换最常用的芯片是传输线驱动器 MC1488 和传输线接收器 MC1489。其作用除了可进行电平转换外，还可实现正负逻辑电平的转换。

4）使用 RS-232C 接口的注意事项。远距离与近距离通信时，需要的信号线是不同的。远距离通信时，一般要加调制解调器，故使用的信号线较多；而近距离通信时，不采用调制解调器，通信双方可以直接连接。在这种情况下，只需使用几根信号线即可。最简单的情况就是使用 3 根线（接收线、发送线、信号地线）便可实现全双工异步通信。

2. RS-422A 标准

RS-232C 标准虽然应用很广，但因其推出较早，在现代网络通信中暴露出明显的缺点：数据传输速率低、通信距离短、接口处信号容易产生串扰等。因此，EIA 推出 RS-422A 标准。RS-232C 既是一种电气标准，又是一种物理接口功能标准；而 RS-422A 是一种电气标准，它可以通过 RS-232C 标准的物理接口功能标准实现。

1）电气特性。RS-422A 标准标准规定了差分平衡的电气接口，它采用平衡驱动和差分接收的方法。这相当于两个单端驱动器，输入同一个信号时，其中一个驱动器的输出永远是另一个驱动器的反相信号。于是对于两条线上传输的信号电平，当一个表示逻辑"1"时，另一个一定是逻辑"0"。当干扰信号作为共模信号出现时，接收器接收差分输入电压，只要接收器有足够的抗共模电压工作范围，就能识别两个信号并正确接收传输的信息。因此，RS-422A 标准能在长距离、高速率下传输数据。它的最大传输速率为 10Mbit/s，在此速率下，电缆允许长度为 12m，如果采用较低传输速率时，最大距离可达 1200m。

2）电平转换。TTL 电平转换成 RS-422A 标准电平的常用芯片有 SN75172、SN75174、MC3487、AM26LS30、AM26LS31 和 UA9638 等。RS-422A 标准电平转换成 TTL 电平的常用芯片有 SN75173、SN75175、MC3486、AM26LS32、AM26LS33 和 UA9637 等。

3. RS-485 标准

1）电气特性。RS-485 标准是 RS-422A 标准的变型，它与 RS-422A 标准的区别在于：RS-422A 标准为全双工，采用两对平衡差分信号线；而 RS-485 标准为半双工，采用一对平衡差分信号线。RS-485A 标准对于多站互连是十分方便的。RS-485 标准允许最多并联 32 台驱动器和 32 台接收器。RS-485 标准传输速率最高为 10Mbit/s，最大电缆长度为 1200m。

2）电平转换。在 RS-422A 标准中所用的驱动器和接收器芯片在 RS-485 标准中均可使用。除了 RS-422A 标准电平转换中所列举的驱动器和接收器外，还有收发器 SN75176 芯片，该芯片集成了一个差分驱动器和一个差分接收器。

4. 各种串行接口性能比较

现将 RS-232C 标准、RS-422A 标准、RS-485 标准各串行接口性能列在表 6-2 中，以便于比较。

表 6-2 串行口性能比较表

接口	RS-232C 标准	RS-422A 标准	RS-485 标准
功能	双向,全双工	双向,全双工	双向,半双工
传输方式	单端	差分	差分

(续)

接口	RS-232C 标准	RS-422A 标准	RS-485 标准
逻辑"0"电平	3 ~ 5V	2 ~ 6V	1.5 ~ 6V
逻辑"1"电平	-3 ~ -5V	-2 ~ -6V	-1.5 ~ -6V
最大速率	20Kbit/s	10Mbit/s	10Mbit/s
最大距离	30m	1200m	1200m
驱动器加载输出电压	±5 ~ ±15V	±2V	±1.5V
接收器输入敏感度	±3V	±0.2V	±0.2V
接收器输入阻抗	3 ~ 7kΩ	>4kΩ	>7kΩ
组态方式	点对点	1 台驱动器 10 台接收器	32 台驱动器 32 台接收器
抗干扰能力	弱	强	强
传输介质	扁平或多芯电缆	两对双绞线	一对双绞线
常用驱动器芯片	MC1488	SN75174、MC3487	SN75174、MC3487、SN75176
常用接收器芯片	MC1489	SN75175、MC3486	SN75175、MC3486、SN75176

6.2 串行通信的结构及工作方式

MCS-51 系列单片机内部含有一个可编程全双工串行通信接口,该串行口有四种工作方式。波特率可由软件自行设置,由片内的定时器/计数器产生,接收、发送均可工作在查询方式或中断方式。串行口除用于数据通信外,还可以作为并行输入/输出的输入口,作为从串到并的转换,也可以用来驱动键盘或显示器等。

6.2.1 串行通信的结构

MCS-51 单片机内部有两个独立的接收、发送缓冲器 SBUF。SBUF 属于特殊功能寄存器,发送缓冲器只能写入不能读出,接收缓冲器只能读出不能写入,二者共用一个字节地址(99H)。串行口的结构如图 6-5 所示。同时,MCS-51 单片机对串行口的控制是通过 SCON 实现,也和电源控制寄存器 PCON 有关。

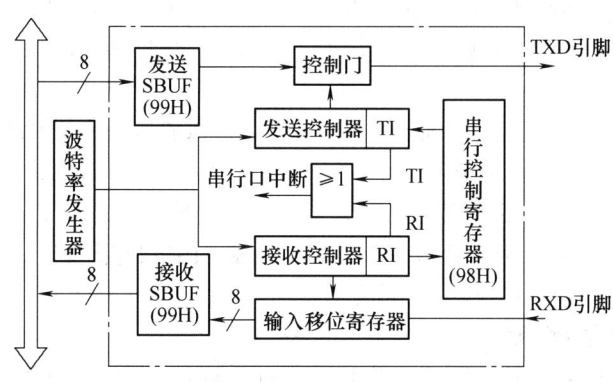

图 6-5 串行口结构示意图

1. 串行口数据缓冲器 SBUF

SBUF 是两个在物理上独立的接收、发送寄存器，一个用于存放接收到的数据，另一个用于存放欲发送的数据，可同时发送和接收数据。两个缓冲器共用一个地址 99H，通过对 SBUF 的读、写指令来区别是对接收缓冲器还是对发送缓冲器进行操作。CPU 在写 SBUF 时，就是修改发送缓冲器的内容；CPU 读 SBUF 时，就是接收缓冲器的内容。接收或发送数据是通过串行口对外的两条独立收发信号线 RXD（P3.0）、TXD（P3.1）实现的，因此，可以同时发送、接收数据，其工作方式为全双工方式。

2. 串行口控制寄存器 SCON

串行口控制寄存器 SCON 用于定义串行口的操作方式和控制它的某些功能。其字节地址为 98H。SCON 的格式见表 6-3。

表 6-3 串行口控制寄存器 SCON 的格式

位地址	9FH	9EH	9DH	9CH	9BH	9AH	99H	98H
SCON	SM0	SM1	SM2	REN	TB8	RB8	TI	RI

该寄存器的字节地址为 98H，并且可以位寻址，各位的具体含义如下：

1）SM0、SM1：串行口操作方式选择位。两个选择位对应于四种状态，因此，串行口能以四种工作方式工作（具体工作方式参见 5.2.2）。

2）SM2：允许方式 2 和方式 3 的多机通信控制位。在方式 0 时，SM2 不用，必须设置为 0；在方式 1 中，若 SM2 = 1，则只有收到有效的停止位时才会激活 RI。若没有接收到有效停止位，则 RI 清 0；在方式 2 或方式 3 中，若 SM2 = 0，串行口以单机发送或接收方式工作，TI 和 RI 以正常方式被激活，但不会引起中断请求。当 SM2 = 1 和 RB8 = 1 时，RI 不仅被激活，而且可以向 CPU 请求中断。

3）REN：允许串行接收控制位。REN = 0，禁止串行口接收；REN = 1，允许串行口接收。此控制位由软件置位或复位。

4）TB8 是在方式 2 和方式 3 中要发送的第 9 位数据，可按需要由软件置位或复位。

5）RB8 是方式 2 和方式 3 中已接收到的第 9 位数据。在方式 1 中，若 SM2 = 0，RB8 是接收到的停止位。在方式 0 中，不使用 RB8 位。

6）TI：发送中断标志位，用于指示一帧数据是否发送完。在方式 0 中串行发送到第 8 位结束时由硬件置位。在其他方式中，TI 在发送电路开始发送停止位时由硬件置位。当 TI = 1 时，申请中断，CPU 响应中断后，发送下一帧数据。在任何方式中，该位都必须由软件清零。

7）RI：接收中断标志位，用于指示一帧信息是否接收完。在方式 0 中串行接收到第 8 位结束时由硬件置位。在其他方式中，在接收到停止位的中间时刻由硬件置位。当 RI = 1 时，申请中断，要求 CPU 取走数据。但方式 1 中，当 SM2 = 1 时，若未接收到有效的停止位，则不会对 RI 置位。在任何工作方式中，该位都必须由软件清零。

在系统复位时，SCON 中的所有位都被清零。

3. 电源控制寄存器 PCON

电源控制寄存器 PCON 字节地址为 87H，没有位寻址功能。PCON 的格式见表 6-4，与串行口有关的只有 D7 位（SMOD），此位是波特率选择位，复位时的 SMOD 值为 0。可用

"MOV"指令使该位置 1。当 SMOD = 1 时，在串行口方式 1、方式 2 或方式 3 情况下，波特率提高 1 倍。

表 6-4　电源控制寄存器 PCON 的格式

位地址	8EH	8DH	8CH	8BH	8AH	89H	88H	87H
PCON	SMOD							

PCON 中的其余各位用于 MCS-51 单片机的电源控制，与串行口无关，在此从略。

6.2.2　串行通信的工作方式

串行口的工作方式有四种，由 SM0、SM1 定义，具体编码和功能见表 6-5。

表 6-5　串行口的工作方式选择

SM0	SM1	工作方式	功能说明	所用波特率
0	0	方式 0	移位寄存器方式	$f_{osc}/12$
0	1	方式 1	8 位 UART	由定时器控制
1	0	方式 2	9 位 UART	$f_{osc}/32$ 或 $f_{osc}/64$
1	1	方式 3	9 位 UART	由定时器控制

注：UART 为通用异步接收器/发送器（Universal Asynchronous Receiver/Transmitter）。

1. 方式 0

串行口的工作方式 0 为移位寄存器输入/输出方式，波特率固定为 $f_{osc}/12$，发送或接收的是 8 位数据，低位在先，由 RXD（P3.0）输出或输入，TXD 端（P3.1）则输出同步移位脉冲。

（1）方式 0 输出（发送）　当串行口发送时，SBUF 相当于一个并入串出的移位寄存器，由 MCS-51 单片机的内部总线并行接收 8 位数据，并从 RXD 线串行输出。发送操作是在 TI = 0 下进行的。当一个数据写入串行口数据缓冲器时，就开始发送。同时，发送控制器送出移位信号，使发送移位寄存器的内容右移一位。直到最高位（D7 位）数字移出后，停止发送数据和移位时钟脉冲。一帧数据发送完毕之后，各控制端均恢复原状态，TI 由硬件置位，就申请中断。若 CPU 响应中断（前提是 CPU 开中断），则从 0023H 单元开始执行串行口中断服务程序。在再次发送数据前，必须用软件将 TI 清零。方式 0 输出时序如图 6-6 所示。

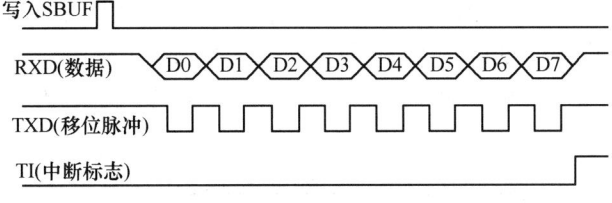

图 6-6　方式 0 输出时序

（2）方式 0 输入（接收）　串行口为方式 0 输入时，RXD 端为数据输入端，TXD 端为同步脉冲信号输出端。当允许接收 REN = 1 和 RI = 0 时，就会启动一次接收过程。串行接收的波特率为振荡频率 f_{osc} 的 1/12。当接收完一帧数据后，控制信号复位，RI 自动置 "1" 并发出串行口中断请求。CPU 查询到 RI = 1 并响应中断后便可通过指令把 SBUF 接收到的数据送入累加器 A，RI 也由软件复位。方式 0 输入时序如图 6-7 所示。

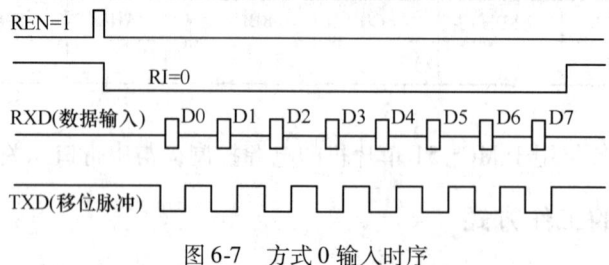

图 6-7　方式 0 输入时序

在方式 0 中，SCON 中的 TB8 没用，SM2（多机通信控制位）置 0。

2. 方式 1

串行口工作于方式 1 时，被控制为波特率可变的 8 位异步通信接口。传输的信号有 10 位：起始位 0、8 位数据（低位在先）和停止位 1。方式 1 的 10 位数据格式如图 6-8 所示。

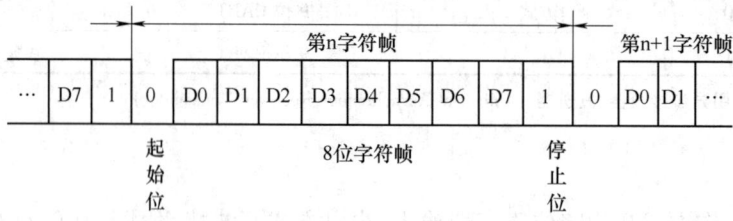

图 6-8　方式 1 的 10 位数据格式

由 TXD 发送，RXD 接收。传输的波特率由定时器/计数器 T1 的溢出率决定。

$$方式 1 波特率 = \frac{2^{SMOD}}{32} \times 定时器/计数器 T1 的溢出率$$

$$定时器/计数器 T1 溢出率 = \frac{f_{osc}}{12} \times \left(\frac{1}{2^k - 初值}\right)$$

式中，SMOD 为 PCON 寄存器的最高位的值（0 或 1）。k 为定时器/计数器 T1 的位数，它和定时器/计数器 T1 的工作方式有关。T1 工作于方式 0 时 $k = 13$，方式 1 时 $k = 16$，方式 2 时 $k = 8$。

（1）方式 1 输出　输出操作是在 TI = 0 时，在执行一条以 SBUF 为目的寄存器的指令后启动的。然后发送电路自动在 8 位发送字符前后分别添加 1 位起始位和停止位，并在移位脉冲作用下在 TXD 线上完成一帧数据的发送，之后在 TXD 线上为高电平，且置位中断标志位 TI。方式 1 输出时序如图 6-9 所示。

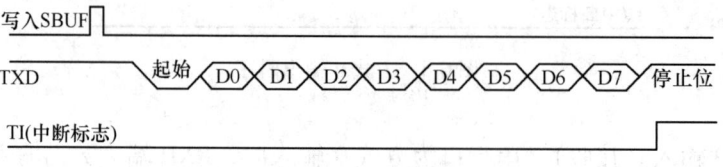

图 6-9　方式 1 的输出时序

(2) 方式 1 输入　输入过程是在 REN = 1 和 RI = 0 条件下,以 RXD 端检测到从 1 到 0 的跳变来启动的。接收器以所选波特率的 16 倍速率采样 RXD。当接收电路连续 8 次采样到 RXD 线为低电平时,相应检测器便可确认 RXD 线上有了起始位。若起始位有效,便移入输入移位寄存器,并依次接收本帧数据的剩余部分。接收电路改为对第 7、8、9 三个脉冲采样到的值进行检测,并以三中取二原则来确定所采样数据的值。若接收到的第一位不是 0,即不是一帧数据的起始位,则复位接收电路等待 1 到 0 的负跳变。

在接收到停止位时,接收电路必须同时满足以下两个条件:RI = 0,SM2 = 0（或接收到的停止位为"1"）,才能把接收的 8 位字符存入 SBUF 中,把停止位送入 RB8 中,并使 RI = 1,发出串行口中断请求。若上述条件不满足,则这次收到的数据就被舍去,不装入 SBUF 中。这就相当于丢失了一组接收数据帧。中断标志 RI 必须由用户在中断服务程序中清零。串行口以方式 1 工作时,SM2 常置为"0"。方式 1 输入时序如图 6-10 所示。

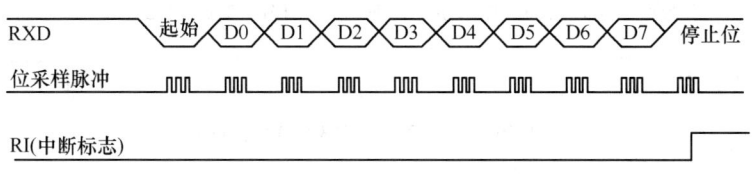

图 6-10　方式 1 输入时序

3. 方式 2 和方式 3

串行口工作于方式 2 和方式 3 时,被定义为 9 位的异步通信接口。发送和接收一帧信息都是 11 位。1 位起始位 0、8 位数据位（低位在先）、1 位可编程位（即第 9 位数据）和 1 位停止位。方式 2 和方式 3 的 11 位数据格式如图 6-11 所示。方式 2 和方式 3 的原理相似,主要区别是两者在通信中波特率有所不同:方式 2 的波特率由 MCS-51 单片机主频经 32 或 64 分频后获得;方式 3 的波特率由定时器/计数器 T1 或 T2 的溢出率经 32 分频后获得,这一点与方式 1 是类似的。

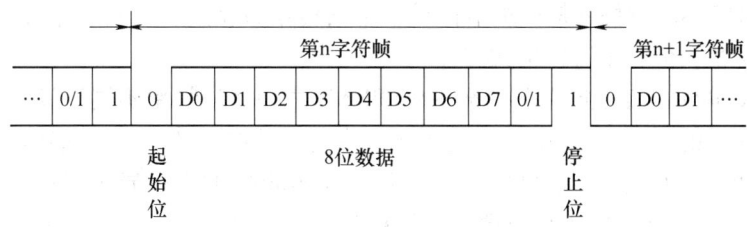

图 6-11　方式 2 和方式 3 的 11 位数据格式

(1) 方式 2 和方式 3 输出　方式 2 和方式 3 输出的过程类似于方式 1,所不同的是方式 2 和方式 3 有 9 位有效数据位。发送时,CPU 除要把发送字符写入 SBUF 外,还要把第 9 位数据预先装入 SCON 的 TB8 中,由软件置位或清零,可以作为数据的奇偶校验位,也可以作为多机通信中的地址、数据标志位。第 9 位数据位的值装入 TB8 后,用一条以 SBUF 为目的的传送指令把发送数据装入 SBUF 来启动发送过程。一帧数据发送完后,TI = 1,请求中断。方式 2、方式 3 的输出时序如图 6-12 所示。

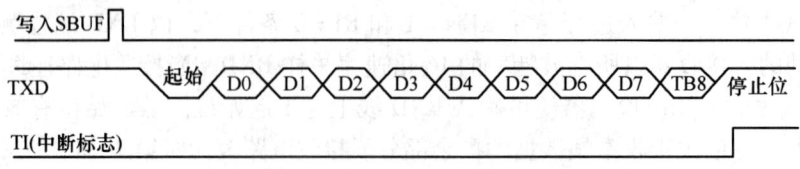

图 6-12 方式 2、方式 3 的输出时序

(2) 方式 2 和方式 3 输入 方式 2 和方式 3 的输入过程也和方式 1 类似。区别是：方式 1 时，RB8 中存放的是停止位；方式 2 和方式 3 时，RB8 存放的是第 9 位数据位。所接收的停止位的值可用于多机处理（多机通信中的地址/数据标志位），也可作为奇偶校验位。方式 2、方式 3 的输入时序如图 6-13 所示。

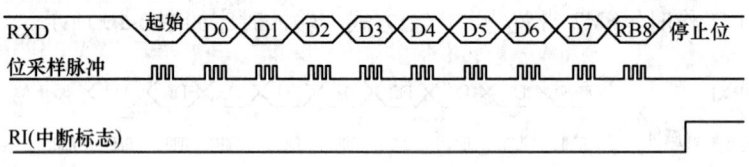

图 6-13 方式 2、方式 3 的输入时序

方式 2 和方式 3 必须满足接收有效字符的条件为：RI = 0 和 SM2 = 0（或收到的第 9 位数据位为"1"），只有这两个条件同时满足时，接收到的字符才能送入 SBUF，第 9 数据位才能装入 RB8 中，并使 RI = 1；否则，所收到的数据无效，RI 也不置位。

6.2.3 串行通信的波特率的计算

1. 波特率的定义

波特率（Baud Rate）即数据传送速率的定义为：串行口每秒钟传送（或接收）二进制数码的位数。其单位为位/秒（bit/s），即 1 波特 = 1bit/s。假设发送一位数据所需要的时间为 T_d，则波特率为 $1/T_d$。例如，波特率为 2400bit/s 的通信系统，其每位的传输时间应为 $T_d = 1/2400s = 0.417ms$。波特率是衡量串行异步通信传送数据速度的一个指标。波特率越高，数据传输速度越快，但和字符帧格式有关。

通常，异步串行通信的波特率在 50 ~ 9600bit/s 之间。波特率不同于发送时钟和接收时钟，常是时钟频率的 1/16 或 1/64。在进行异步串行通信时除约定好传送数据的格式外，还应约定好发送和接收的波特率。例如，波特率为 9600bit/s 的串行异步传送，若数据的格式为 1 位起始位、1 位停止位、1 位奇偶校验位和 7 位有效数据位，则每秒中传送的字符数为

$$\frac{9600\text{bit/s}}{10\text{bit/字符}} = 960 \text{ 字符/s}$$

2. 波特率的计算

在串行通信中，收发双方对发送或接收数据的速率要有约定。通过软件可对单片机串行口编程为四种工作方式。其中方式 0 和方式 2 的波特率是固定的，而方式 1 和方式 3 的波特率是可变的，由定时器/计数器 T1 的溢出率来决定。

串行口的四种工作方式对应三种波特率。由于输入的移位时钟的来源不同，所以各种方式的波特率计算公式也不相同。

方式 0 的波特率 $=f_{osc}/12$

方式 2 的波特率 $=(2^{SMOD}/64)\times f_{osc}$

方式 1 的波特率 $=(2^{SMOD}/32)\times$ T1 溢出率

方式 3 的波特率 $=(2^{SMOD}/32)\times$ T1 溢出率

当 T1 作为波特率发生器时，最典型的用法是使 T1 工作在自动重装载的 8 位定时器方式（即方式 2，且 TCON 的 TR1＝1，以启动定时器）。这时溢出率取决于 TH1 中的计数值。

$$T1\ 溢出率 = f_{osc}/\{12\times[256-(TH1)]\}$$

在单片机的应用中，常用的晶振频率为 12MHz 和 11.0592MHz。因此，选用的波特率也相对固定。常用的串行口波特率以及各参数的关系见表 6-6。

表 6-6 常用波特率与定时器/计数器 T1 的参数关系

串行口工作方式及波特率/(bit/s)		f_{osc}/MHz	SMOD	定时器/计数器 T1		
				$C/\overline{T}$	工作方式	初值
方式1、方式3	62.5k	12	1	0	2	FFH
	19.2k	11.0592	1	0	2	FDH
	9600	11.0592	0	0	2	FDH
	4800	11.0592	0	0	2	FAH
	2400	11.0592	0	0	2	F4H
	1200	11.0592	0	0	2	E8H

串行口工作之前，应对其进行初始化，主要是设置产生波特率的定时器/计数器 T1、串行口控制和中断控制。具体步骤如下：

1）确定 T1 的工作方式（编程 TMOD 的寄存器）。

2）计算 T1 的初值，装载 TH1、TL1。

3）启动 T1（编程 TCON 中的 TR1 位）。

4）确定串行口控制（编程 SCON 的寄存器）。

5）串行口在中断方式工作时，要进行中断设置（编程 IE、IP 寄存器）。

6.3 串行通信的应用

MCS-51 单片机的串行通信技术根据其应用可分为双机通信和多机通信。

6.3.1 双机通信

1. 双机通信的原理

利用 MCS-51 单片机的串行口可以进行两个 8051 单片机之间、单片机与 PC 机之间的点对点串行异步通信。双机通信的设计主要包括双机通信接口设计和双机通信软件设计两部分。

（1）双机通信接口设计 根据 8051 单片机双机通信距离、抗干扰性等要求，可选择 TTL 电平传输、RS-232C、RS-422A、RS-485 串行接口方法。

1) TTL 电平通信接口。如果两个 8051 应用系统相距 1m 之内，它们的串行口可直接相连，从而实现了双机通信，如图 6-14 所示。

2) RS-232C 双机通信接口。如果双机通信距离在 30m 之内，可利用 RS-232C 标准接口实现双机通信，如图 6-15 所示。

3) RS-422A 双机通信接口。为了增加通信距离，减小通道及电源干扰，可以利用 RS-422A 标准进行双机通信，如图 6-16 所示。在图 6-16 中，每个通道的接收端都接有三个电阻 R1、R2、R3，其中 R1 为传

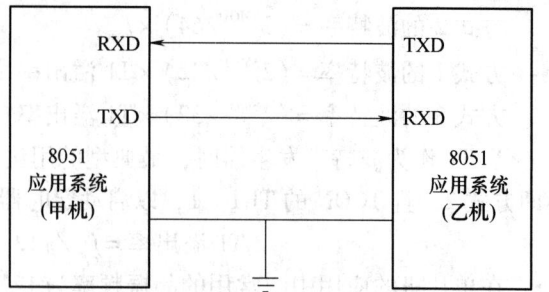

图 6-14 用 TTL 电平传输方法实现双机串行通信的接口电路

输线的匹配电阻，取值范围在 50~1000Ω 之间，其他两个电阻是为了解决第一个数据的误码而设置的匹配电阻，起隔离、抗干扰的作用。在图 6-16 中必须使用两组独立的电源。

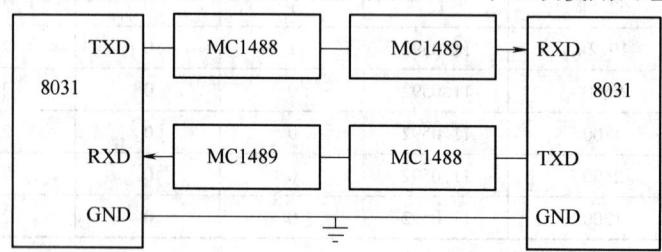

图 6-15 用 RS-232C 标准接口实现双机通信

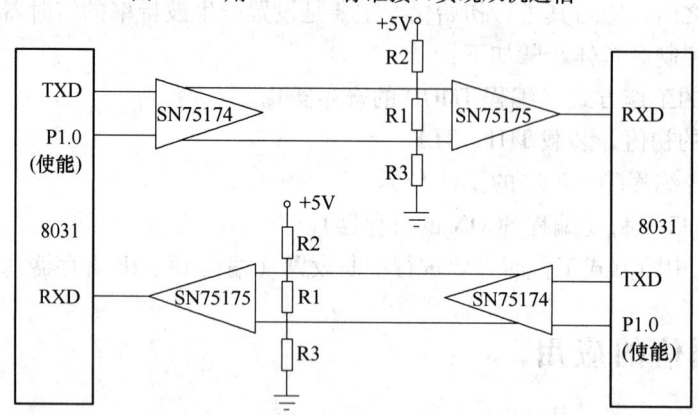

图 6-16 用 RS-422A 标准进行双机通信

4) RS-485 双机通信接口。RS-485 双机通信的接口电路如图 6-17 所示。RS-485 以双向、半双功的方式实现了双机通信。在 8031 系统发送或接收数据前，应先将 SN75176 的发送门或接收门打开。当 P1.0 = 1 时，发送门打开，接收门关闭；当 P1.0 = 0 时，接收门打开，发送门关闭。

(2) 双机通信软件设计　除 RS-485 串行通信外，TTL、RS-232C、RS422A 双机通信的软件设计方法是一样的。为确保通信成功，通信双方必须在软件上有一系列的约定，通常称为软件协议。常用查询方式或中断方式设计双机通信软件。

第 6 章 MCS-51 单片机的串行通信

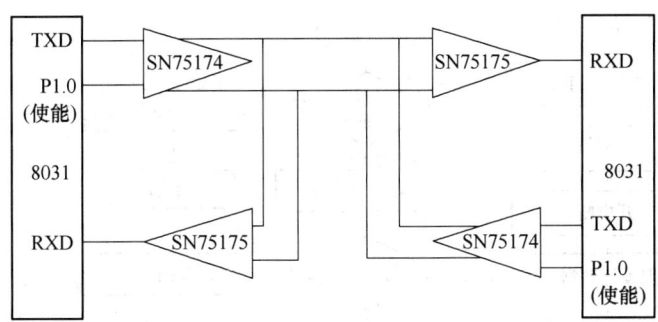

图 6-17 用 RS-485 实现双机通信的接口电路

2. 单片机与单片机双机通信训练

利用 8031 的串行口进行两个 8031 单片机之间的串行异步通信。当串行口定义为方式 1 时，是异步通信的一种方式：一帧信息为 10 位，其中有 1 个起始位（0）、8 个数据位（低位在先）和 1 个停止位（1）；它的波特率是可变的，取决于 SMOD 和定时器/计数器 T1 的溢出率。

根据串行口方式 1 的特点，可以建立一个两片 8031 单片机点对点双机异步通信的模型，并且假定通信双方都使用 8031 的串行口。串行口方式 2 和方式 3 的一帧信息为 11 位，在双机通信时第 9 位可用于奇偶校验。

根据双方对通信方式的要求，可以用查询和中断两种方法进行通信程序的设计。

为增加通信距离，一般都不采用 TTL 电平通信，而采用 RS-232C 或 RS-422A 标准总线接口实现近程或远程通信。为减少通道及电源干扰，还经常采用光电隔离方法。值得注意的是，光电耦合器必须使用两组独立的电源，方能起到隔离、抗干扰的作用。

设甲机发送，乙机接收，串行接口工作于方式 3（每帧数据为 11 位，第 9 位用于奇偶校验），两机均选用 6MHz 的振荡频率，波特率为 2400bit/s。通信的功能如下：

1）甲机：将片外 RAM 的 4000H~407FH 单元的内容向乙机发送，每发送一帧信息，乙机对接收的信息进行奇偶校验，此例为偶校验，P 位值放在 TB8 中。若校验正确，则乙机向甲机回发"数据发送正确"的信号（例中以 00H 作为回答信号），甲机收到乙机的回答"正确"信号后再发送下一个字节；若奇偶校验有错，则乙机发出"数据发送不正确"的信号（例中以 FFH 作为回答信号），甲机收到"不正确"回答信号后，重新发送原数据，直至发送正确。甲机将该数据块发送完毕后停止发送。

2）乙机：接收甲机发送的数据，并写入以 4000H 为首地址的片外 RAM 中，每接收一帧数据，乙机对所接收的数据进行奇偶校验，并发出相应的回答信号，直至接收完所有数据。

3）计算定时器初值 X：

$$X = 256 - \frac{f_{osc}}{波特率 \times 12 \times (32/2^{SMOD})}$$

将已知数据 $f_{osc} = 6 \times 10^6 \text{Hz}$，波特率 = 2400bit/s 代入：

$$X = 256 - \frac{6 \times 10^6}{2400 \times 12 \times (32/2^{SMOD})}$$

取 SMOD = 0 时，X = 249.49，因取整数误差过大，故设 SMOD = 1，则 X = 242.98 ≈ 243 = F3H。因此，实际波特率为 2403.85bit/s。其甲、乙机的发送、接收流程图如图 6-18 和图 6-19 所示。

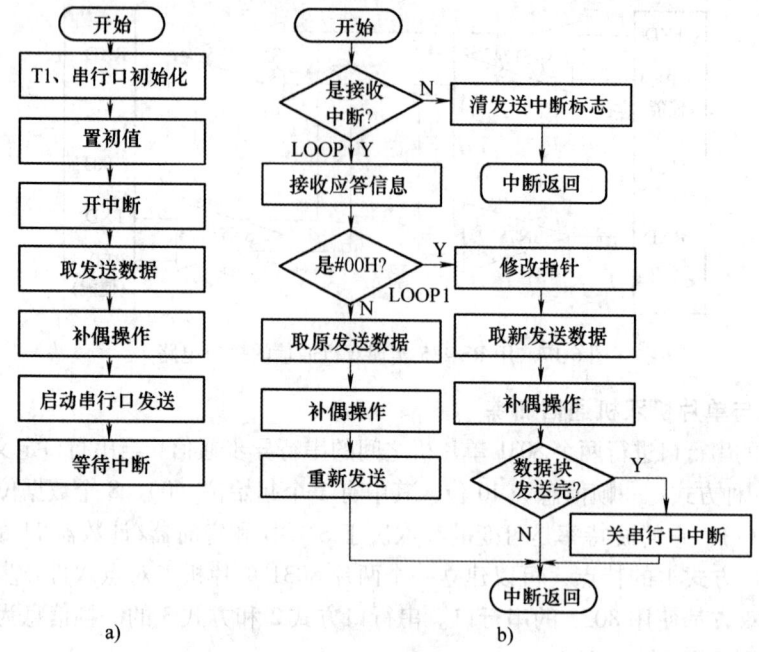

图 6-18 甲机发送流程图
a) 主程序流程图　b) 甲机中断服务程序流程图

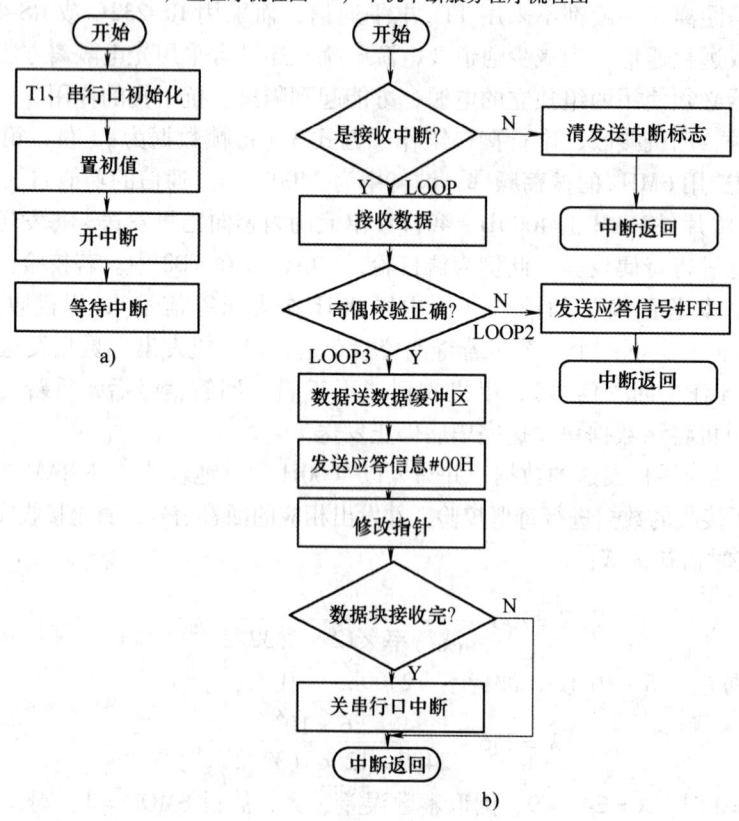

图 6-19 乙机接收流程图
a) 主程序流程图　b) 乙机中断服务程序流程图

甲机发送主程序：

```
            ORG    0000H
            LJMP   MAIN            ;上电，转向主程序
            ORG    0023H           ;串行口的中断入口地址
            LJMP   SERVE1          ;转向甲机中断服务程序
            ORG    2000H           ;主程序
MAIN:       MOV    TMOD, #20H      ;设 T1 工作在方式 2
            MOV    TH1, #0F3H      ;赋计数初值
            MOV    TL1, #0F3H
            SETB   TR1             ;启动 T1
            MOV    PCON, #80H      ;设 SMOD = 1
            MOV    SCON, #0D0H     ;串行口工作于方式 3，允许接收
            MOV    DPTR, #4000H    ;置数据块首址
            MOV    R0, #80H        ;置发送字节数初值
            SETB   ES              ;允许串行口中断
            SETB   EA              ;CPU 开中断
            MOVX   A, @DPTR        ;取第一个数据发送
            MOV    C, P
            MOV    TB8, C          ;奇偶标志送 TB8
            MOV    SBUF, A         ;发送数据
            SJMP   $               ;等待中断
```

中断服务程序：

```
SERVE1:  JBC    RI, LOOP        ;是接收中断，清除 RI，转入接收乙机的应答信息
         CLR    TI              ;是发送中断，清除此中断标志
         SJMP   ENDT
LOOP:    MOV    A, SBUF         ;取乙机的应答信息
         CLR    C
         SUBB   A, #01H         ;判应答信号是否为#00H
         JC     LOOP1           ;若是#00H，发送正确，C = 1，转 LOOP1
         MOVX   A, @DPTR        ;否则甲机重发
         MOV    C, P
         MOV    TB8, C
         MOV    SBUF, A         ;甲机重发原数据
         SJMP   ENDT
LOOP1:   INC    DPTR            ;修改地址指针，准备发送下一个数据
         MOVX   A, @DPTR
         MOV    C, P
         MOV    TB8, C
         MOV    SUBF, A         ;发送
```

```
                DJNZ   R0, ENDT        ; 数据块未发送完, 返回继续发送
                CLR    ES              ; 全部发送完, 禁止串行口中断
        ENDT:   RETI                   ; 中断返回
                END
```

乙机接收主程序:

```
                ORG    0000H
                LJMP   MAIN            ; 上电, 转向主程序
                ORG    0023H           ; 串行口的中断入口地址
                LJMP   SERVE2          ; 转向乙机中断服务程序
                ORG    2000H           ; 主程序
        MAIN:   MOV    TMOD, #20H      ; 设 T1 工作在方式 2
                MOV    TH1, #0F3H      ; 赋计数初值
                MOV    TL1, #0F3H
                SETB   TR1             ; 启动定时器 T1
                MOV    PCON, #80H      ; 设 SMOD = 1
                MOV    SCON, #0D0H     ; 串行口工作于方式 3, 允许接收
                MOV    DPTR, #4000H    ; 置数据区首址
                MOV    R0, #80H        ; 置接收字节数初值
                SETB   ES              ; 允许串行口中断
                SETB   EA              ; CPU 开中断
                SJMP   $               ; 等待中断
```

中断服务程序:

```
        SERVE2: JBC    RI, LOOP        ; 是接收中断, 清除此中断标志, 转 LOOP
                CLR    TI              ; 是发送中断, 清除此中断标志
                SJMP   ENDT
        LOOP:   MOV    A, SBUF         ; 接收数据
                MOV    C, P            ; 奇偶标志送 C
                JC     LOOP1           ; 为奇数, 转 LOOP1
                ORL    C, RB8          ; 为偶数, 检测 RB8
                JC     LOOP2           ; 奇偶校验错, 转 LOOP2
                SJMP   LOOP3
        LOOP1:  ANL    C, RB8          ; 检测 RB8
                JC     LOOP3           ; 奇偶校验正确, 转 LOOP3
        LOOP2:  MOV    A, #0FFH
                MOV    SBUF, A         ; 发送"不正确"应答信号
                SJMP   ENDT
        LOOP3:  MOV    X@DPTR, A       ; 存放接收数据
                MOV    A, #00H
                MOV    SBUF, A         ; 发送"正确"应答信号
```

```
        INC   DPTR              ;修改数据区指针
        DJNZ  R0,ENDT           ;数据块尚未接收完,则返回
        CLR   ES                ;所有数据接收完毕,禁止串行口中断
ENDT:   RETI                    ;中断返回
        END
```

3. PC 机与单片机的双机通信训练

PC 机与单片机特别是 PC 机和多台单片机构成小型分布系统实现分级分布式控制得到了广泛的应用。下面主要以 PC 机与 8051 间的点对点的双机通信方式为例进行计算机与单片机的通信训练。图 6-20 所示为单片机与 PC 机的通信流程图。

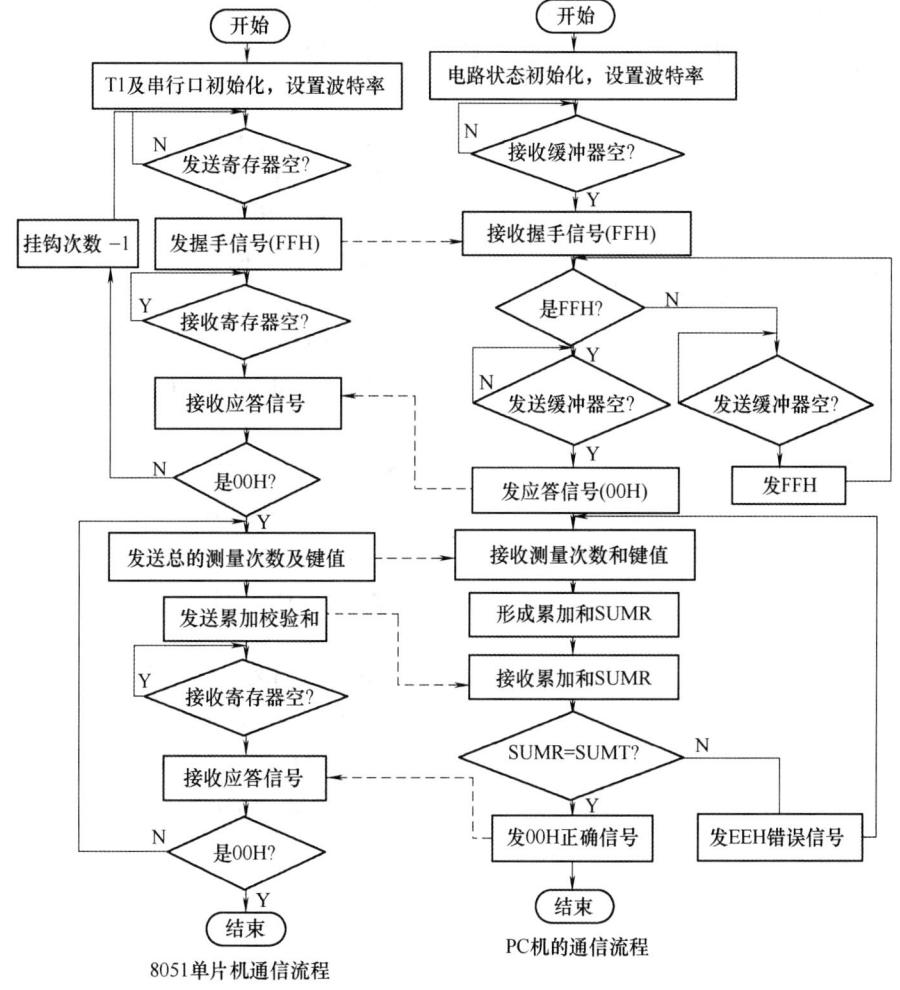

图 6-20 单片机与 PC 机的通信流程图

由单片机发握手信号（FFH），PC 机收到后发应答信号（00H），并准备接收数据，单片机收到应答信号后，准备发送数据，并说明整个挂钩过程成功，总的测量次数和键值作为第 0 组发送，发送完后发累加校验和，发现传输出错重发，每组包含 960 个测量数据……直至数据传送结束。

PC 机与单片机通信时，发送和接收工作状态如图 6-20 虚线所示，由于两机同时工作，

需要考虑延时和等待，以达到两机之间的最佳配合，所以一般在本机发送信号之前，让接收机处于接收等待状态。

下面给出 PC 机和 8051 单片机通信时挂钩部分的程序清单，PC 机用 BIOS 中断调用编写，8051 用 MCS-51 汇编语言编写。PC 机通信程序流程图如图 6-21 所示。

8051 通信程序：
```
        MOV   SCON, 52H  ；初始化串行口
        MOV   TMOD, #20H
        MOV   TH1, #0FDH ；波特率设置
        MOV   TH1, #0FDH；
        SETB  TR1
AGIN:   MOV   A, #0FFH
        LCALL OUT
        LCALL IN
        CJNE  A, #00H, AGIN
        …
        ；开始发送测量数据
        …
OUT:    MOV   SBUF, A
        JBC   TI, END1
        SJMP  OUT
END1:   RET

IN:     JBC   RI, END2
        SJMP  IN
END2:   MOV   A, SBUF
        RET
```

PC 机通信程序：
```
        MOV   DX, 00H    ；8250 初始化
        MOV   AL, E3H
        MOV   AH, 00H
        INT   21H
LOOP1:  MOV   AH, 02H
        INT   14H
        MOV   BX, AX
        MOV   AL, AH
        TEST  AH, 80H
        JNZ   LOOP1
        MOV   AL, BL
        CMP   AL, FFH
        JNE   LOOP3
LOOP2:  MOV   AH, 03H
        INT   14H
        MOV   AL, AH
        TEST  AL, 20H
        MOV   AL, 00H
        MOV   AH, 01H
        INT   14H
        JMP   LOOP4
LOOP3:  MOV   AH, 03H
        INT   14H
        MOV   AL, AH
        TEST  AL, 20H
        JZ    LOOP3
        MOV   AL, EEH
        MOV   AH, 01H
        INT   14H
        JMP   LOOP1
LOOP4:
        …
        ；开始接收测量数据
        …
```

第 6 章 MCS-51 单片机的串行通信

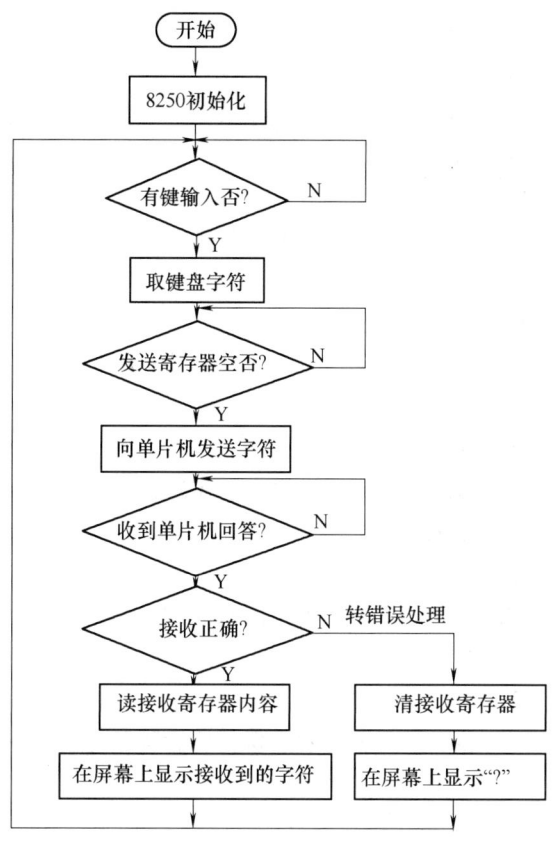

图 6-21 PC 机通信程序流程图

下面列举一个实用的通信测试软件。其功能是将 PC 机键盘的输入发送给 8051 单片机，单片机接收到 PC 机发来的数据后，回送同一数据给 PC 机，并在 PC 机屏幕上显示出来。只要 PC 机屏幕上显示的字符与键入的字符相同，即表明 PC 机与单片机间通信正常。双方约定如下：波特率为 2400bit/s，信息格式分 8 个数据位、1 个停止位，PC 机采用查询方式收发数据，8051 单片机采用中断方式接收信息。

（1）PC 机通信软件　通信软件采用 8086/8088 汇编语言编写，程序如下：

```
STACK   SEGMENT PARA STACK 'STACK'
        DB   256   DUB (0)
STACK   ENDS
CODE    SEGMENT PARA PUBLIC 'CODE'
START   PROC FAR
        ASSUME  CS：CODE，SS：STACK
        PUSH DS
        MOV  AX, 0
        PUSH AX
        CLI
INITOUT： MOV  DX, 3FBH    ;通信线控制寄存器第 7 位置 1，以便设置波特率
```

```
            MOV   AL, 80H
            OUT   DX, AL
            MOV   DX, 3F8H    ;设置除数锁存器低位
            MOV   AL, 30H
            OUT   DX, AL
            MOV   DX, 3F9H    ;设置除数锁存器高位
            MOV   AL, 0
            OUT   DX, AL
            MOV   DX, 3FBH    ;设定数据格式,8个数据位,1个停止位,无校验
            MOV   AL, 03H
            OUT   DX, AL
            MOV   DX, 3FCH    ;设置 MODEM 控制信号
            MOV   AL, 03H
            OUT   DX, AL
            MOV   DX, 3F9H    ;禁止所有 8250 中断
            MOV   AL, 0
            OUT   DX, AL
FOREVER:    MOV   DX, 3FDH    ;发送保持寄存器不空则循环等待
            IN    AL, DX
            TEST  AL, 20H
            JZ    FOREVER
WAIT:       MOV   AH, 1       ;检查键盘缓冲区,无字符则循环等待
            INT   16H
            JZ    WAIT
            MOV   AH, 0       ;若有,取键盘字符
            INT   16H
SENDCHAR:   MOV   DX, 3F8H    ;发送键入的字符
            OUT   DX, AL
RECEIVE:    MOV   DX, 3FDH    ;检查接收数据是否准备好,未准备好继续查询
            IN    AL, DX
            TEST  AL, 01H
            JZ    RECEIVE
            TEST  AL, 1AH     ;判接收的数据是否出错,有错则转错误处理
            JNZ   ERROR
            MOV   DX, 3F8H    ;从接收寄存器中读取数据
            IN    AL, DX
            AND   AL, 7FH     ;去掉无效位,得到数据
            PUSH  AX
            MOV   BX, 0       ;显示接收的字符
```

第6章 MCS-51单片机的串行通信

```
              MOV   AH, 14
              INT   10H
              POP   AX
              CMP   AL, 0DH      ;得到的数据若不是回车符则返回
              JNZ   FOREVER
              MOV   AL, 0AH      ;是回车符则回车换行
              MOV   BX, 0
              MOV   AH, 14
              INT   10H
              JMP   FOREVER
ERROR:        MOV   DX, 3F8H     ;读接收寄存器,清除错误字符
              IN    AL, DX
              MOV   AL, '?'      ;功能调用,显示"?"号
              MOV   BX, 0
              MOV   AH, 14
              INT   10H
              JMP   FOREVER      ;继续循环
              START ENDS
              CODE  ENDS
              END   START
```

(2) 8051单片机通信软件 8051单片机通过中断方式接收PC机发送过来的字符,并回送给主机。程序约定:波特率设置为T1工作于方式2,计数常数F3H,SMOD=1,波特率为2400bit/s;串行口初始化:方式1,允许接收;中断服务程序入口:0023H。8051单片机通信软件流程图如图6-22所示。

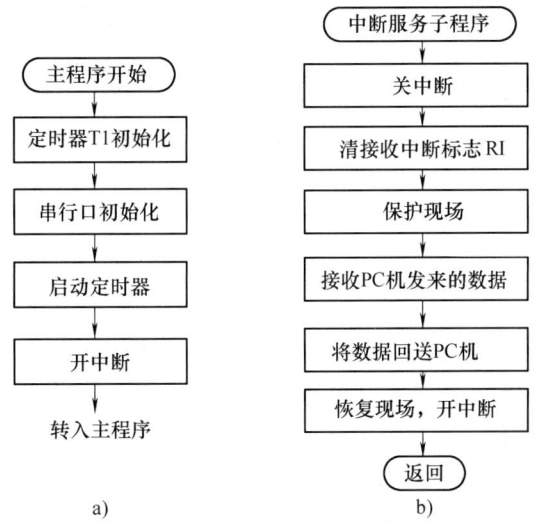

图6-22 8051单片机通信软件流程图
a) 主程序初始化流程图 b) 中断服务子程序流程图

```
                ORG  0000H
                LJMP  INITOUT          ;转到初始化程序
                ORG  0023H
                LJMP  SERVE            ;串行口中断服务程序入口
                ORG  0050H
INITOUT:        MOV  TMOD, #20H        ;定时器T1初始化
                MOV  TH1, #0F3H
                MOV  TL1, #0F3H
                MOV  SCON, #50H        ;串行口初始化
                MOV  PCON, #80H        ;SMOD=1
                SETB  TR1              ;启动定时器T1
                SETB  EA               ;开中断
                SETB  ES               ;允许串行口中断
                LJMP  MAIN             ;转主程序
                …
SERVE:          CLR  EA                ;关中断
                CLR  RI                ;清接收中断标志
                PUSH  DPH              ;保护现场
                PUSH  DPL
                PUSH  A
RECEIVE:        MOV  A, SBUF           ;接收PC发过来的数据
SENDBACK:       MOV  SBUF, A           ;将数据回送给PC机
WAIT:           JNB  TI, WAIT          ;发送器不空则循环等待
                CLR  TI
RETURN:         POP  A                 ;恢复现场
                POP  DPL
                POP  DPH
                SETB  EA               ;开中断
                RETI                   ;返回
```

6.3.2 多机通信

1. 多机通信原理

在实际应用系统中，经常需要多个微处理机协调工作。由于MCS-51单片机具有多机通信功能，因而可利用它构成各种分布式系统。图6-23所示为主从式全双工通信方式，图6-24所示为主从式半双工通信方式。

8031的全双工串行通信接口具有多机通信功能。在多机通信中，为了保证主机与所选择的从机实现可靠的通信，必须保证通信接口具有识别功能，可以通过控制8031的串行口控制寄存器SCON中的SM2位来实现多机通信的功能，其控制原理如下：

利用8031串行口方式2或方式3及串行口控制寄存器SCON中的SM2和RB8的配合可

完成主从式多机通信。串行口以方式 2 或方式 3 接收时,若 SM2 为 1,则仅当从机接收到的第 9 位数据(在 RB8 中)为 1 时,数据才装入接收缓冲器 SBUF,并置 RI = 1,向 CPU 申请中断;如果接收到的第 9 位数据为 0,则不置位中断标志 RI,信息将丢失。而 SM2 为 0 时,则接收到一个数据字节后,不管第 9 位数据是 1 还是 0 都产生中断标志 RI,接收到的数据装入 SBUF。应用这个特点便可实现多个 8031 之间的串行通信。

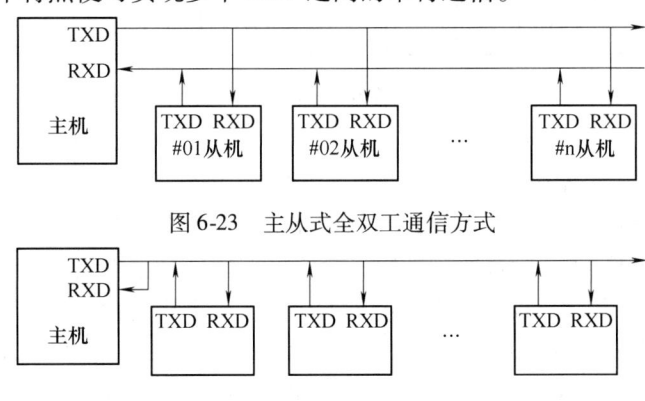

图 6-23　主从式全双工通信方式

图 6-24　主从式半双工通信方式

1) 多个 8031 单片机通信过程可约定如下:

① 使所有从机的 SM2 位置 1,处于只接收地址帧的状态。

② 主机发送一帧地址信息,其中包含 8 位地址,第 9 位为 1,以表示发送的是地址。

③ 从机接收到地址帧后,各自将接收到的地址与其本身地址相比较。

④ 被寻址的从机将 SM2 清零,未被寻址的其他从机仍维持 SM2 = 1 不变。

⑤ 主机发送数据或控制信息(第 9 位为 0)。对于已被寻址的从机,因 SM2 = 0,故可以接收主机发送过来的信息;而对于其他从机,因 SM2 维持为 1,对主机发来的数据帧将不予理睬,直至发来新的地址帧。

⑥ 当主机必须与另外从机联系时,可再发出地址帧寻址其从机。而先前被寻址过后从机在分析出主机是对其他从机寻址时,恢复其 SM2 = 1,对随后主机发来的数据帧不加理睬。

2) 多机通信接口设计。当一台主机与多台从机之间距离较近时,可直接用 TTL 电平进行多机通信。当距离较远时,可采用 RS232 接口、RS422 接口或 RS485 接口。

3) 多机通信软件设计。主要包括软件协议、主机查询、从机中断方式的多机通信软件设计。

2. 多机通信训练

(1) 硬件连接　MCS-51 串行口的方式 2 和方式 3 有一个专门的应用领域,即多机通信。这一功能通常采用主从式多机通信方式,在这种方式中,要用一台主机和多台从机。主机发送的信息可以传送到各个从机或指定的从机,各从机发送的信息只能被主机接收,从机与从机之间不能进行通信,图 6-25 所示为多机通信的一种连接示意图。

(2) 通信协议　多机通信的实现主要是依靠主、从机之间正确地设置与判断 SM2 以及发送或接收的第 9 位数据来(TB8 或 RB8)完成的。

在单片机串行口以方式 2 或方式 3 接收时,一方面,若 SM2 = 1,表示置多机通信功能位。这时有两种情况:

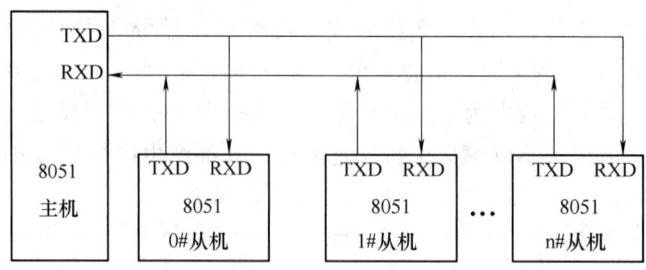

图 6-25 多机通信连接示意图

1）接收到第 9 位数据为 1，此时数据装入 SBUF，并置 RI = 1，向 CPU 发中断请求。
2）接收到第 9 位数据为 0，此时不产生中断，信息将被丢失，不能接收。

另一方面，若 SM2 = 0，则接收到的第 9 位信息无论是 1 还是 0，都产生 RI = 1 的中断标志，接收的数据装入 SBUF。根据这个功能，就可以实现多机通信。

在编程前，首先要为各从机定义地址编号，如分别为 00H、01H、02H 等。在主机想发送一个数据块给某个从机时，它必须先送出一个地址字节，以辨认从机。编程实现多机通信的过程如下：

1）主机发送一帧地址信息，与所需的从机联络。主机应置 TB8 为 1，表示发送的是地址帧。例如：

MOV　SCON，#0D8H　　　；设串行口为方式 3，TB8 = 1，允许接收

2）所有从机初始化设置 SM2 = 1，处于准备接收一帧地址信息的状态。例如：

MOV　SCON，#0F0H　　　；设串行口为方式 3，SM2 = 1，允许接收

3）各从机接收到地址信息，因为 RB8 = 1，则置中断标志 RI。中断后，首先判断主机送过来的地址信息与自己的地址是否相符。对于地址相符的从机，置 SM2 = 0，以接收主机随后发来的所有信息。对于地址不相符的从机，保持 SM2 = 1 的状态，对主机随后发来的信息不理睬，直到发送新的一帧地址信息。

4）主机发送控制指令和数据信息给被寻址的从机。其中，主机置 TB8 为 0，表示发送的是数据或控制指令。对于没选中的从机，因为 SM2 = 1，RB8 = 0，所以不会产生中断，对主机发送的信息不接收。

5）主机接收数据时先判断数据接收标志（RB8），若 RB8 = 1，表示数据传送结束，并比较此帧校验和，若正确则回送正确信号 00H，此信号命令该从机复位（即重新等待地址帧）。若校验和出错，则发送 0FFH，命令该从机重发数据。若接收帧的 RB8 = 0，则存数据到缓冲区，并准备接收下帧信息。

6）主机收到从机应答地址后，确认地址是否相符，如果地址不符，发复位信号（数据帧中 TB8 = 1）；如果地址相符，则清 TB8，开始发送数据。

7）从机收到复位指令后回到监听地址状态（SM2 = 1）；否则，开始接收数据和命令。

（3）多机通信的软件编程　主机发送的地址联络信号为 00H、01H、02H、…（即从机设备地址），地址 FFH 为命令各从机复位，即恢复 SM2 = 1。

主机命令编码为：01H，主机命令从机接收数据；02H，主机命令从机发送数据。其他都按 02H 对待。

从机状态字格式见表 6-7。

表 6-7　从机状态字格式

D7	D6	D5	D4	D3	D2	D1	D0
ERR	0	0	0	0	0	TRDY	RRDY

RRDY = 1 表示从机准备好接收。
TRDY = 1 表示从机准备好发送。
ERR = 1 表示从机接收的命令是非法的。
程序分为主机程序和从机程序。约定一次传递数据为 16 个字节。
1）主机程序。设从机地址号存于 40H 单元，命令存于 41H 单元。代码如下：

```
              ORG   0000H
              AJMP  MAIN
              ORG   0030H
MAIN:         MOV   TMOD, #20H      ; T1 工作于方式 2
              MOV   TH1, #0FDH      ; 初始化波特率 9600bit/s
              MOV   TL1, #0FDH
              MOV   PCON, #00H
              SETB  TR1
              MOV   SCON, #0F0H     ; 串口方式 3，多机，准备接收应答
LOOP1:        SETB  TB8
              MOV   SBUF, 40H       ; 发送预通信从机地址
              JNB   TI, $
              CLR   TI
              JNB   RI, $           ; 等待从机对联络应答
              CLR   RI
              MOV   A, SBUF         ; 接收应答，读至 A
              XRL   A, 40H          ; 判应答的地址是否正确
              JZ    AD_OK
AD_ERR:       MOV   SBUF, #0FFH     ; 应答错误，发命令 FFH
              JNB   TI, $
              CLR   TI
              SJMP  LOOP1           ; 返回重新发送联络信号
AD_OK:        CLR   TB8             ; 应答正确
              MOV   SBUF, 41H       ; 发送命令字
              JNB   TI, $
              CLR   TI
              JNB   RI, $           ; 等待从机对命令应答
              CLR   RI
              MOV   A, SBUF         ; 接收应答，读至 A
```

```
              XRL   A, #80H          ; 判断应答是否正确
              JZ    CO_OK
              SETB  TB8
              SJMP  AD_ERR           ; 错误处理
CO_OK:        MOV   A, SBUF          ; 应答正确, 判是发送还是接收数据
              XRL   A, #01H
              JZ    SE_DATA          ; 从机准备好接收, 可以发送
              MOV   A, SBUF
              XRL   A, #02H
              JZ    RE_DATA          ; 从机准备好发送, 可以接收
              LJMP  SE_DATA
RE_DATA:      MOV   R6, #00H         ; 清校验和接收16个字节数据
              MOV   R0, #30H
              MOV   R7, #10H
LOOP2:        JNB   RI, $
              CLR   RI
              MOV   A, SBUF
              MOV   @R0, A
              INC   R0
              ADD   A, R6
              MOV   R6, A
              DJNZ  R7, LOOP2
              JNB   RI, $
              CLR   RI
              MOV   A, SBUF          ; 接收校验和并判断
              XRL   A, R6
              JZ    XYOK             ; 校验正确
              MOV   SBUF, #0FFH      ; 校验错误
              JNB   TI, $
              CLR   TI
              LJMP  RE_DATA
XYOK:         MOV   SBUF, #00H       ; 校验和正确, 发00H
              JNB   TI, $
              CLR   TI
              SETB  TB8              ; 置地址标志
              LJMP  RET_END
SE_DATA:      MOV   R6, #00H         ; 发送16个字节数据
              MOV   R0, #30H
              MOV   R7, #10H
```

```
LOOP3:      MOV    A, @R0
            MOV    SBUF, A
            JNB    TI, $
            CLR    TI
            INC    R0
            ADD    A, R6
            MOV    R6, A
            DJNZ   R7, LOOP3
            MOV    A, R6
            MOV    SBUF, A              ;发校验和
            JNB    TI, $
            CLR    TI
            JNB    RI, $
            CLR    RI
            MOV    A, SBUF
            XRL    A, #00H
            JZ     RET_END              ;从机接收正确
            SJMP   SE_DATA              ;从机接收不正确,重新发送
RET_END:    SJMP   LOOP1
            END
```

2)从机程序。设本机号存于40H单元,41H单元存放"发送"指令,42H单元存放"接收"命令。

程序如下:

```
            ORG    0000H
            LJMP   MAIN
            ORG    0023H
            LJMP   SERVE
            ORG    0030H
MAIN:       MOV    TMOD, #20H           ;初始化串行口
            MOV    TH1, #0FDH
            MOV    TL1, #0FDH
            MOV    PCON, #00H
            SETB   TR1
            MOV    SCON, #0F0H
            SETB   EA                   ;开中断
            SETB   ES
            SETB   RRDY                 ;发送与接收准备就绪
            SETB   TRDY
MAIN_LOOP:  NOP
```

```
            SJMP   MAIN_LOOP
中断服务程序：
SERVE：     PUSH   PSW
            PUSH   ACC
            CLR    ES
            CLR    RI
            MOV    A, SBUF
            XRL    A, 40H          ；判断是否为本机地址
            JZ     SER_OK
            LJMP   ENDI            ；非本机地址继续监听
SER_OK：    CLR    SM2             ；是本机地址，取消监听状态
            MOV    SBUF, 40H       ；本机地址发回
            JNB    TI, $
            CLR    TI
            JNB    RI, $
            CLR    RI
            JB     RB8, ENDII      ；是复位命令，恢复监听
            MOV    A, SBUF         ；不是复位命令，判是"发送"还是"接收"
            XRL    A, 41H
            JZ     SERISE          ；收到"发送"指令，发送处理
            MOV    A, SBUF
            XRL    A, 42H
            JZ     SERIRE          ；收到"接收"指令，接收处理
            SJMP   FFML            ；非法指令，转非法处理
SERISE：    JB     TRDY, SEND      ；从机发送是否准备好
            MOV    SBUF, #00H
            SJMP   WAIT01
SEND：      MOV    SBUF, #02H      ；返回"发送准备好"
WAIT01：    JNB    TI, $
            CLR    TI
            JNB    RI, $
            CLR    RI
            JB     RB8, ENDII      ；主机接收是否准备就绪
            LCALL  SE_DATA         ；发送数据
            LJMP   S_END
FFML：      MOV    SBUF, #80H      ；发非法命令，恢复监听
            JNB    TI, $
            CLR    TI
            LJMP   ENDII
```

```
SERIRE:      JB   RRDY, RECE        ;从机接收是否准备好
             MOV  SBUF, #00H
             SJMP WAIT02
RECE:        MOV  SBUF, #01H         ;返回"接收准备好"
WAIT02:      JNB  TI, $
             CLR  TI
             JNB  RI, $
             CLR  RI
             JB   RB8, ENDII         ;主机发送是否就绪
             LCALL RE_DATA           ;接收数据
             LJMP S_END
ENDII:       SETB SM2
ENDI:        SETB ES
S_END:       POP  ACC
             POP  PSW
             RETI
```

发送数据块子程序：

```
SE_DATA:     CLR  TRDY
             MOV  R6, #00H
             MOV  R0, #30H
             MOV  R7, #10H
LOOP2:       MOV  A, @R0
             MOV  SBUF, A
             JNB  TI, $
             CLR  TI
             INC  R0
             ADD  A, R6
             MOV  R6, A
             DJNZ R7, LOOP2          ;判数据块发送是否完毕
             MOV  A, R6
             MOV  SBUF, A            ;发送校验和
             JNB  TI, $
             CLR  TI
             JNB  RI, $
             CLR  RI
             MOV  A, SBUF
             XRL  A, #00H            ;判发送是否正确
             JZ   SEND_OK
             SJMP SE_DATA            ;发送错误，重发
```

```
SEND_OK:   SETB   SM2              ;发送正确，继续监听
           SETB   ES
           RET
接收数据块子程序：
RE_DATA:   CLR    RRDY
           MOV    R6, #00H
           MOV    R0, #30H
           MOV    R7, #10H
LOOP3:     JNB    RI, $
           CLR    RI
           MOV    A, SBUF
           MOV    @R0, A
           INC    R0
           ADD    A, R6
           MOV    R6, A
           DJNZ   R7, LOOP3        ;判接收数据块是否完毕
           JNB    RI, $
           CLR    RI
           MOV    A, SBUF          ;接收校验和
           XRL    A, R6            ;判断校验和是否正确
           JZ     RECE_OK
           MOV    SBUF, #0FFH      ;校验和错误，发FFH
           JNB    TI, $
           CLR    TI
           LJMP   RE_DATA          ;重新接收
RECE_OK:   MOV    A, #00H          ;校验和正确，发00H
           MOV    SBUF, A
           JNB    TI, $
           CLR    TI
           SETB   SM2              ;继续监听
           SETB   ES
           RET
           END
```

思考与练习题

1. MCS-51 系列单片机串行口有几种工作方式？如何选择？各个方式有什么特点？
2. 串行通信的接口标准有哪几种？
3. 在串行通信中通信速率与传输距离之间的关系如何？
4. 在利用 RS-422/RS-485 通信的过程中如果通信距离（波特率固定）过长，应如何处理？

第6章 MCS-51单片机的串行通信

5. 串行口在四种工作方式下波特率的产生方法是什么？
6. 试说明在串行口控制寄存器 SCON 中，TB8 和 RB8 的作用以及它们在不同方式下的装载过程。
7. 在计算机与单片机构成的测控网络中，要提高通信的可靠性需注意哪些问题？
8. 编写下列情况下 8051 单片机串行口的初始化程序：
1) 串行口工作于方式 1，波特率为 1200bit/s，在初始化结束后，打开串行口使其处于准备接收状态。
2) 串口工作于方式 1，波特率为 600bit/s，初始化结束后，禁止接收，发出"O"、"K"的 ASCII 码。
9. 按下列要求编写 8051 串行口的接收程序：
1) 串行口工作于方式 1，波特率 600bit/s。
2) 向对方发出呼叫信号"03H 03H"。
3) 发出呼叫信号后，等待接收对方应答，如对方未应答，再次呼叫。
4) 收到对方应答信号后，检查是否为"01H 01H"，若是，则结束通信，若不是，再次呼叫。
10. 某异步通信接口的帧格式由 1 个起始位、7 个数据位、1 个奇偶位和 1 个停止位组成。若该接口每分钟传送 1800 个字符，计算其传送波特率。
11. 请用中断法编出串行口方式 1 下的发送程序。设单片机主频为 6MHz，波特率为 300bit/s，发送数据缓冲器在外部 RAM，起始地址为 TBLOCK，数据块长度为 30，采用偶校验，放在发送数据第 8 位（数据块长度不发送）。
12. 用中断法编写串行口方式 1 下的接收程序。设单片机主频仍为 6MHz，波特率为 600bit/s，接收数据缓冲器在外部 RAM，起始地址为 RBLOCK，接收数据块长度为 30，采用偶校验。
13. 请用中断法编串行口方式 2 下的发送程序。设波特率为 $f_{osc}/64$，发送数据缓冲区在外部 RAM，起始地址是 TBLOCK，发送数据块长度为 30，采用偶校验，放在发送数据第 9 位。
14. 当 MCS-51 串行口工作在方式 1 和方式 3 时，其波特率与 f_{osc}、定时器/计数器 T1 工作于方式 2 的初值及 SMOD 位的关系如何？设 $f_{osc}=6MHz$，现用定时器/计数器 T1 在方式 2 下产生 110bit/s 的波特率，试计算定时器/计数器 T1 的初值。

第7章 MCS-51系统扩展与接口技术

通常情况下，采用单片机的最小应用系统最能体现单片机体积小、结构紧凑、硬件设计简单灵活以及成本低等优点。8051单片机只要加上振荡电路和复位电路就可以工作了，常称这样的系统为最小应用系统。对于不带片内ROM的单片机，如8031，需要在片外扩展ROM之后才构成最小应用系统，如图7-1所示。

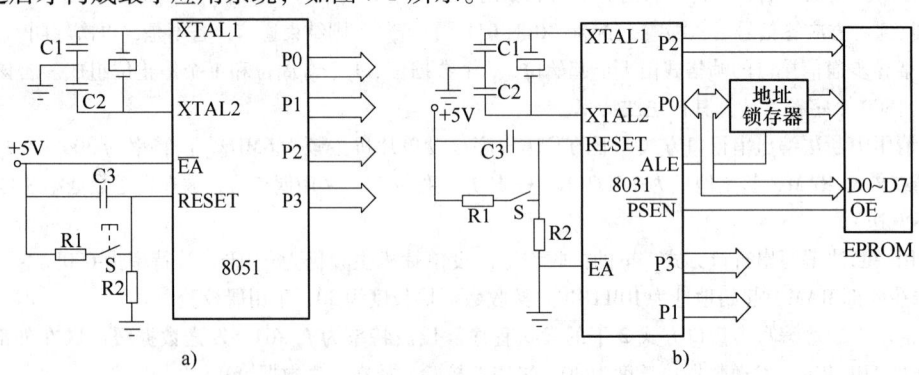

图 7-1 MCS-51 单片机最小应用系统
a) 8051最小应用系统　b) 8031最小应用系统

较复杂的应用场合需要较大存储器容量和较多I/O接口电路，需要在片外做相应的系统扩展和系统配置，才能构成完整的系统。

所谓系统扩展是指单片机内部各功能部件不能满足应用系统要求时，在片外连接相应的外围电路和芯片，使单片机的功能得到扩展。单片机的系统扩展包括存储器的扩展和I/O接口的扩展。存储器的扩展是指程序存储器（ROM）和数据存储器（RAM）的扩展，I/O接口的扩展是指8255A、8155、8279等外围接口芯片以及D/A转换器、A/D转换器等功能器件的扩展。

系统配置就是为了满足测控功能需要，增加各种接口电路。

$$\text{单片机最小系统} \xrightarrow{\text{系统扩展}} \text{单片机基本系统} \xrightarrow{\text{系统配置}} \text{单片机应用系统}$$

MCS-51单片机进行系统扩展时的结构如图7-2所示。整个扩展系统以单片机为核心，通过三种总线把各扩展部件连接起来。

在单片机的应用系统中，CPU与键盘、显示器等外设在进行数据传输时，由于各种外设的工作速度存在差异，与CPU交换的信号形式不同，数据传送的要求、传送方式也不同，因此，使CPU与外设之间无法实现直接同步数据传送。必须在CPU与外设之间设置一个起联系作用的硬件电路，即I/O接口电路，对CPU与外设之间的数据传送进行协调。接口电路可以看做是在CPU和外设之间搭起的一座桥梁。

本章主要讨论存储器的扩展、常用的片外可编程接口芯片扩展的接口技术以及键盘、显示器等常用外设的接口电路与编程。

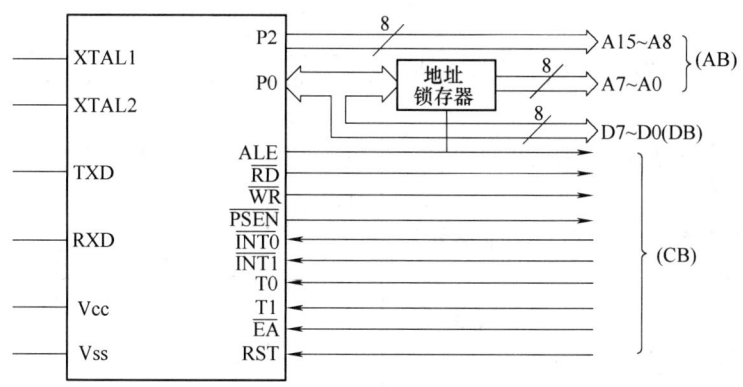

图 7-2 MCS-51 单片机进行系统扩展时的结构

7.1 存储器扩展技术

7.1.1 MCS-51 外部存储器的扩展

在单片机应用系统开发中，首先遇到的问题就是存储器的扩展。因为单片机内部的存储器容量一般都比较小，当片内存储器不够用或采用片内无存储器的芯片（如 8031）时，就需要扩展程序存储器；当随机数据存储量较大时，还要扩展数据存储器。扩展存储器其实就是解决如何将存储器与单片机的三种总线相连的问题。

1. 地址总线与数据总线的连接

MCS-51 单片机在扩展外部存储器时，可提供的地址总线宽度为 16 位。通常由 P0 口提供地址的低 8 位 A0~A7，P2 口提供地址的高 8 位 A8~A15。由于 P0 口还要作为数据总线使用，只能分时用做地址线，故 P0 口输出的低 8 位地址数据必须用锁存器锁存。在扩展时，将单片机的 16 位地址总线与存储器的地址线引脚按一定方式相连。

MCS-51 单片机由 P0 口提供数据总线，其宽度为 8 位。在扩展时 P0 直接与存储器的 8 位数据线引脚相连即可。

2. 控制线的连接

MCS-51 单片机在扩展片外存储器时，相关的控制线有 ALE、$\overline{WR}$、$\overline{RD}$、$\overline{PSEN}$、$\overline{EA}$。扩展的对象不同，控制线的连接也不相同。

扩展 ROM 时控制线的连接如图 7-3 所示。

1) $\overline{EA}$：片内/片外程序存储器选择信号。若选用 8031 单片机，$\overline{EA}$ 端必须接地；若使用 8051 或 8751 单片机，$\overline{EA}$ 接高电平，以充分利用片内的 4KB 存储单元。

2) $\overline{PSEN}$：片外程序存储器选通信号。$\overline{PSEN}$ 接至 ROM 的 $\overline{OE}$ 端。

3) ALE：地址锁存允许信号。ALE 接至地址锁存器的锁存控制端。

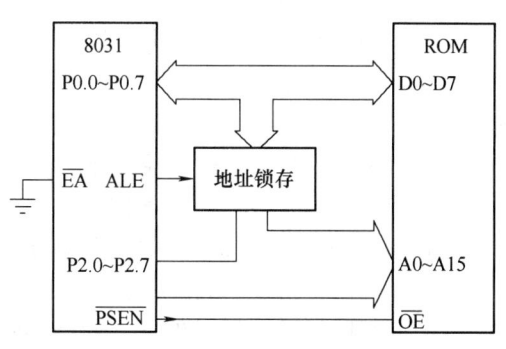

图 7-3 扩展 ROM 时控制线的连接

4）其余控制线不用。

扩展 RAM 时控制线的连接如图 7-4 所示。

1）$\overline{RD}$：片外数据存储器读控制信号。$\overline{RD}$ 接至 RAM 的 $\overline{OE}$ 端。

2）$\overline{WR}$：片外数据存储器写控制信号。$\overline{WR}$ 接至 RAM 的 $\overline{WE}$ 端。

3）ALE：地址锁存允许信号。ALE 接至地址锁存器锁存控制端 G。

3. 扩展存储器时的常用芯片简介

(1) 地址锁存器 单片机的 P0 口是低

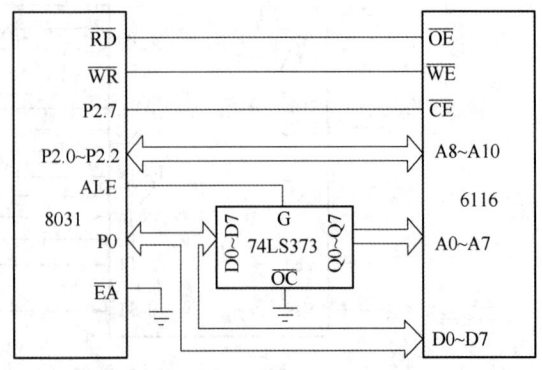

图 7-4 扩展 RAM 时控制线的连接

8 位地址线/数据线的复用口，在对单片机进行系统扩展时，需要外接一个地址锁存器。地址锁存器可使用带三态缓冲输出的 8 位锁存器 74LS373。

74LS373 是透明的带有三态门的 8 位锁存器。工作原理图如图 7-5 所示。74LS373 引脚图如图 7-6 所示。其引脚为：

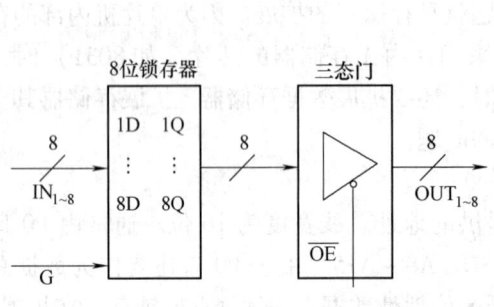

图 7-5 74LS373 的原理图

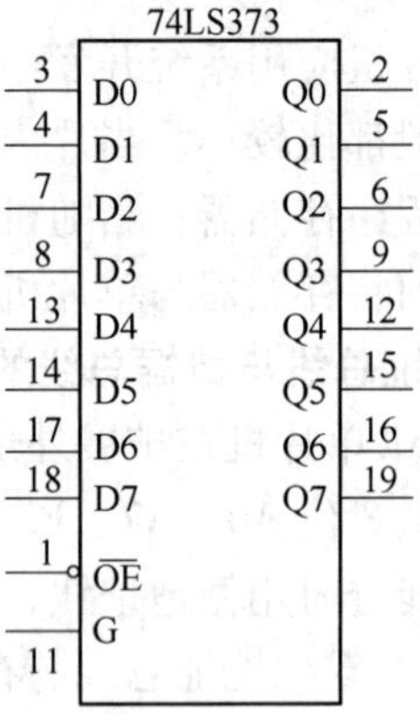

图 7-6 74LS373 引脚图

1）D0 ~ D7：数据输入端。

2）Q0 ~ Q7：数据输出端。

3）GND：接地端。

4）VCC：电源端（+5V）。

5）$\overline{OE}$：三态门使能端。$\overline{OE}$ 为低电平时，三态门处于导通状态，允许 Q 端输出；当 $\overline{OE}$ 端为高电平时，输出三态门断开，输出端对外电路呈高阻状态。

6）G（STB）：8 位锁存器控制端。若 G（STB）为高电平，则输出跟随输入（即锁存器透明）；若 G（STB）为低电平，则输出保持不变。即将 D0 ~ D7 状态锁存于 Q0 ~ Q7 端。

(2) 译码器 在单片机扩展多片存储器时，经常会用到译码器，如 74LS138、74LS139 等。74LS138 是一种 3-8 译码器，其引脚排列如图 7-7 所示。其中 G1、$\overline{G2A}$ 和 $\overline{G2B}$ 为使能

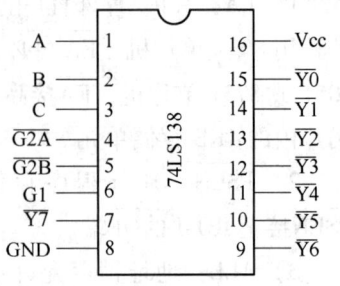

图 7-7 74LS138 引脚排列图

端，只有当 G1 为高电平，$\overline{G2A}$和$\overline{G2B}$为低电平时，译码器才能工作；A、B、C 为译码器信号输入端；$\overline{Y0} \sim \overline{Y7}$为译码器输出端，低电平有效。其真值表见表 7-1。

表 7-1　74LS138 真值表

输入						输出							
使能			选择										
G1	$\overline{G2A}$	$\overline{G2B}$	C	B	A	$\overline{Y0}$	$\overline{Y1}$	$\overline{Y2}$	$\overline{Y3}$	$\overline{Y4}$	$\overline{Y5}$	$\overline{Y6}$	$\overline{Y7}$
1	0	0	0	0	0	0	1	1	1	1	1	1	1
1	0	0	0	0	1	1	0	1	1	1	1	1	1
1	0	0	0	1	0	1	1	0	1	1	1	1	1
1	0	0	0	1	1	1	1	1	0	1	1	1	1
1	0	0	1	0	0	1	1	1	1	0	1	1	1
1	0	0	1	0	1	1	1	1	1	1	0	1	1
1	0	0	1	1	0	1	1	1	1	1	1	0	1
1	0	0	1	1	1	1	1	1	1	1	1	1	0
0	×	×	×	×	×	1	1	1	1	1	1	1	1
×	1	×	×	×	×	1	1	1	1	1	1	1	1
×	×	1	×	×	×	1	1	1	1	1	1	1	1

7.1.2　片外 ROM 存储器扩展

1. 程序存储器扩展特性

1）程序存储器有单独的地址编号（0000H ~ FFFFH），虽然与数据存储器地址重叠，但不会被占用，它使用单独的控制信号端$\overline{PSEN}$，读取数据用"MOVC"查表指令。

2）由于大规模集成电路的发展，程序存储器的片容量越来越大，使用的芯片数量越来越少，价格也越来越低廉。

3）程序存储器与数据存储器共用地址总线与数据总线。

2. 单片 EPROM 的扩展

图 7-8 所示为扩展 8KB EPROM 的电路图。8 位锁存器 74LS373 的三态门使能端$\overline{OE}$接地，保持输出畅通。G 端与 ALE 连接，当 ALE 向下跳变时，74LS373 将 P0 口输出的低 8 位地址锁存于 Q0 ~ Q7 端，并输出至扩展芯片的 A0 ~ A7 端。

8 位数据总线由 P0 口提供，连接时扩展芯片的 D0 ~ D7 对应接至 P0.0 ~ P0.7。

2764 是 8KB × 8 位的 EPROM 芯片，需用寻址 8KB 空间的地址总线共 13 根（$2^{13} = 1024 \times 8B$）。因此，用于 2764 片内寻址的这 13 根地址线中，A0 ~ A7 经 74LS373 与 P0 口相连，A8 ~ A12 与 P2.0 ~ P2.4 相连。单片机输出低 13 位地址信息即可选中存储器内的某一个单元。图示电路中片选端直接接地，A13 ~ A15 没有使用，其值为 0 或 1 均可。则 2764 存储器的地址变化范围 = × × × 0000000000000 ~ × × × 1111111111111。由于 A13 ~ A15 可构成 8 种不同组合，所以对 2764 的 8KB 存储空间中的任何一个单元来说，均可有 8 种不同的地址。即 2764 存储器会占用 8 套互相重叠的地址空间，它们分别是：0000H ~ 1FFFH、2000H ~ 3FFFH、4000H ~ 5FFFH、6000H ~ 7FFFH、8000H ~ 9FFFH、0A000H ~ 0BFFFH、0C000H

~0DFFFH 和 0E000H~0FFFFH。通常，在确定某个存储单元的地址时将未使用的地址线全取 1 或全取 0，则扩展 3 片 2764 时，各程序存储器的地址编码见表 7-2。

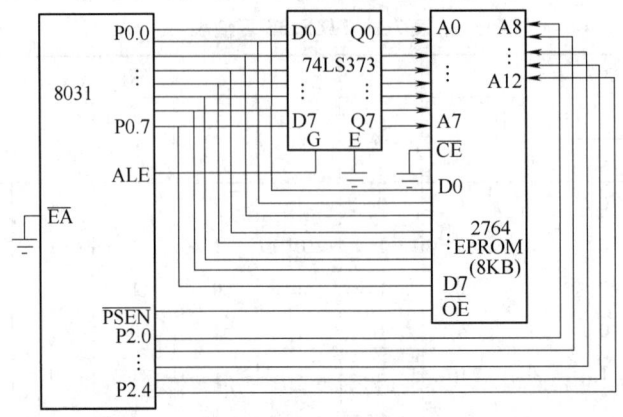

图 7-8 用 2764 扩展 8KB EPROM 的电路图

表 7-2 用线选法扩展 3 片 EPROM 时的地址编码

存储器	片内存储空间	A15A14A13	A0~A12	地址编码
2764（1）	8KB	110	0000000000000~1111111111111	C000H~DFFFH
2764（2）	8KB	101	0000000000000~1111111111111	A000H~BFFFH
2764（3）	8KB	011	0000000000000~1111111111111	6000H~7FFFH

2764 的$\overline{OE}$端是输出使能端，与单片机的$\overline{PSEN}$端相连。当$\overline{PSEN}$有效时，把 2764 中的指令或数据通过 P0 口线读入单片机中。图 7-8 中选用的是 8031 单片机，所以$\overline{EA}$端接地。

访问 2764 存储器的操作举例：

MOV　A，#10H；

MOV　DPTR，#3000H；

MOVC　A，@A+DPTR；

3. 多片 EPROM 的扩展及存储器的寻址

在扩展存储器时，要考虑使单片机的地址总线通过适当连接最终达到一个地址唯一对应一个选中单元的目的，即存储器的寻址问题。在扩展多片存储器时，存储器的寻址分两步：一是片选，即芯片的选择；二是字选，即片内存储单元的选择。因此，存储器在扩展时，地址线的一部分用于片选，另一部分用于字选。对于字选，只要把存储器的地址引脚与相应的单片机地址总线直接连接即可实现。对于片选，地址线连接的方法不同，地址的编码也不相同。常用的片选方法有两种：线选法和地址译码法。

（1）线选法　所谓线选法就是把单独的地址线接到某一个外接芯片的片选端，只要这一位地址线为低电平，就选中该芯片。图 7-9 所示为线选法扩展 3 片程序存储器的实例，图中 2764 的 13 根地址引脚 A0~A12 对应与单片机的 P0.0~P0.7（经 74LS373 输出）、P2.0~P2.4 相连。P2.5、P2.6、P2.7 分别接到 3 片程序存储器的片选信号端$\overline{CE}$上，作为片选信号线。当 P2.5 = 0 时，即选中芯片 2764（1），同理，P2.6、P2.7 为零时，分别选中 2764

(2)、2764（3）。

片选时如果 P2.5 与 P2.6 同时为 0，两个芯片会同时被选中，就可能出现 CPU 给出一个地址值，却同时选中两个芯片中的两个单元的情况，这是绝对不允许的。为防止出现这种情况，规定 CPU 给出的地址值中只能有一根片选信号线是有效的，其余为 1，作为片选的高位地址线。根据图中地址线连接方法，全部地址编码见表 7-2。

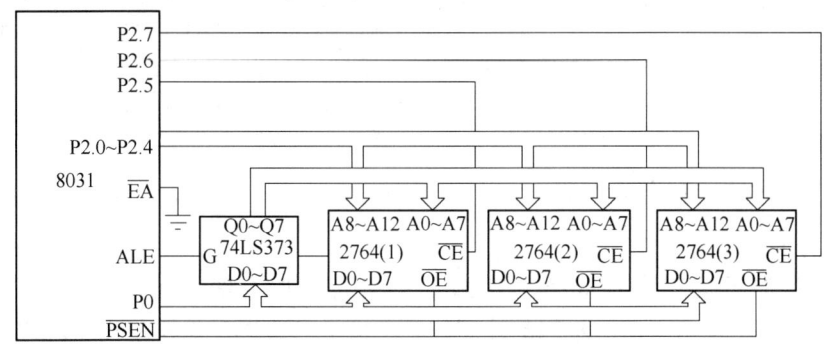

图 7-9 用线选法扩展 3 片程序存储器的电路图

线选法的优点是硬件电路结构简单，但芯片之间的地址不连续，地址空间的利用率低，一般用于系统扩展的外部存储器和 I/O 接口芯片较少的场合。

（2）地址译码法 采用线选法时，每扩展一个存储器芯片就需要一根高位地址线作为片选信号线，当单片机扩展的外部存储器数量多于可利用的地址线时，可采用地址译码法。

地址译码法是用译码器对高位地址信号译码，译出的信号作为片选信号，用低位地址信号选择芯片的片内单元。译码电路要用译码器芯片实现，常用的译码器芯片有 74LS138。

图 7-10 所示为扩展 8 片 EPROM 的电路图，图中地址线 A0～A12 分别与单片机的 P0.0～P0.7、P2.0～P2.4 相连。A13～A15 接到译码器 74LS138 的输入端用于地址译码，译码器的输出信号接至 8 个芯片的片选信号端，作为片选信号。存储器的地址空间分配见表 7-3。

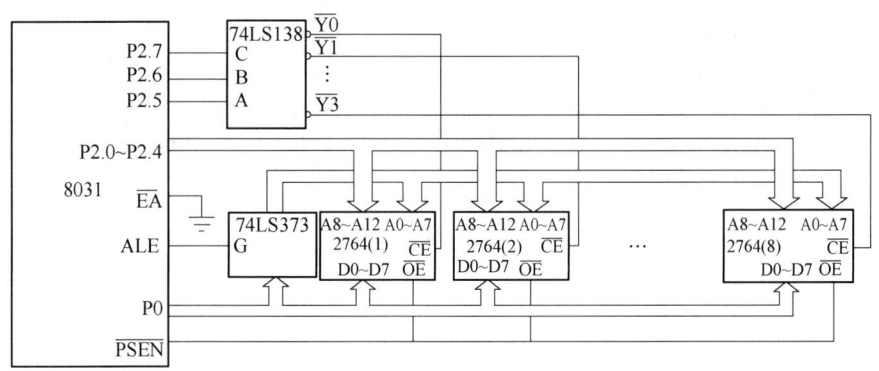

图 7-10 用地址译码法扩展 8 片 EPROM 电路图

表 7-3 用地址译码法扩展 8 片 EPROM 时的地址编码表

存储器	片内存储空间	A15A14A13	A0～A12	地址编码
2764(1)	8KB	000	0000000000000～1111111111111	0000H～1FFFH
2764(2)	8KB	001	0000000000000～1111111111111	2000H～3FFFH

存储器	片内存储空间	A15A14A13	A0～A12	地址编码
2764（3）	8KB	010	0000000000000～1111111111111	4000H～5FFFH
2764（4）	8KB	011	0000000000000～1111111111111	6000H～7FFFH
2764（5）	8KB	100	0000000000000～1111111111111	8000H～9FFFH
2764（6）	8KB	101	0000000000000～1111111111111	A000H～BFFFH
2764（7）	8KB	110	0000000000000～1111111111111	C000H～DFFFH
2764（8）	8KB	111	0000000000000～1111111111111	E000H～FFFFH

7.1.3 片外 RAM 存储器扩展

1. 数据存储器扩展特性

1）数据存储器与程序存储器共用地址总线与数据总线。在地址空间上重叠编号（0000H～FFFFH），但由于使用不同的控制信号和指令，数据存储器使用$\overline{RD}$和$\overline{WR}$来控制读和写，而程序存储器的控制信号是$\overline{PSEN}$。当 MCS-51 访问外部数据存储器时，$\overline{PSEN}$信号始终处于无效状态，故两者不会发生总线冲突。读、写外部数据用"MOVX"指令。

2）数据存储器、I/O 口及外围设备实行统一编址，扩展的 I/O 口与外围设备将占用数据存储器的地址。

2. 数据存储器扩展举例

图 7-11 所示为 8031 单片机扩展一片 8KB RAM 的电路图。图中 6264 的输出允许控制端$\overline{OE}$与单片机的$\overline{RD}$端相连，写入控制端$\overline{WE}$与单片机的$\overline{WR}$端相连。片内的 13 根地址线 A0～A12 分别与单片机 P0 口和 P2.0～P2.4 相连，片选信号$\overline{CE}$接至 P2.7。在这种连接方式下，6264 的地址范围是 0000H～1FFFH。

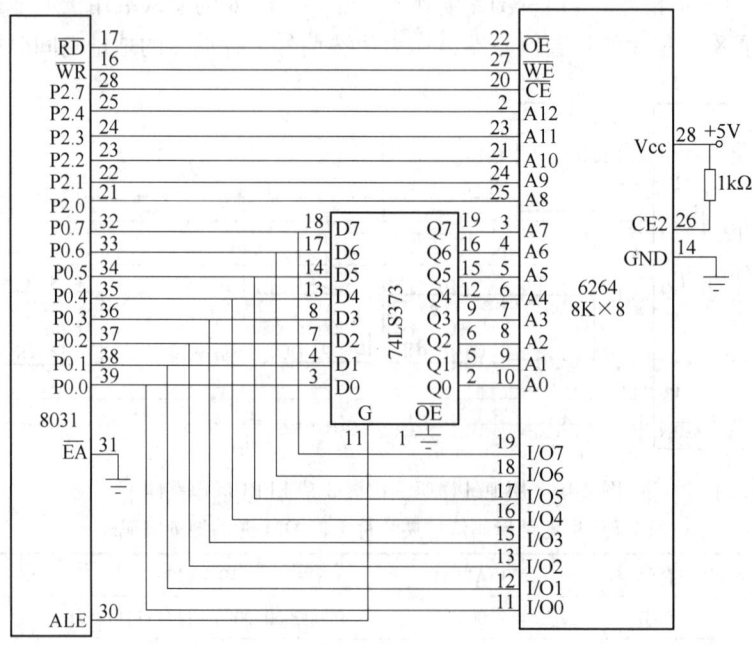

图 7-11　8031 单片机扩展一片 8KB RAM 电路图

多片数据存储器扩展时，地址总线的连接方法同程序存储器。

7.1.4 片外 ROM 和 RAM 混合扩展

MCS-51 单片机数据存储器和程序存储器在逻辑上是严格分开的，对它们进行访问时，需要通过执行不同的指令并由硬件产生不同的选通信号实现。

在实际设计和开发单片机系统时，需要经常调整程序。而程序一般放在 EPROM 中，无法进行修改，给软件的调试和修改带来不便。如果在程序存储器空间能使用 RAM 芯片，则可以实现边运行程序边调试修改。

实现这种设想的电路连接方法如图 7-12 所示。在硬件上将单片机的$\overline{RD}$和$\overline{PSEN}$信号分别作为一个与门的输入，与门的输出连接到 6264（2）芯片的$\overline{OE}$端，该芯片就占据了程序存储器和数据存储器两个空间。

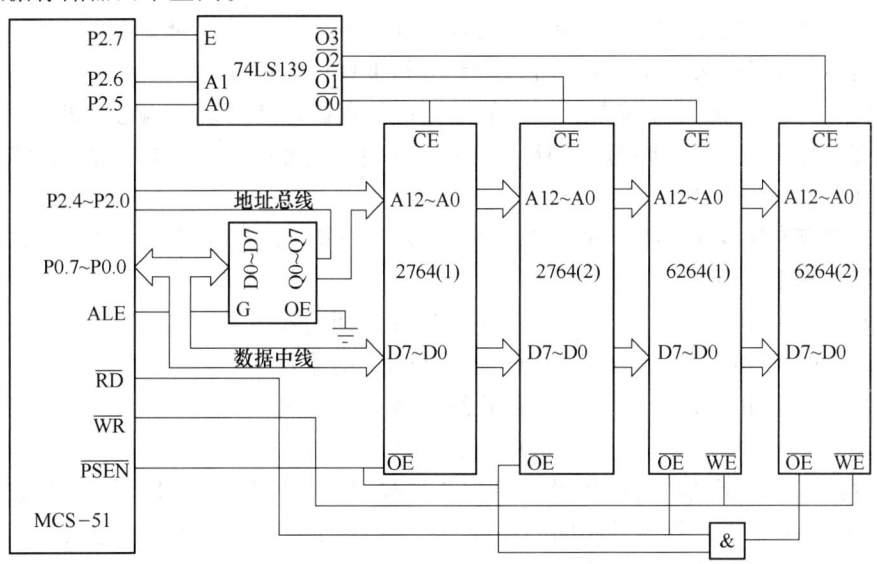

图 7-12 程序存储器和数据存储器空间混合扩展

4 个存储器芯片的地址分配如下：

2764（1）：0000H～1FFFH；

2764（2）：2000H～3FFFH；

6264（1）：0000H～1FFFH；

6264（2）：4000H～5FFFH；数据存储器空间 4000H～5FFFH；

当对 4000H～5FFFH 之间的单元读操作时，既可使用数据存储器操作指令，也可以使用程序存储器操作指令。如对 4030H 单元的读出，可以使用以下程序：

  MOV DPTR，#4030H

  CLR A

  MOVC A，@A+DPTR

也可以使用以下程序：

  MOV DPTR，#4030H

MOVX   A, @DPTR

如果要对 4000H～5FFFH 之间的单元执行写入操作，只能使用"MOVX"指令。

这部分单元的另一特点是可以存储程序。所存储的程序一般是执行另外的代码写到这个区域来的，如可以通过串行通信从台式机下载过来。存储的程序可以像存储在普通 ROM 一样被读出、执行，因为 $\overline{\text{PSEN}}$ 有效时也触发 6264（2）数据的输出。

7.2 I/O 接口扩展技术

I/O 接口是 CPU 和外设间信息交换的桥梁。MCS-51 单片机内部 I/O 口有一个串行口和 4 个 8 位并行 I/O 口。对于片内的 I/O 口，一般情况下，P0 口作为地址线/数据线口，P2 口作为高 8 位地址线口，P3 是双功能口。所以，单片机可提供给用户使用的只有 P1 口和部分 P3 口线。这使得大多数的 MCS-51 单片机在应用系统开发过程中，都要对 I/O 口进行扩展，才能满足实际应用的需要。本节我们主要介绍并行 I/O 口的扩展。

在 MCS-51 单片机应用系统中，扩展的 I/O 口与数据存储器统一编址，即片外 RAM 单元和 I/O 端口加起来最多不能超过 64K。确定 I/O 端口地址的方法同扩展数据存储器一样，有线选法和地址译码法两种。

单片机没有专用的接口指令对 I/O 口进行读/写操作，而是用四条外部数据操作指令实现数据的输入输出，即

    MOVX   A, @DPTR   ；读外部 RAM，即输入
    MOVX   A, @Ri   ；读外部 RAM，即输入
    MOVX   @DPTR, A   ；写外部 RAM，即输出
    MOVX   @Ri, A   ；写外部 RAM，即输出

可编程接口芯片指其功能可由计算机指令来改变的接口芯片。可编程接口通过编制程序，可使一个接口芯片执行多种不同的接口功能，使用十分灵活。用它来连接计算机和外设时，不需要或只需要很少的外加硬件。

目前，各计算机生产厂家已生产了很多系列的可编程接口芯片，常见的有 Intel 公司的可编程接口芯片，其配套的外围接口器件种类齐全，且与 MCS-51 单片机外部接口配置逻辑电路极为简单、方便，这也是 MCS-51 系列单片机应用广泛的原因之一。Intel 公司常见的可编程接口芯片如下：

1）8255：可编程并行 I/O 芯片；
2）8155：可编程 RAM/IO 芯片；
3）8279：可编程键盘/显示控制器。

MCS-51 系列单片机的 I/O 接口扩展技术主要针对以上三种可编程接口芯片。

7.2.1 MCS-51 对可编程并行 I/O 芯片 8255A 的扩展

8255A 是 Intel 公司生产的可编程 I/O 接口芯片。它有 3 个 8 位并行 I/O 端口，三种工作方式，可通过编程决定其功能，因而使用灵活方便，通用性强。广泛用于连接单片机与打印机、键盘、显示器以及 I/O 接口等外围设备的接口电路。

1. 8255A 的内部结构

8255A 的内部结构框图如图 7-13 所示。它主要由以下 4 个逻辑结构组成：

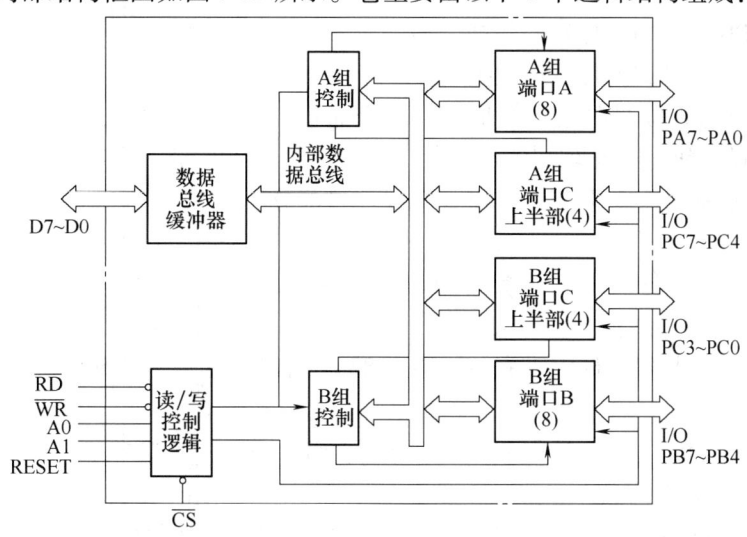

图 7-13　8255A 的内部结构框图

（1）数据总线缓冲器　数据总线缓冲器为 8 位双向、三态缓冲器，可以直接与单片机的数据总线相连，用来传送单片机进行 I/O 操作的有关数据、控制命令以及状态信息。

（2）并行 I/O 端口　A、B、C 口均为 8 位 I/O 数据口，都可和外设相连，用于传送外设的数据或控制信息。但它们在结构和功能上有差异。

1）A 口：具有一个 8 位数据输出锁存器/缓冲器和一个 8 位数据输入锁存器，因此，输出具有锁存和缓冲的功能，输入具有锁存功能。通过编程可以分别设置成单向输出、单向输入、选通输入/输出或双向传输方式。

2）B 口：具有一个 8 位数据输出锁存器/缓冲器和一个 8 位数据输入缓冲器（无数据输入锁存器），因此，输出具有锁存和缓冲的功能，输入具有缓冲功能。通过编程可以分别设置成单向输出、单向输入或选通输入/输出方式。

3）C 口：具有一个 8 位数据输出锁存器/缓冲器和一个 8 位数据输入缓冲器（无数据输入锁存器）。这个口除可作输入/输出口使用外，还可分为两个 4 位端口，分别作为 A 口、B 口选通方式时的控制信号输出或状态信息输入端口。

（3）读/写控制逻辑电路　读/写控制逻辑电路用于实现 8255A 的硬件管理。它管理所有的数据、控制命令或状态信息的传送，负责接收单片机的地址和控制信号来控制各个口的工作状态。

（4）A 组和 B 组控制电路　这是两组根据 CPU 的命令字控制 8255A 工作方式的电路。每组控制电路从读、写控制逻辑接收各种命令，从内部数据总线接收控制字（即指令），并向相应的端口发出适当的命令。其中，A 组控制电路控制 A 口及 C 口的高 4 位，B 组控制电路控制 B 口及 C 口的低 4 位。

2. 8255A 的引脚功能介绍

8255A 采用双列直插式封装，共有 40 个引脚，其引脚如图 7-14 所示。

(1) 与外设的接口部分　与外设的接口部分主要包括以下3部分：

1）PA0~PA7：A口8位双向数据线。

2）PB0~PB7：B口8位双向数据线。

3）PC0~PC7：C口8位双向数据线。

A、B、C口的8位双向数据线形成了三个通道，用于8255A与外设之间传送数据。

(2) 与CPU总线接口部分　与CPU总线接口部分引脚主要包括：

1）D0~D7：双向三态8位数据线，用于CPU与8255A之间传送命令与数据。

2）$\overline{CS}$：片选信号线，低电平有效，表示8255A被选中。

3）$\overline{RD}$：读取信号线，低电平有效，允许CPU从8255A读取数据或状态信息。

4）$\overline{WR}$：写入信号线，低电平有效，允许CPU将控制字或数据写入8255A。

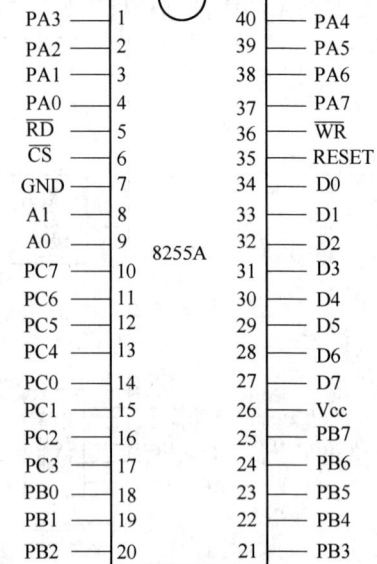

图7-14　8255A的引脚图

5）A0、A1：内部口地址的选择。这两个引脚上的信号组合决定对8255A内部的哪一个口或寄存器进行操作。8255A内部共有四个端口：A口、B口、C口和控制口。8255A的操作功能表见表7-4。$\overline{CS}$、$\overline{RD}$、$\overline{WR}$、A0和A1这几个信号的组合决定了8255A的所有具体操作。

表7-4　8255A的操作功能表

A1	A0	$\overline{RD}$	$\overline{WR}$	$\overline{CS}$	工作状态
0	0	0	1	0	A口数据──→数据总线
0	1	0	1	0	B口数据──→数据总线
1	0	0	1	0	C口数据──→数据总线
0	0	1	0	0	数据总线──→A口
0	1	1	0	0	数据总线──→B口
1	0	1	0	0	数据总线──→C口
1	1	1	0	0	数据总线──→控制字寄存器
×	×	×	×	1	数据总线为高阻状态
1	1	0	1	0	非法状态
×	×	1	1	0	数据总线为高阻状态

(3) 电源及复位信号　电源及复位信号主要包括：

1）Vcc：+5V电源。

2）GND：地线。

3）RESET：复位信号，高电平有效。当此引脚为高电平时，所有8255A内部寄存器都清零。所有通道都设置为输入方式。24条I/O口引脚为高阻状态。

3. 8255A 的工作方式

8255A 有三种工作方式，用户可以通过编程来设置。

（1）方式 0（基本输入/输出方式） 这种方式不需要任何选通信号。A 口的 8 位、B 口的 8 位及 C 口的高 4 位和低 4 位都可以编程设定为单向输入或单向输出方式。作为输出口时，输出的数据被锁存；B 口、C 口作为输入口时，其输入的数据不锁存。

（2）方式 1（选通输入/输出方式） 在这种工作方式下，A 口和 B 口可通过编程设定为选通输入口或选通输出口。C 口则分为两组，分别作为 A 口和 B 口的联络应答信号口。C 口剩下的两位仍可作为输入或输出使用。

选通输入/输出时的联络应答信号功能如下：

1) 方式 1 选通输入时，联络应答信号分配如图 7-15 所示。

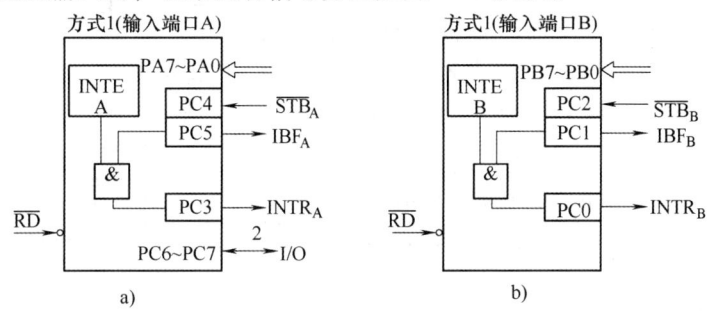

图 7-15　方式 1 选通输入时的联络应答信号分配
a) 输入端口 A 联络应答信号　b) 输入端口 B 联络应答信号

A 口占用 PC3 ~ PC5 作信号联络线，B 口占用 PC0 ~ PC2 作为信号联络线，C 口仅剩 PC6、PC7 两根数据线。

①$\overline{STB}$：输入选通信号（A 口为 PC4、B 口为 PC2），低电平有效。在 $\overline{STB}$ 的下降沿将外设送来的数据通过 PA0 ~ PA7 或 PB0 ~ PB7 送入 A 口或 B 口的数据缓冲器/锁存器中。

②IBF：输入缓冲器满信号（A 口为 PC5、B 口为 PC1），高电平有效，是 8255A 提供给外设的状态信号，表示外设已将数据装入端口锁存器，但 CPU 尚未读取。

③INTR：中断请求信号（A 口为 PC3、B 口为 PC0），高电平有效，是 8255A 用来向 CPU 提出中断请求的输出信号，只有当 $\overline{STB}$、IBF 和 INTE 都为高电平时，INTR 信号才被置为高电平。

④INTE：中断允许，可通过指令对 PC4 或 PC2 的置位/复位来实现允许中断/禁止中断。

2) 方式 1 选通输出时，联络应答信号分配如图 7-16 所示。

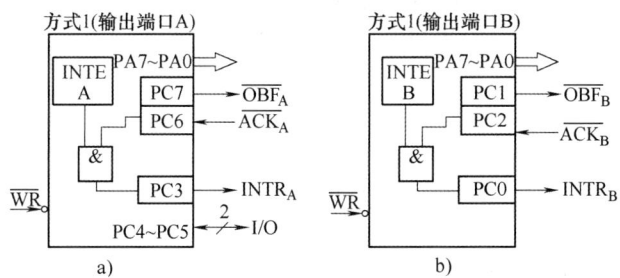

图 7-16　方式 1 选通输出时的联络应答信号分配
a) 输出端口 A 联络应答信号　b) 输出端口 B 联络应答信号

A 口占用 PC7、PC6、PC3 作信号联络线，B 口占用 PC2~PC0 作为信号联络线，C 口仅有 PC5、PC4 两根剩余 I/O 数据线。

①$\overline{OBF}$：输出缓冲器满信号（A 口为 PC7、B 口为 PC1），低电平有效，是 8255A 输出给外设的状态信号。当 CPU 已把数据输出到 A 口或 B 口时，对应口的 $\overline{OBF}$ 有效，通知外设可以将数据取走。

②$\overline{ACK}$：外设应答信号（A 口为 PC6、B 口为 PC2），低电平有效，表示外设已将数据从 8255A 的输出缓冲器中取走。

③INTR：中断申请（A 口为 PC3、B 口为 PC0）。只有当外设已经取走 8255A 输出的数据，$\overline{OBF}$、$\overline{ACK}$ 和 INTE 都变为高电平时，INTR 才有效，向 CPU 发出中断请求。

④INTE：中断允许。

(3) 方式 2（双向数据传送方式） 只有 A 口有这种工作方式。此时，A 口为 8 位双向数据口，C 口中的 PC3~PC7 作为 A 口的联络应答信号。而对于 PC0~PC2，既可以指定它作为 B 口工作于方式 1 时的联络与应答信号，也可在 B 口工作于方式 0 时指定它为基本输入/输出口。

A 口工作在方式 2 时的联络应答信号分配如图 7-17 所示，其功能同方式 1。

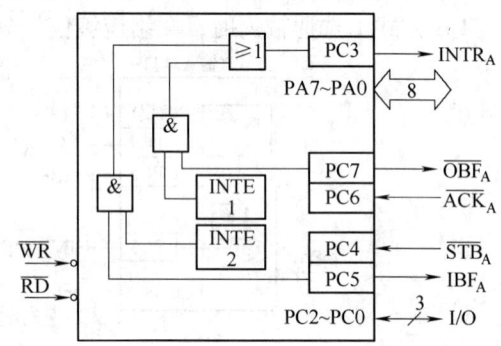

图 7-17 方式 2 双向数据传输时 A 口的联络应答信号分配

4. 8255A 的控制字

8255A 工作方式的选择是通过对控制口输入控制字（或称命令字）的方式实现的。控制字有方式选择控制字和 C 口置/复位控制字。

(1) 方式选择控制字 方式选择控制字用于确定各口的工作方式及数据传送的方向，其特征位（最高位）为 1，其格式与定义如图 7-18 所示。

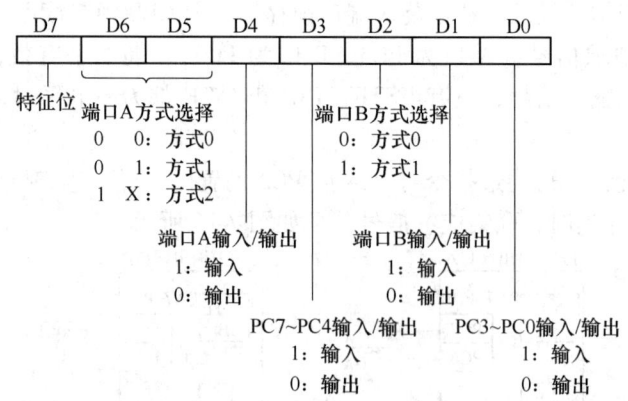

图 7-18 8255A 方式选择控制字格式及定义

例如，设 8255A 控制字寄存器的地址为 FF7FH，试编程为 A 口以方式 0 输入，B 口以方式 1 输出，PC4~PC7 为输出，PC0~PC3 为输入。其程序为

```
    MOV    DPTR, #0FF7FH
    MOV    A, #95H
    MOVX   @DPTR, A
```

（2）C口置/复位控制字　C口具有位操作功能，把一个C口置/复位控制字送入8255A的控制寄存器，就能把C口的某一位置1或清0而不影响其他位的状态，其特征位（最高位）为0，格式及定义如图7-19所示。

例如，设8255A控制字寄存器的地址为FF7FH，下述程序可以将PC1清零，PC7置1。

```
    MOV    DPTR, #0FF7FH
    MOV    A, #02H
    MOVX   @DPTR, A
    MOV    A, #0FH
    MOVX   @DPTR, A
```

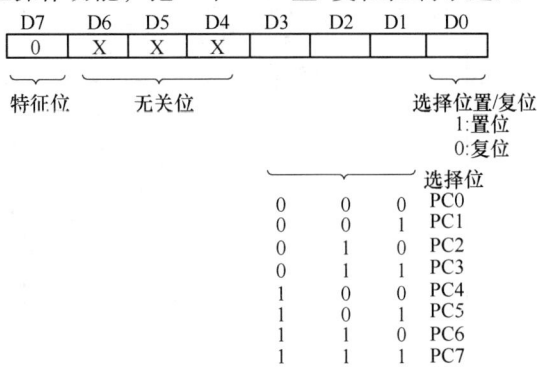

图7-19　端口C置/复位控制字格式及定义

5. 8255A与MCS-51单片机的接口连接方法

MCS-51单片机可以与8255A直接相连。如图7-20所示，8255A的D0～D7接至单片机的P0，$\overline{RD}$、$\overline{WR}$线分别接至单片机的读和写信号$\overline{RD}$、$\overline{WR}$，端口地址选择线A0、A1经地址锁存器74LS373后分别接至单片机的P0.0、P0.1，片选线$\overline{CS}$接至单片机的P0.7。则8255A的端口地址范围是FF7CH～FF7FH。

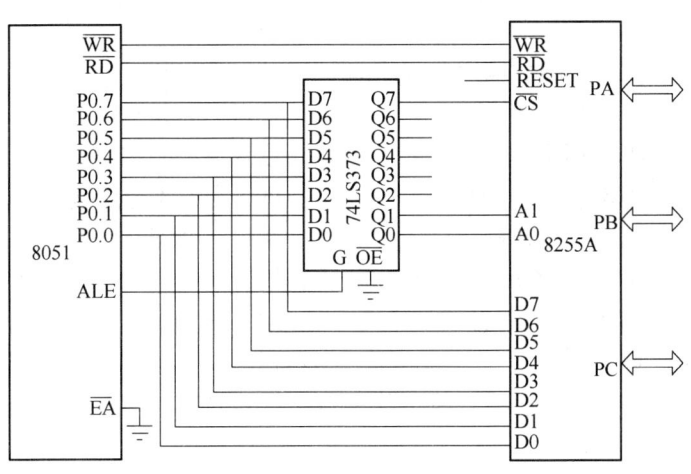

图7-20　MCS-51单片机与8255A接口连接电路图

例7-1　某输入设备在8位数据准备好后会发出一个负脉冲，通知接口锁存。单片机需要将该输入设备的数据再转送到另一输出设备，输出设备始终接收数据，不需要联络信号。请给出8255A的解决方案。

解：根据要求，8255A输入端口应工作在方式1。令端口A与输入设备连接，选通方式输入。则端口 B 可用做基本的输出口,端口 C 的 3 条线协助端口 A,其余根据情况另行定义,在此假设都不用。若不使用 8255A 的中断,则 8255A 在系统中的连接如图 7-21 所示。

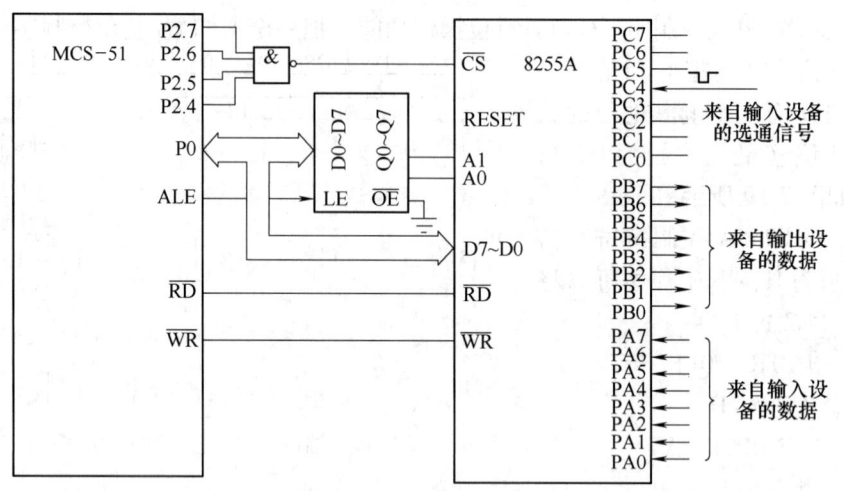

图 7-21　例 7-1 中 8255A 与 MCS-51 单片机接口连接电路图

在对 8255A 初始化时,控制字可以是 10111000B。在准备对端口 A 输入数据前,应先查询 PC5 的状态,若为 1,则表示 8255A 中有新来的数据,否则无需读取。

初始化程序如下:

    MOV DPTR,#0FFFFH   ;控制字寄存器地址
    MOV A,#10111000B   ;控制字
    MOVX @DPTR,A   ;写入

查询状态、读取数据并随后输出的程序如下:

    MOV DPTR,#0FFFEH   ;端口 C 地址
  WAIT:MOVX A,@DPTR   ;读入端口 C 内容
    JNB   ACC.5,WAIT   ;PC5 为 1 才能读端口 A,否则等待
    MOV DPTR,#0FFFCH   ;端口 A 地址
    MOVX A,@DPTR   ;输入
    MOV DPTR,#0FFFDH   ;端口 B 地址
    MOVX @DPTR,A   ;输出

由于此方法需要等待数据有效,故可能要浪费很多 CPU 时间。为了提高效率,可以使用中断方式进行 I/O 操作。

7.2.2　MCS-51 对可编程并行 I/O 芯片 8155 的扩展

8155 可与 MCS-51 系列单片机直接相连而不需要任何附加硬件,它是 MCS-51 系列单片机应用系统中最适用的外围芯片之一。

1. 8155 的结构和引脚

8155 有 40 个引脚,采用双列直插式封装,其引脚和内部结构如图 7-22 所示。

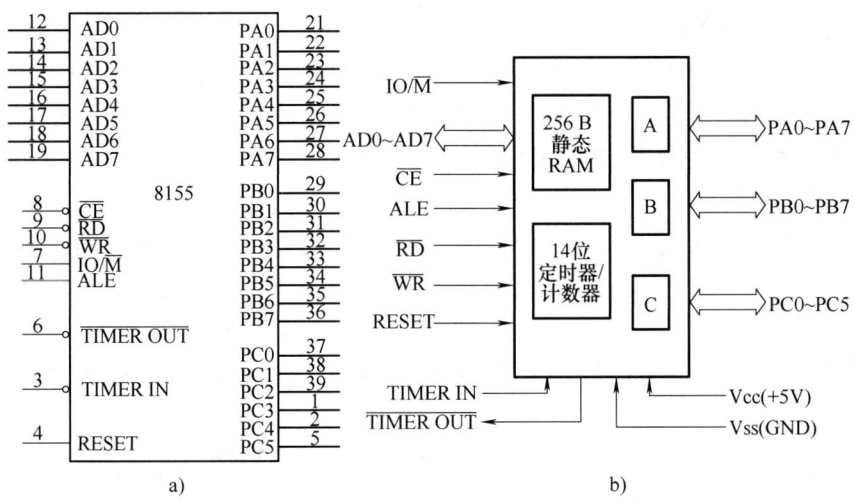

图 7-22 8155 的引脚和内部结构图
a）引脚图 b）内部结构

8155 内部的功能部件包括：256B 的静态 RAM（SRAM），两个可编程的 8 位并行口 PA 口和 PB 口，一个 6 位并行口 PC，一个 14 位定时器/计数器。RAM 可作为数据缓冲器，I/O 口可外接 LED 显示器、键盘、A/D 转换器及 D/A 转换器等，定时器/计数器可作分频器、定时器或计数器使用。

8155 的引脚分类说明如下：

1）地址/数据线 AD0～AD7（8 条）：是低 8 位地址线和数据线的共用输入总线，常和 MCS-51 单片机的 P0 口相连，用于分时传送地址、数据信息，当 ALE = 1 时，传送的是地址信息。

2）I/O 口总线（22 条）：PA0～PA7、PB0～PB7 分别为 A、B 口线，用于和外设之间传递数据；PC0～PC5 为 C 端口线，既可与外设传送数据，也可以作为 A、B 口的控制联络线。

3）控制总线（8 条）：

①RESET：复位线，通常与单片机的复位端相连，复位后，8155 的 3 个端口都为输入方式。

②$\overline{RD}$、$\overline{WR}$：读、写线，控制 8155 的读、写操作。

③ALE：地址锁存允许信号线，高电平有效。它常和单片机的 ALE 端相连，在 ALE 的下降沿将单片机 P0 口输出的低 8 位地址信息锁存到 8155 内部的地址锁存器中。因此，单片机的 P0 口和 8155 连接时，无需外接锁存器。

④$\overline{CE}$：片选线，低电平有效。

⑤IO/$\overline{M}$：RAM 或 I/O 口的选择线。当 IO/$\overline{M}$ = 0 时，选中 8155 的 256BRAM；当 IO/$\overline{M}$ = 1 时，选中 8155 片内三个 I/O 端口、命令/状态寄存器和定时器/计数器。

⑥TIMER IN、$\overline{\text{TIMER OUT}}$：定时器/计数器的脉冲输入、输出线。TIMER IN 是脉冲输入线，其输入脉冲时对 8155 内部的 14 位定时器/计数器进行减 1 操作；$\overline{\text{TIMER OUT}}$为脉冲输出线，当计数器计满回零时，8155 从该线输出脉冲或方波，波形形状由计数器的工作方式决定。

2. 作片外 RAM 使用

当 $\overline{CE}=0$，$IO/\overline{M}=0$ 时，8155 只能做片外 RAM 使用，共 256B。其寻址范围由 $\overline{CE}$ 以及 AD0~AD7 的接法决定。当系统同时扩展片外 RAM 芯片时，要注意二者的统一编址。对此 256B RAM 的操作使用片外 RAM 的读/写指令 "MOVX"。

3. 作扩展 I/O 口使用

当 $\overline{CE}=0$，$IO/\overline{M}=1$ 时，可以对 8155 片内三个 I/O 端口、命令/状态寄存器和定时器/计数器进行操作。8155 的内部寄存器共有 6 个，需要三位地址来区分，表 7-5 为地址分配情况。

和接口芯片 8255 一样，芯片 8155 的 I/O 口工作方式的确定也是通过对 8155 的命令寄存器写入控制字来实现的。

表 7-5 8155 的 6 个内部寄存器的地址分配表

AD7~AD0								选中寄存器
AD7	AD6	AD5	AD4	AD3	AD2	AD1	AD0	
×	×	×	×	×	0	0	0	内部命令/状态寄存器
×	×	×	×	×	0	0	1	PA 口
×	×	×	×	×	0	1	0	PB 口
×	×	×	×	×	0	1	1	PC 口
×	×	×	×	×	1	0	0	定时器/计数器低 8 位寄存器
×	×	×	×	×	1	0	1	定时器/计数器高 8 位寄存器

8155 命令寄存器控制字的格式及定义如图 7-23 所示。

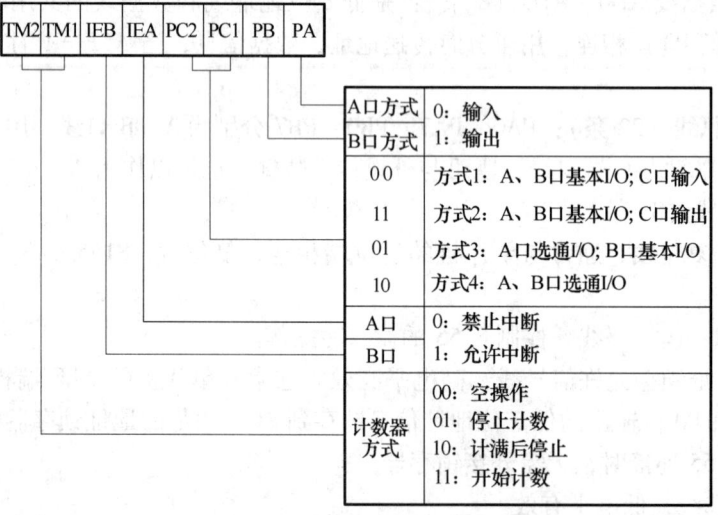

图 7-23 8155 命令寄存器的控制字格式及定义

命令寄存器只能写入不能读出，也就是说，控制字只能通过指令 "MOVX @DPTR, A" 或 "MOVX @Ri, A" 写入命令寄存器。

状态寄存器中存放有状态字，状态字反映了 8155 的工作情况，状态字的格式及各位定义如图 7-24 所示。

第 7 章 MCS-51 系统扩展与接口技术

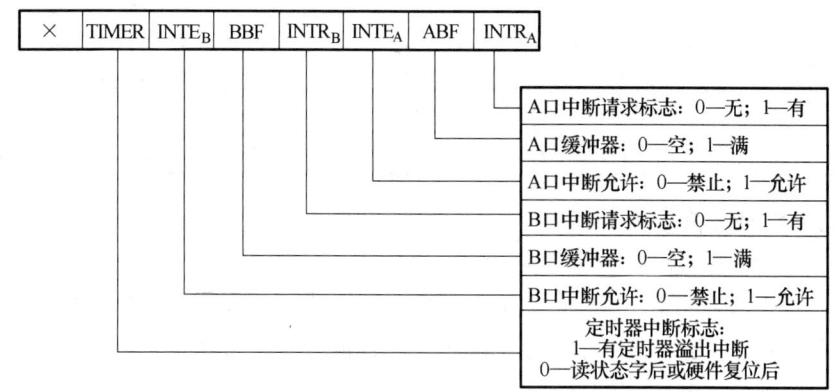

图 7-24 8155 状态寄存器的状态字格式及定义

状态寄存器和命令寄存器是同一地址。状态寄存器只能读出不能写入，也就是说，状态字只能通过指令"MOVX A，@DPTR"或"MOVX A，@Ri"来读出，以此来了解 8155 的工作状态。

4. I/O 口的工作方式

当使用 8155 的三个 I/O 端口时，它们可以工作于不同的方式，工作方式的选择取决于写入的控制字，如图 7-23 所示。其中，A、B 口可以工作于基本 I/O 方式或选通 I/O 方式，C 口可工作于基本 I/O 方式，也可以作为 A、B 选通方式时的控制联络线。

方式 1、2 时，A、B、C 口都工作于基本 I/O 方式，可以直接和外设相连，采用"MOVX"类的指令进行输入/输出操作。

方式 3 时，A 口为选通 I/O 方式，由 C 口的低三位作为联络线，其余位作为 I/O 线；B 口为基本 I/O 方式。

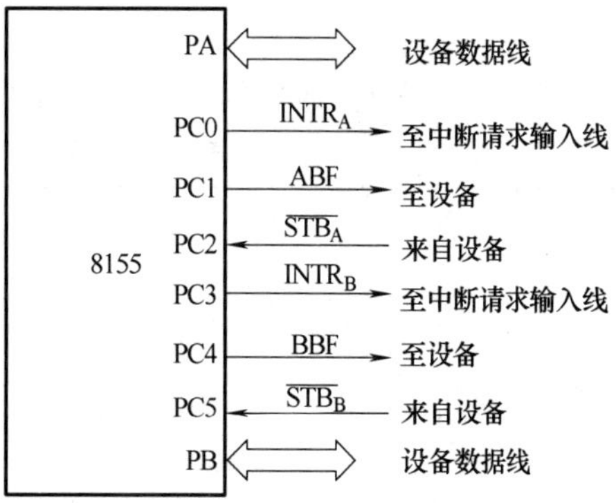

方式 4 时，A、B 口均为选通 I/O 方式，C 口作为 A、B 口的联络线。其逻辑组态如图 7-25 所示。

图 7-25 8155 方式 4 时的逻辑组态

8155 芯片 I/O 口各工作方式下各口线的用途见表 7-6。

表 7-6 8155 I/O 口各工作方式下各口线的用途

工作方式		方式 1	方式 2	方式 3	方式 4
控制位 PC2、PC1		00	11	01	10
PA 口工作方式		基本 I/O	基本 I/O	选通 I/O	选通 I/O
PB 口工作方式		基本 I/O	基本 I/O	基本 I/O	选通 I/O
PC 各口线工作	PC0	输入	输出	$INTR_A$	$INTR_A$
	PC1	输入	输出	ABF	ABF
	PC2	输入	输出	$\overline{STB_A}$	$\overline{STB_A}$
	PC3	输入	输出	输出	$INTR_B$

(续)

工作方式		方式1	方式2	方式3	方式4
PC各口线工作	PC4	输入	输出	输出	BBF
	PC5	输入	输出	输出	$\overline{STB_B}$

5. 作定时器/计数器使用

8155 的可编程定时器/计数器是一个 14 位的减法计数器，在 TIMER IN 端输入计数脉冲，计满时由 TIMER OUT 输出脉冲或方波，输出方式由定时器/计数器高 8 位寄存器中的 M2、M1 两位来决定。当 TIMER IN 接外脉冲时为计数方式，接系统时钟时为定时方式，实际使用时一定要注意芯片允许的最高计数频率。

定时器/计数器的初始值和输出方式由高、低 8 位寄存器的内容决定，初始值 14 位，其余两位定义输出方式。其中，低 8 位寄存器存放计数初始值的低 8 位，高 8 位寄存器的格式如图 7-26 所示。

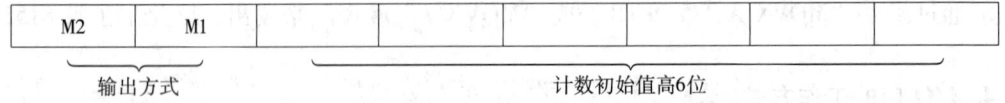

图 7-26 8155 定时器/计数器高 8 位寄存器格式

（1）定时器/计数器的输出方式及波形 定时器/计数器的输出方式及波形见表 7-7。

表 7-7 8155 定时器/计数器的输出方式及波形

M2	M1	方 式	波 形
0	0	在一个计数周期输出单次方波	
0	1	连续方波	
1	0	在计满回 0 后输出的单个脉冲	
1	1	连续脉冲	

（2）定时器/计数器的工作 8155 对内部定时器/计数器的控制是由 8155 控制字的 D7、D6 位决定的（见图 7-23），8155 对内部定时器/计数器的控制情况总结见表 7-8。

表 7-8 8155 对内部定时器/计数器的控制情况

8155 命令寄存器的控制字		定时器/计数器的工作情况
D7	D6	
0	0	无操作，即不影响定时器/计数器的工作
0	1	立即停止定时器/计数器的计数
1	0	定时器/计数器计满回 0 后停止计数
1	1	若定时器/计数器不工作，则开始计数；若定时器/计数器正在计数，则计满回 0 后按新输入的长度值开始计数

（3）定时器/计数器应用实例　8155 在应用时，通常是先送计数长度和输出方式的两个字节，然后送控制字到命令寄存器，控制定时器/计数器的启停。

例如：编写 8155 定时器/计数器作 100 分频器的程序。设 8155 命令寄存器的地址为 0000H，定时器/计数器低位字节寄存器的地址为 0004H，定时器/计数器高位字节寄存器的地址为 0005H。

编程如下：

```
    ORG   1000H
    MOV   DPTR, #0004H      ;指向定时器/计数器低位字节寄存器地址
    MOV   A, #64H
    MOVX  @DPTR, A；         装入定时器/计数器初值低 8 位值
    INC   DPTR              ;指向定时器/计数器高位字节寄存器地址
    MOV   A, #40H
    MOVX  @DPTR, A          ;设定定时器/计数器输出方式为连续方波
    MOV   DPTR, #0000H      ;指向命令寄存器地址
    MOV   A, #0C0H
    MOVX  @DPTR, A          ;装入控制字，开始计数
    SJMP  $
```

6. MCS-51 单片机和 8155 的接口

MCS-51 和 8155 的接口非常简单，因为 8155 内部有一个 8 位地址锁存器，故无需外接锁存器。在二者的连接中，8155 的地址译码即片选端$\overline{CE}$可以采用线选法、全译码等方法，与 8255 类似。在整个单片机应用系统中要考虑与片外 RAM 及其他接口芯片的统一编址。图 7-27 所示为一个连接实例。

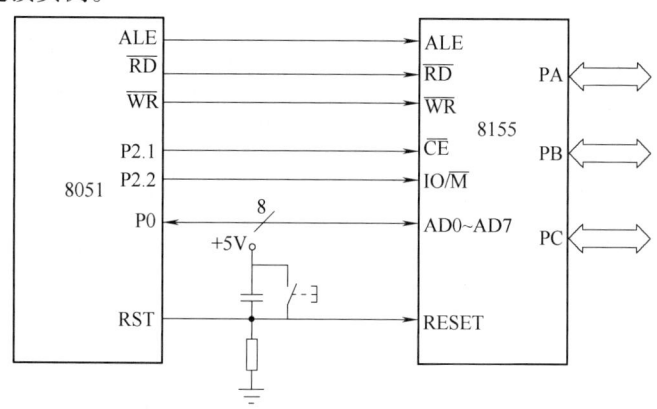

图 7-27　8155 和 8051 的接口电路

根据上述 IO/$\overline{M}$、$\overline{CE}$的连接关系，可以确定地址见表 7-9。

此时，8155 内部 RAM 的地址范围为：0000H ~ 00FFH，8155 各端口的地址（设无关位为 0，这些地址都不是唯一的）为

命令/状态口：0400H

A 口：0401H

B 口：0402H

C 口：0403H

定时器/计数器低位字节：0404H

定时器/计数器高位字节：0405H

表 7-9 8155 内部 RAM 和 I/O 接口连接地址的确定

接口单元	连接地址位															
8051	A15	A14	A13	A12	A11	A10	A9	A8	A7	A6	A5	A4	A3	A2	A1	A0
	P2.7	P2.6	P2.5	P2.4	P2.3	P2.2	P2.1	P2.0	P0.7	P0.6	P0.5	P0.4	P0.3	P0.2	P0.1	P0.0
8155						IO/$\overline{M}$	$\overline{CE}$		AD7 ~ AD0							
RAM	×	×	×	×	×	0	0	×	0	0	0	0	0	0	0	0
									...							
									1	1	1	1	1	1	1	1
I/O 口	×	×	×	×	×	1	0	×	×	×	×	×	0	0	0	0
									...							
									×	×	×	×	×	1	0	1

例 7-2 MCS-51 直接与 8155 相连，如图 7-28 所示。设 A 口与 C 口为输入口，B 口为输出口，均为基本 I/O。定时器/计数器输出为连续方波，对输入脉冲进行 24 分频。试编写 8155 的初始化程序。

如图 7-28 所示，8155 的 RAM 和各端口地址：RAM 的地址，0000H ~ 00FFH；命令寄存器，0200H；A 口，0201H；B 口，0202H；C 口，0203H；定时器/计数器低位：0204H，定时器/计数器高位：0205H。

控制字各位可选取为 PA = 0，PB = 1，PC2PC1 = 00，IEA = 0，IEB = 0，TM2TM1 = 11。即控制字为 11000010B = C2H。

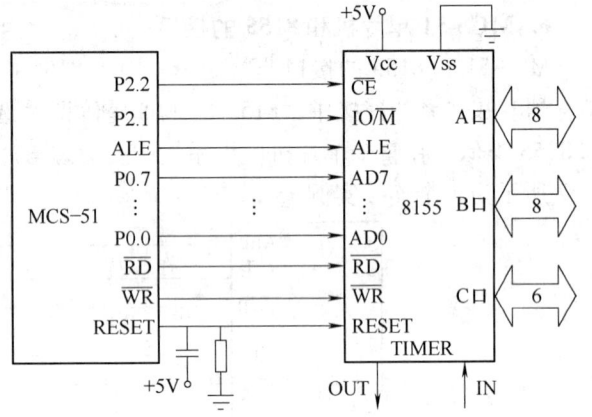

图 7-28 8155 和 MCS-51 的接口电路

初始化程序：

```
MOV    DPTR, #0204H        ;指向定时器/计数器的低 8 位
MOV    A, #18H             ;设置定时器/计数器低 8 位的值
MOVX   @DPTR, A            ;写入定时器/计数器低 8 位
INC    DPTR                ;指向定时器/计数器的高位
MOV    A, #40H             ;设置定时器/计数器的高位中后 6 位及最高两
                            位（决定输出波形）的值
MOVX   @DPTR, A            ;写入高位的值
MOV    DPTR, #0200H        ;指向命令寄存器
```

	MOV	A，#C2H	；取 8155 的控制字
	MOVX	@DPTR，A	；写入控制字

例 7-3 采用如图 7-28 所示的电路，从 8155 的 A 口输入数据，并进行判断：若不为 0，则将该数据存入 8155 的 RAM（从起始单元开始，数据总数不超过 256 个），同时从 B 口输出，并将 PC0 置 "1"；若为 0，则停止数据输入，试编写程序。

程序如下：

	MOV	DPTR，#0200H	；指向命令寄存器
	MOV	A，#06H	；设置控制字
	MOVX	@DPTR，A	；写入控制字
	MOV	R0，#00H	；指向 8155 的 RAM 首址
	MOV	R1，#00H	；数据总数 256 个
LP1：	MOV	DPTR　#0201H	；指向 A 口
	MOVX	A，@DPTR	；从 A 口读入数据
	JZ	LP3	；为 0 则转
	MOVX	@R0，A	；存入 RAM 单元
	INC	R0	；指向下一单元
	INC	DPTR	；指向 B 口
	MOVX	@DPTR，A	；B 口输出
	INC	DPTR	；指向 C 口
	MOVX	A，@DPTR	；C 口读入
	SETB	ACC.0	；使 PC0=1
	MOVX	@DPTR，A	；回送
	DJNZ	R1，LP1	；未完则继续
LP2：	SJMP	$	；暂停
LP3：	MOV	DPTR，#0203H	；指向 C 口
	MOVX	@DPTR，A	；回送
	SJMP	LP2	

7.3 键盘和显示接口

在单片机应用系统的开发过程中，常常需要配接键盘、显示器等人机接口外围设备。

7.3.1 键盘接口工作原理

在单片机应用系统中，常用键盘作为输入设备，通过它将数据、内存地址、命令及指令等输入到系统中，来实现简单的人机通信。

键盘是一组按键的组合，通常由数据键和功能键组成。计算机所用的键盘有编码键盘和非编码键盘两种。

编码键盘采用硬件电路来实现键的编码，每按下一个键，键盘就能自动产生键代码，且具有去除抖动等功能。这种键盘使用方便，但需要较多的硬件，价格较贵，一般的单片机应用系统较少采用。

非编码键盘仅提供键的开关状态，依靠程序来识别闭合按键、去除抖动、产生键的代码并转入执行该键的处理等功能。因此，非编码键盘硬件电路简单、成本低，但占用 CPU 的时间较长。目前在单片机应用系统中多采用这种键盘。下面主要讨论非编码键盘接口。

1. 按键输入原理

在单片机应用系统中，除了复位键有专门的复位电路及专一的复位功能外，其他按键都是以开关状态来设置控制功能或输入数据的。当所设置的功能键或数字键被按下时，计算机应用系统应完成该按键所设定的功能。

其过程是，首先 CPU 采用查询或中断方式了解有无键输入并检查是哪一个键被按下，然后将该键号送入累加器 A，再通过散转指令 JMP @ A + DPTR 转入执行该键的功能程序，执行完后返回到主程序。

2. 按键开关的去除抖动功能

目前，MCS-51 单片机应用系统上的按键常采用机械触点式按键，它在断开、闭合时输入电压波形如图 7-29 所示。可以看出机械触点在闭合及断开瞬间均有抖动过程，时间长短与开关的机械特性有关，一般为 5~10ms。抖动会造成被查询的开关状态无法准确读出。例如，对于一次按键产生的正确开关状态，由于键的抖动，CPU 多次采集到低电平信号，会误认为按键被多次按下，就会多次进行键输入操作，这是不允许的。为了保证 CPU 对键的一次闭合仅在按键稳定时做一次键输入处理，必须消除按键过程中产生的前沿和后沿的抖动影响。

通常消除抖动影响的方法有硬件、软件两种。在按键较少时，可采用硬件方法消除抖动。如图 7-30 所示，在键输出端加 RS 触发器构成消除抖动电路，可确保每按下一次键，只会产生一次低电平输出。

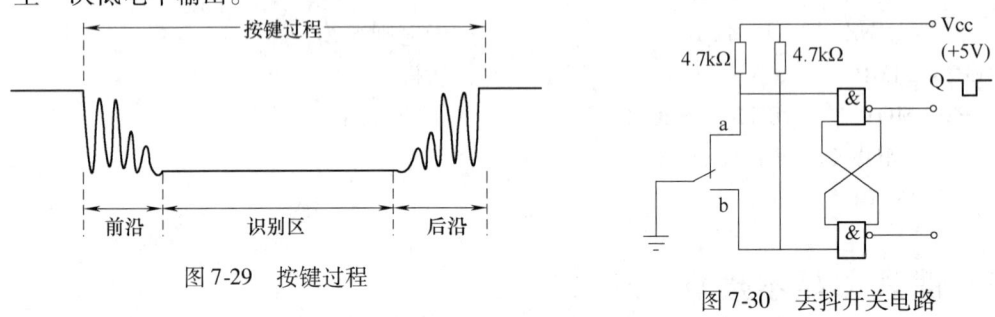

图 7-29　按键过程　　　　　　　　　　图 7-30　去抖开关电路

在按键较多时，可采用软件方法消除抖动。根据按键的抖动时间为 5~10ms、稳定闭合时间一般为十分之几秒至几秒的特点，采用软件消除抖动的方法是：在检测到有键按下时，执行一个 10ms 左右的延时程序后，再确认该键电平是否仍保持闭合状态电平，若仍保持为闭合状态电平，则确认该键处于闭合状态，这实际上是避开了按键按下时的抖动时间。同理，在检测到该键释放后，也应采用相同的步骤进行确认，从而可消除抖动的影响。

3. 键盘控制程序应完成的功能

1) 监测有无键按下。

2) 有键按下后，在无抖动消除电路的情况下，应用软件延时方法消除抖动影响。

3) 有可靠的逻辑处理办法。每次只处理一个按键，其间任何按下又松开的键对其不产生影响，不管一次按键持续有多长时间，仅执行一次按键功能程序。

4）输出确定的键号以满足散转指令的要求。

7.3.2 单片机对非编码键盘的控制方式

1. 独立式键盘的接口电路及编程

（1）独立式键盘的接口电路　在单片机应用系统中，有时只需要几个简单的按键向系统输入信息。这时，可将每个按键直接接在一根 I/O 口线上，这种连接方式的键盘称为独立式键盘。如图 7-31 所示，每个独立式按键单独占用一根 I/O 口线，每根 I/O 口线的工作状态不会影响到其他 I/O 口线。这种按键接口电路配置灵活，硬件结构简单，但每个按键必须占用一根 I/O 口线，按键较多时 I/O 口线浪费较大。故只在按键数量不多时采用这种按键电路。

在此电路中，按键输入都采用低电平有效。上拉电阻保证了按键断开时 I/O 口线有确定的高电平。当 I/O 口内部有上拉电阻时，外电路可以不配置上拉电阻。

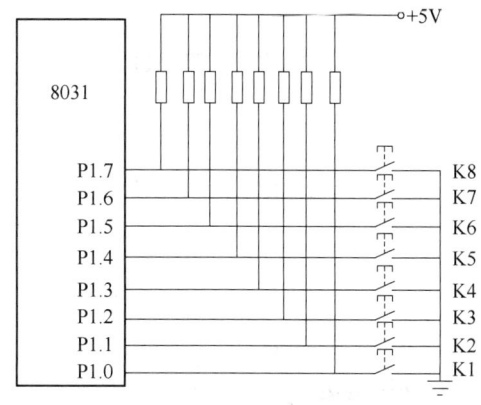

图 7-31　独立式键盘电路

（2）独立式键盘的编程　独立式键盘的编程常采用查询式结构。先逐位查询每根 I/O 口线的输入状态，如某一根 I/O 口线输入为低电平，则可确认该 I/O 口线所对应的按键已按下，然后，再转向该键的功能处理程序。程序如下：

```
START:  MOV    A, P1            ；读入键盘状态
        MOV    R0, A            ；保存键盘状态值
        LCALL  DL10ms           ；延时 10ms 消抖
        MOV    A, P1            ；再读键盘状态
        CJNE   A, R0, RETN      ；再次结果不同，说明是抖动引起，转 RETN
        CJNE   A, #0FEH, KEY2   ；K1 键未按下，转 KEY2
        LJMP   PRO1             ；K1 键按下，转 PRO1 处理程序
KEY2:   CJNE   A, #0FDH, KEY3   ；K2 键未按下，转 KEY3
        LJMP   PRO2             ；K2 键按下，转 PRO2 处理
KEY3:   CJNE   A, #0FBH, KEY4   ；K3 键未按下，转 KEY4
        LJMP   PRO3             ；K3 键按下，转 PRO3 处理
KEY4:   CJNE   A, #0F7H, KEY5   ；K4 键未按下，转 KEY5
        LJMP   PRO4             ；K4 键按下，转 PRO4 处理
KEY5:   CJNE   A, #0EFH, KEY6   ；K5 键未按下，转 KEY6
        LJMP   PRO5             ；K5 键按下，转 PRO5 处理
KEY6:   CJNE   A, #0DFH, KEY7   ；K6 键未按下，转 KEY7
        LJMP   PRO6             ；K6 键按下，转 PRO6 处理
KEY7:   CJNE   A, #0BFH, KEY8   ；K7 键未按下，转 KEY8
```

	LJMP	PRO7	;K7 键按下，转 PRO7 处理
KEY8：	CJNE	A, #7FH, RETN	;K8 键未按下，转 RETN
	LJMP	PRO8	;K8 键按下，转 PRO8 处理
RETN：	JMP	START	;重键或无键按下，不处理返回
DL10ms：	…		;延时程序略
PRO1：	…		;K1 键功能程序
	…		
	LJMP	START	;K1 键执行完返回
PRO2：	…		;K2 键功能程序
	…		
	LJMP	START	;K2 键执行完返回
	⋮		
PRO8：	…		;K8 键功能程序
	…		
	LJMP	START	;K8 键执行完返回

2. 行列式键盘

独立式按键电路的每一个按键开关占一根 I/O 口线，当按键数较多时，为减少占用 I/O 口线数量，通常采用行列式键盘（又称矩阵式键盘）。

（1）行列式键盘结构　行列式键盘的每条行线与列线在交叉处不直接相通，而是通过一个按键加以连接。如图 7-32 所示，这个键盘为 4 行×4 列，共连接了 4×4=16 个键，占用 4+4=8 条 I/O 口线。显然，在按键数量较多时，矩阵式键盘比独立式按键键盘要节省很多 I/O 口线。

当键盘中无任何按键被按下时，所有的行线和列线被断开，相互独立。若有任意一键闭合，则该键对应的行线与列线相通。各行线通过上拉电阻接至 +5V 电源，使 X0 ~ X3 被钳位在高电平状态。

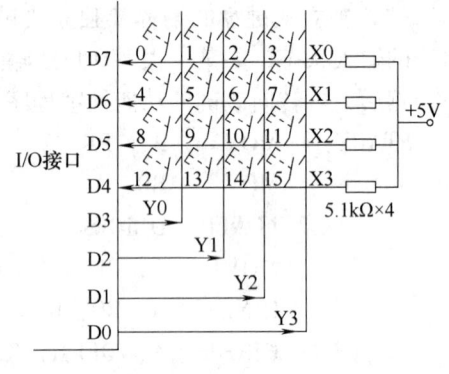

图 7-32　行列式键盘原理电路

（2）按键的识别　键的识别就是判断键盘中是否有键按下，若有键按下则确定其所在的行列位置。通常采用逐行（或逐列）扫描查询法识别。具体识别过程如下：

1）判别键盘上有无键闭合。将全部列线 Y0 ~ Y3 输出置低电平，然后检测行线 X0 ~ X3 的电平状态，若键盘上行线全为高电平，则键盘上没有闭合键；若 X0 ~ X3 中有一行为低电平，则表示键盘中有键处于闭合状态。例如，当键 6 被按下时，X0 ~ X3 为 1011，表示 X1 这一行有一个键按下。但此时还不能判断出是哪一个键按下，因为这一行中的 4、5、6、7 四个键中的任一个按下都会使 X1 这一行为低电平。

2）判别闭合键所在位置。依次轮流使列线 Y0 ~ Y3 中的一列输出低电平，其他三列为高电平，再相应地顺次读 X0 ~ X3 的电平状态，若某行为低电平，则该行与置为低电平的列线相交叉处的按键即为闭合的按键。下面再来看键 6 是如何被判断出来的，首先让 Y0 列输出低电平，即 Y0 ~ Y3 输出 0111，读 X0 ~ X3 为 1111；然后使 Y1 列输出低电平，即 Y0 ~

Y3 输出 1011，读 X0～X3 为 1111；再让 Y2 列输出低电平，Y0～Y3 输出 1101，此时读 X0～X3 为 1011，所以可以判断出被按下的键是 X1 行、Y2 列交叉处的键，即键 6。

3. 键盘的工作方式

对键盘的响应取决于键盘的工作方式，键盘的工作方式应根据实际应用系统中 CPU 的工作状况而定，其选取的原则是既要保证 CPU 能及时响应按键操作，又不要过多占用 CPU 的工作时间。通常键盘的工作方式有三种：编程扫描、定时扫描和中断扫描。

（1）编程扫描工作方式　编程扫描工作方式是利用 CPU 在完成其他工作的空余时间调用键盘扫描子程序来响应键输入要求。在执行键功能程序时，CPU 不再响应键输入要求。

键盘扫描子程序一般应具备下述几个功能：

1）判别有无键按下。
2）去除键的机械抖动。
3）判断闭合键的键号。
4）判断闭合键是否释放，如没释放则继续等待。
5）将闭合键键号保存，同时转去执行该闭合键的功能。

下面通过由 8155 扩展 I/O 口组成的行列式键盘来说明如何编写键盘扫描子程序。图 7-33 所示为一个 4×8 矩阵键盘电路，键盘采用编程扫描的方式工作。

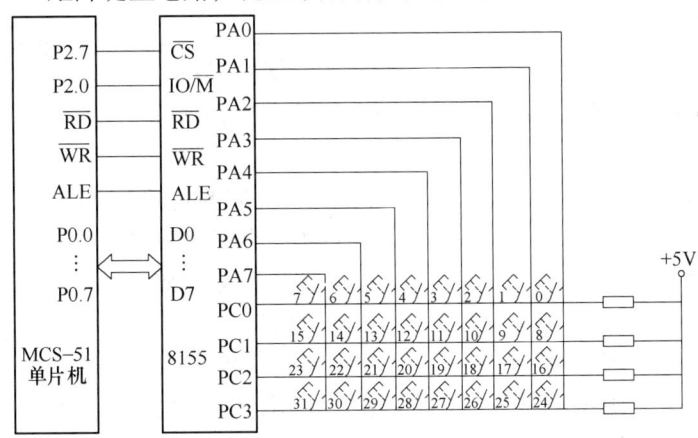

图 7-33　由 8155 扩展 I/O 口组成的行列式键盘电路

键盘扫描子程序应完成如下几个功能：

1）判断键盘上有无键按下。使 A 口输出全扫描字 00H（即置所有的列线为低电平），然后读 C 口状态。若 PC0～PC3 全为 1，则键盘无键按下；若不全为 1，则表示有键按下。

2）去除键的机械抖动。当判别到键盘上有键闭合后，可采用软件延迟一段时间（一般为 10ms）再判别键盘的状态，若仍为有键闭合状态，则认为键盘上有一个确定的键被按下，否则认为是键的抖动。

3）判断闭合键的键号。对键盘列线进行扫描，从 A 口依次输出扫描字 FEH、FDH、FBH、F7H、EFH、DFH、BFH、7FH（即依次使 PA0～PA7 这 8 条列线输出低电平）。每次扫描时读取行线 PC0～PC3 的值。若其中某行为 0，则这行有键闭合。

闭合按键的键号按照行首键号与列号相加的办法处理，即每行的行首键号给以固定编号，依次为 0、8、16、24，列号依列线顺序为 0~7。根据闭合按键所在的行、列即可求出该键的键号。如 A 口输出扫描字 FBH（11111011B），若检测到 PC2 = 0，则闭合键的键号是：行首键号（16）+ 列号（2）= 18。

4）判别闭合的键是否被释放。键闭合一次仅进行一次键功能操作。键闭合时不作任何操作，而是判断键是否释放。等键释放后再将键值送入累加器 A 中，然后执行键功能操作。

键盘扫描子程序的流程图如图 7-34 所示。

设在主程序中已把 8155 初始化为 A 口作为基本输出口，输出 8 位列扫描信号。C 口作为基本输入口，输入低 4 位行扫描信号。8155 的 $\overline{RD}$、$\overline{WR}$ 分别与单片机的 $\overline{RD}$、$\overline{WR}$ 相连，IO/$\overline{M}$ 与 P2.0 相连，$\overline{CS}$ 与 P2.7 相连。由此可确定 8155 的口地址如下：

1）命令/状态口：7FF8H（未用口线规定为 1）。
2）A 口：7FF9H。
3）B 口：7FFAH。
4）C 口：7FFBH。

键盘扫描子程序如下，程序中"KS"为查询有无按键按下子程序，"DL6ms"为延时 6ms 子程序，R2 用于存放扫描字，R4 存放列号。

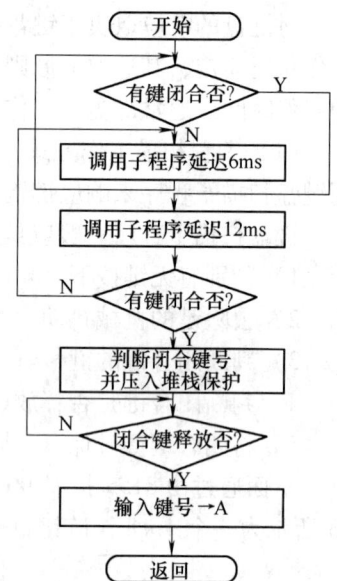

图 7-34 键盘扫描子程序的流程图

KEY:	ACALL	KS	；调用 KS 判断是否有键按下
	JNZ	K1	；A≠0，有键按下则转移
	ACALL	DL6ms	；无键按下则调延时子程序
	AJMP	KEY	；延时后返回
K1:	ACALL	DL6ms	；调延时子程序
	ACALL	DL6ms	；二次调延时子程序，延时 12ms
	ACALL	KS	；调用 KS 子程序再次判断有无键闭合
	JNZ	K2	；键按下，A≠0，转逐列扫描
	AJMP	KEY	；A = 0，误读键，返回
K2:	MOV	R2, #0FEH	；首列扫描字送 R2
	MOV	R4, #00H	；首列号送 R4
K3:	MOV	DPTR, #7FF9H	；A 口地址送 DPTR
	MOV	A, R2	
	MOVX	@DPTR, A	；列扫描字送 8155 A 口
	INC	DPTR	
	INC	DPTR	；指向 8155 C 口
	MOVX	A, @DPTR	；读取行扫描值
	JB	ACC.0, L1	；第 0 行无键按下，转查第 1 行
	MOV	A, #00H	；第 0 行有键按下，该行的行首键号#00H 送 A

	AJMP	LK	;转求键号
L1：	JB	ACC.1，L2	;第1行无键按下,转查第2行
	MOV	A，#08H	;第1行有键按下,该行行首键号#08H送A
	AJMP	LK	;转求键号
L2：	JB	ACC.2，L3	;第2行无键按下,转查第3行
	MOV	A，#10H	;第2行有键按下,该行的行首键号#10H送A
	AJMP	LK	;转求键号
L3：	JB	ACC.3，NEXT	;第3行无键按下,改查下一列
	MOV	A，#18H	;第3行有键按下,该行的行首键号#18H送A
LK：	ADD	A，R4	;形成键码送入A
	PUSH	ACC	;键号压入堆栈保护
K4：	ACALL	DL6ms	;调延时子程序
	ACALL	KS	;等待键释放
	JNZ	K4	;未释放,等待
	POP	ACC	;键释放,出栈键码送ACC
	RET		;键扫描结束,返回
NEXT：	INC	R4	;修改列号
	MOV	A，R2	
	JNB	ACC.7，KEY	;第7位为0,已扫描完最高列转KEY
	RL	A	;未扫描完,扫描字左移一位,变为下列扫描字
	MOV	R2，A	;扫描字暂存R2
	AJMP	K3	
KS：	MOV	DPTR，#7FF9H	;A口地址送DPTR
	MOV	A，#00H	
	MOVX	@DPTR，A	;全扫描字#00H送A口
	INC	DPTR	
	INC	DPTR	;指向C口
	MOVX	A，@DPTR	;读入C口行状态
	CPL	A	;变正逻辑,以高电平表示有键按下
	ANL	A，#0FH	;屏蔽高4位
	RET		;出口状态:A≠0时有键按下
DL6ms：…			;延时程序略

在配有键盘的应用系统中,一般都相应地配有显示器。因而,在系统初始化后,CPU必须反复不断地轮流调用扫描式显示子程序和键盘输入子程序。在识别有键闭合后,执行规定的操作再重新进入上述循环。

(2) 定时扫描工作方式　定时扫描工作方式就是每隔一段时间对键盘扫描一次,它利用单片机内部的定时器产生一定时间(如10ms)的定时,当定时时间到就产生定时器溢出中断。CPU响应中断后对键盘进行扫描,并在有键按下时识别出该键,再执行该键的功能程序。定时扫描工作方式的硬件电路与编程扫描工作方式的相同。

（3）中断扫描工作方式　采用上述两种键盘扫描方式时，无论是否按键，CPU 都要定时扫描键盘，而单片机应用系统工作时，并非经常需要用键盘输入，因此，CPU 经常处于空扫描状态。

为了提高 CPU 的工作效率，可采用中断扫描工作方式。即无键按下时，CPU 处理自己的工作；当有键按下时，产生中断请求，CPU 转去执行键盘扫描子程序，并识别键号。

中断扫描工作方式的一种简易键盘接口电路如图 7-35 所示。图中接有一个四输入端与门，其输入端分别与各列线相连，输出端接单片机外部中断输入 $\overline{INT0}$。初始化时，使键盘行输出口全部置零。当有键按下时，$\overline{INT0}$ 端为低电平，向 CPU 发出中断申请，若 CPU 开放外部中断，则响应中断请求，进入中断服务程序。在中断服务程序中先保护现场，然后执行前面讨论的扫描式键盘输入子程序，最后恢复现场并返回。

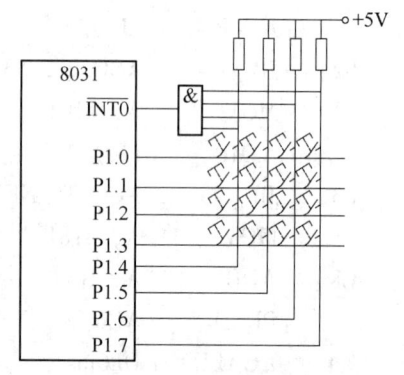

图 7-35　中断扫描工作方式键盘接口电路

7.3.3　七段 LED 显示工作原理

LED（Light Emitting Diode）是发光二极管的缩写。LED 显示器是由发光二极管显示字段的。单片机应用系统常采用七段 LED 数码管作为显示器，这种显示器具有耗电低、配置灵活、电路简单、安装方便、耐振动、价格低廉且寿命长等优点，因此应用较广泛。

1. 七段 LED 数码管结构

七段 LED 数码管构成"日"字形，还有一只发光二极管作为小数点。因此，这种七段数码管又可称为八段数码管。如图 7-36a 所示，这八段发光管分别称为 a、b、c、d、e、f、g 和 dp。通过八个发光段的不同组合，可以显示 0～9 和 A～F 等数字或字母，从而可以实现十六进制整数和小数的显示。LED 数码管可以分为共阴极和共阳极两种结构。

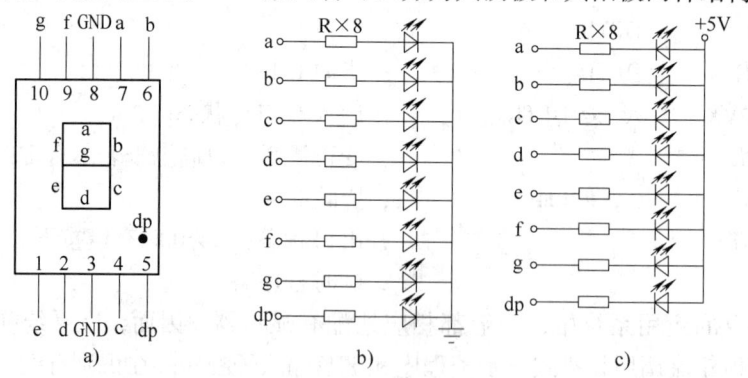

图 7-36　七段 LED 数码管
a）引脚配置　b）共阴极　c）共阳极

（1）共阴极结构　如果所有的发光二极管的阴极接在一块，称为共阴极结构，则数码显示段输入高电平有效，当某段输入高电平时该段便发光，如图 7-36b 所示。

（2）共阳极结构 如果所有的发光二极管的阳极接在一块，称为共阳极结构，则数码显示段输入低电平有效，当某段接通低电平时该段便发光，如图 7-36c 所示。

七段 LED 数码管与单片机的接口很简单，只需将一个 8 位并行 I/O 口与数码管的各发光二极管引脚相连。若要显示某字形，只要使此字形的相应字段点亮即可，实际就是送一个用不同电平组合代表的数据至数码管。这种送入数码管中显示字形的数据称字形码，又称段选码。图 7-37 所示为一个共阳极数码管接至单片机的电路，要想显示数字"7"，须 a、b、c 三个显示段发光（即这三个字段为低电平），只要在 P1 口输出 11111000B（F8H）即可，F8H 即为数字 7 的段选码。数字"7"字形与段选码的关系见表 7-10。

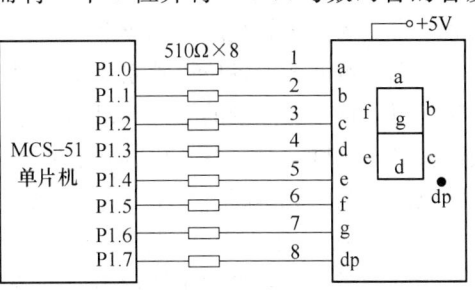

图 7-37 共阳极 LED 数码管与单片机的接口电路

表 7-10 数字"7"字形与段选码的关系

数据位	D7	D6	D5	D4	D3	D2	D1	D0
LED 段	dp	g	f	e	d	c	b	a
段选码	1	1	1	1	1	0	0	0

显示字符 0~9 和 A~F 与显示段选码的关系见表 7-11。通常显示段选码存放在程序存储器中的固定区域中，构成显示段选码表。当要显示某字符时，通过查表指令获取该字符所对应的段选码。

表 7-11 七段 LED 的段选码表

显示字符	共阴极段码	共阳极段码	显示字符	共阴极段码	共阳极段码
0	3FH	C0H	A	77H	88H
1	06H	F9H	B	7CH	83H
2	5BH	A4H	C	39H	C6H
3	4FH	B0H	D	5EH	A1H
4	66H	99H	E	79H	86H
5	6DH	92H	F	71H	8EH
6	7DH	82H	熄灭	00H	FFH
7	07H	F8H			
8	7FH	80H			
9	6FH	90H			

2. 七段 LED 数码管的显示方式

在单片机应用系统中，常需要用几个数码管实现多位显示。在构成多位 LED 显示时，点亮数码管的方式有静态显示和动态显示两种。

（1）静态显示方式 LED 的静态显示是指当数码管显示某一字符时，相应段的发光二极管处于恒定地导通或截止状态，直到需要显示另一个字符为止。

数码管工作在静态显示方式下，共阴极或共阳极点连接在一起，若为共阴极，则接地；

若为共阳极，则接 +5V 电源。每位的段选线与一个 8 位并行口相连。只要在该位的段选线上保持段选码电平，该位就能保持相应的显示字符。数码管中的各位相互独立，而且各位的显示字符一经确定，相应的输出将维持不变，直到显示另一个字符为止。也正因为如此，静态显示方式的数码管亮度都比较高。

静态显示方式的各位可独立显示。由于各位分别由一个 8 位 I/O 口控制段选码，故在同一时间里，每一位显示的字符可以各不相同。对于这种显示方式的接口，用较小的电流即可获得较高的亮度，且占用 CPU 时间少，编程简单，便于监测和控制；但其占用的口线多，硬件电路复杂，成本高，只适合于显示位数较少的场合。在实际应用中常采用动态显示方式。图 7-38 所示为 8031 通过 8255 扩展 I/O 口控制的三位静态 LED 显示接口电路，图中 LED 为共阳极。如果显示位数较多，可再增加 8255 或其他并行输出口。

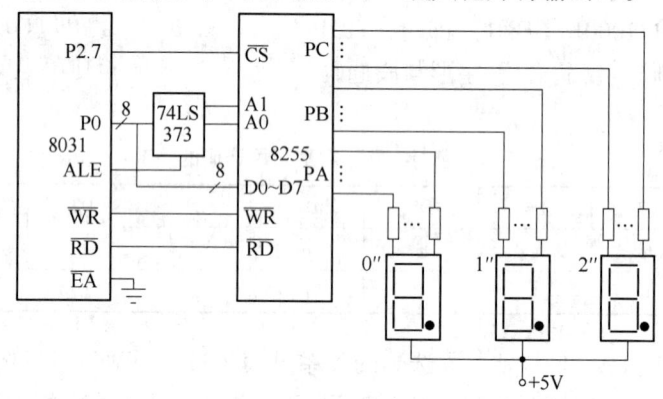

图 7-38　8031 通过 8255 扩展 I/O 口控制的三位静态 LED 显示接口电路

（2）LED 动态显示接口　LED 动态显示就是利用单片机依次输出每一位数码管的段选码和对应于该位数码管的位选控制信号，一位一位轮流点亮各七段数码管。对每位数码管来说，每隔一段时间点亮一次，如此循环。利用人眼的"视觉暂留"效应，只要每位显示间隔足够短就可以给人以同时显示的感觉。在动态显示方式中，同一时刻，只有一位 LED 数码管在显示，其他各位是关闭的。在段选码和位选码每送出一次后，应保持 1ms 左右，这个时间应根据实际情况而定。保持的时间不能太短，因为发光二极管从导通到发光有一定的延时，如导通时间太短，发光太弱，人眼无法看清；但也不能太长，因为毕竟要受限于临界闪烁频率，而且此时间越长，占用 CPU 时间也越多。

采用动态显示方式比较节省 I/O 口，硬件电路也较静态显示方式简单，但其亮度不如静态显示方式，而且在显示位数较多时，CPU 要依次扫描，占用 CPU 较多的时间。

用 MCS-51 单片机构建七段数码管动态显示系统时，常采用 8155 扩展接口，并利用 8155 的 I/O 口控制数码管的段选码和位选码，同时，采用动态扫描方式依次循环点亮各位数码管，即可构成多位动态显示电路，其典型应用如图 7-39 所示。图中 8155 作为扩展 I/O 口，六位数码管均采用共阳极 LED，A 口作为段选码输出口，采用 74LS244 总线驱动器作为字形驱动芯片，经过 8 路驱动电路后接至数码管的各段，字形驱动输出 0 时相应的段发光。C 口作为位选码输出口，6 路驱动采用 74LS07（OC 门驱动器），当 C 口线输出 1 时，选通相应位的数码管工作。

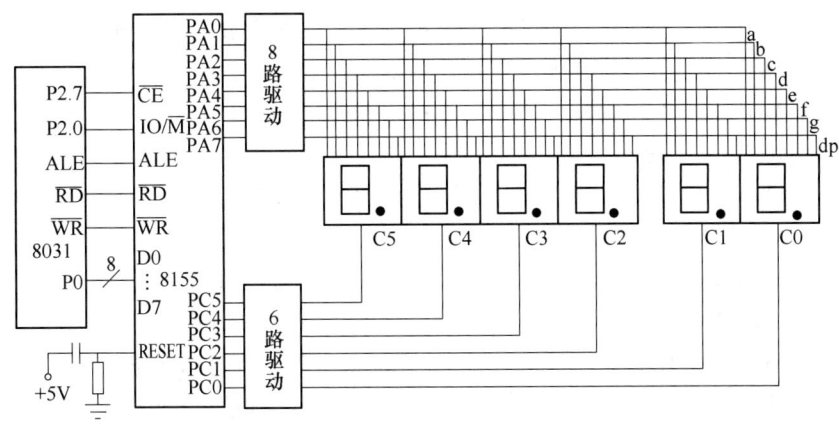

图 7-39 多位动态扫描式显示电路

7.3.4 动态显示程序设计

如图 7-39 所示，试编写一段程序，实现六位数码管的动态显示。设计思路如下：工作时，对于 C 口 6 路位选信号，每次仅使一路输出为 1（其余 0），同时 A 口输出与选通的数码管相对应的段选码，即 C 口扫描输出位选码，A 口输出段选码。因此，8155 初始化时可将 A 口、C 口定义为基本输出；B 口未用，可定义为基本输入（或基本输出）。因不用 A、B 口中断，也不用定时器/计数器，故控制字为 01001101B（4DH）。采用定时器中断方式实现动态扫描，每隔 20ms 扫描一次，每位数码管点亮的时间为 1ms。以单片机内部 RAM 的 7AH ~ 7FH 单元作为显示数据缓冲区，六位数码管段选码的获取由查表程序完成。R0 存放显示数据的地址，R1 存放数码管的位选码。

由图示接法可知，8155 控制口地址为 7FF8H，A 口地址为 7FF9H，C 口地址为 7FFBH。动态显示子程序流程图如图 7-40 所示。显示子程序如下：

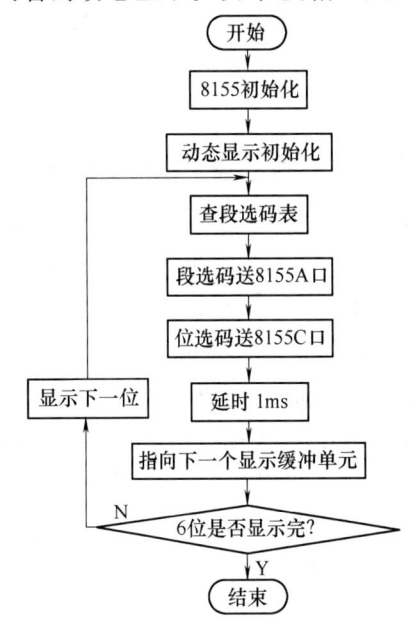

图 7-40 动态显示子程序流程图

```
DISPLAY: MOV   A, #4DH          ;8155 初始化，A 口、C 口定义为基本输出口
         MOV   DPTR, #7FF8H     ;指向 8155 控制口
         MOVX  @DPTR, A         ;将控制字送入控制寄存器
         MOV   R0, #7AH         ;指向显示数据缓冲区首地址
         MOV   R1, #01H         ;选中最右边数码管
         MOV   DPTR, #TAB       ;指向共阳极字形表首地址
L1:      MOV   A, @R0           ;通过 R0 间接寻址取显示数据
```

	MOVC	A，@A+DPTR	；查表获取显示数据的段选码
	MOV	DPTR，#7FF9H	；指向 8155A 口
	MOVX	@DPTR，A	；段选码送到 A 口
	INC	DPTR	
	INC	DPTR	；指向 8155C 口
	MOV	A，R1	
	MOVX	@DPTR，A	；位选码送到 C 口
	LCALL	DL1ms	；调延时 1ms 子程序
	INC	R0	；R0 指向下一待显示数据
	JB	ACC.5，L2	；判断是否已显示完 6 个数？是则转移
	RL	A	；未显示完，R1 指向下一个位
	MOV	R1，A	；位选信号存回 R1
	SJMP	L1	；跳去再显示下一个数
L2：	RETI		；6 个数已显示完，返回主程序
TAB：	DB C0H，F9H，A4H，B0H		；共阳极段选码表
	DB 99H，92H，82H，F8H		
	DB 80H，90H		
DL1ms：	…		；延时 1ms 子程序略

7.3.5　可编程键盘/显示接口 8279

8279 是 Intel 公司专为 8 位微处理器设计的通用可编程键盘/显示器接口芯片。其功能是接收来自键盘的输入数据并作预处理，完成数据显示的管理和数据显示器的控制。单片机应用系统采用 8279 管理键盘和显示器，软件编程极为简单，显示稳定，且减少了主机的负担。因此，8279 芯片在单片机应用系统设计中被广泛采用。

1. 8279 的内部结构

8279 的内部结构框图如图 7-41 所示，包括键盘输入和显示输出两个部分。键盘部分提供扫描方式，可以和 64 个按键阵列相连，能自动消除开关抖动，且具有几个键同时按下的保护功能。

显示部分按动态扫描方式工作。LED 显示器可以显示 8 位或 16 位。

8279 在结构上由六大部分组成，各部分电路作用如下：

1）I/O 控制和数据缓冲器。I/O 控制是利用 $\overline{CS}$、$\overline{RD}$、$\overline{WR}$ 等信号，控制数据的读/写，A0 决定读/写的内容。数据缓冲器是连接内、外总线的双向、三态缓冲器，用来传送 8279 和 CPU 之间的命令或数据。

2）控制和时序寄存器。控制和时序寄存器用于寄存键盘和显示器的工作方式，锁存操作命令，通过译码器产生相应的控制信号，使 8279 的各个部件完成相应的控制功能。

时序控制部分包含一个可编程的 5 位计数器，对 CLK 输入的时钟信号进行分频，产生 100kHz 的内部定时信号。外部输入时钟信号周期不小于 500ns。

3）扫描计数器。扫描计数器有两种输出方式：一种是编码方式，计数器以二进制方式计数，从扫描线 SL0~SL3 输出 4 位计数值，经外部译码器译码后，产生一个 16 选 1 的键盘

第 7 章 MCS-51 系统扩展与接口技术

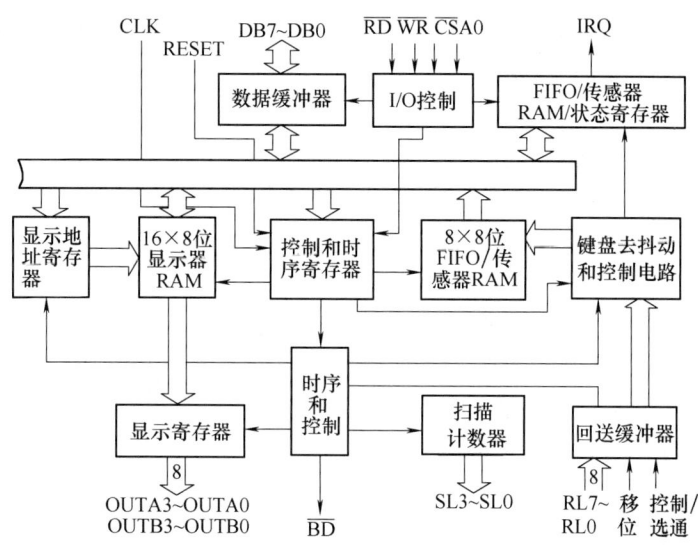

图 7-41 8279 的内部结构框图

和显示器扫描信号,此方式可以外接 16 位显示器和 8×8 键盘;另一种是译码方式,扫描计数器的低两位经内部译码后(4 选 1)从 SL0~SL3 输出,直接作为键盘和显示器的扫描信号。此时只能外接 4 位显示器和 4×8 键盘。

4)回送缓冲器、键盘去抖动和控制电路。回送缓冲器、键盘去抖动和控制电路主要完成对键盘的自动扫描,找到闭合键,锁存 RL0~RL7 的键输入信息,消除键的抖动,将键输入数据写入内部先进先出存储器(FIFO RAM)。

RL0~RL7 为回送信号线,作为键盘的检测输入线,由回送缓冲器缓冲并锁存。

在键盘工作方式中,RL0~RL7 被逐个检测,以找出在该行中闭合的键。当某一键闭合时,则延时等待 10ms,然后重新检测该键是否闭合。如果仍然闭合,那么该键附加的移位状态 SHIFT、控制状态 CNTL、扫描码和回送信号拼装成一个字节的键盘数据送入 8279 内部的 FIFO RAM。键盘数据格式见表 7-12。

表 7-12 键盘数据格式

D_7	D_6	D_5	D_4	D_3	D_2	D_1	D_0
CNTL	SHIFT	扫描计数器			回送线		

D7、D6 位分别为控制和换档功能,由两个独立的附加开关决定;D3~D5 来自扫描计数器,反映出被按下键的列值;D0~D2 来自回送线,反映出被按下键的行值。

5)FIFO/传感器 RAM 和状态寄存器。FIFO/传感器 RAM 是具有双功能的 RAM(8×8位)。在键盘工作方式时,它作为 FIFO RAM,依先进先出的规则输入或读出,其状态存放在 FIFO/传感器 RAM 和状态寄存器中。只要 FIFO RAM 不空,状态逻辑将置中断请求 IRQ=1。

6)显示地址寄存器及显示 RAM

①显示地址寄存器用来寄存当前正由 CPU 读/写显示的 RAM 地址,可由编程设定。也可以设置成每次读/写后自动递增或自动递减。

② 显示器 RAM（16×8 位）用来存储显示数据。在显示过程中，存储的显示数据轮流从显示寄存器输出。显示寄存器输出时分成 OUTA0 ~ OUTA3 和 OUTB0 ~ OUTB3 两组，两组可以单独送数，也可以组成一个 8 位的字节输出，该输出与位选扫描线 SL0 ~ SL3 配合就可以实现动态扫描显示。

2. 8279 的引脚功能介绍

8279 采用 +5V 电源供电，40 脚封装。引脚如图 7-42 所示。

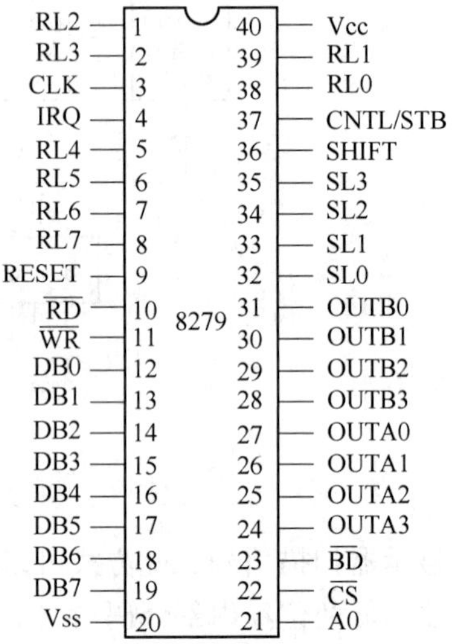

（1）与 CPU 总线接口部分　与 CPU 总线接口部分主要有：

1）DB0 ~ DB7：双向、三态数据总线，和系统数据总线相连；用于 CPU 和 8279 间的数据/命令传递。

2）$\overline{CS}$：片选信号线，低电平有效，表示 8279 被选中，允许 CPU 对其读、写。

3）$\overline{RD}$：读信号输入线，低电平有效，将从缓冲器读出的数据送往外部数据总线。

4）$\overline{WR}$：写信号输入线，低电平有效，将数据从外部数据总线写入 8279 缓冲器中。

5）IRQ：中断请求输出线，高电平有效。

6）RESET：复位输入线。当 RESET = 1 时，8279 复位。

7）A0 决定读/写的内容，A0 = 0 时，读出/写入均为数据；A0 = 1 时，写入为指令，读出为状态字。

图 7-42　8279 引脚图

8）CLK：外部时钟输入线，为 8279 提供内部时钟的输入端。

（2）数据显示接口部分　数据显示接口部分主要包括以下部分：

1）OUTA0 ~ OUTA3、OUTB0 ~ OUTB3：显示寄存器数据输出线。与多位数字显示的扫描线 SL0 ~ SL3 同步，两组可以独立使用，也可以合并使用。

2）$\overline{BD}$：消隐指示，输出。用于在数字转换时指示消隐，或用于由显示消隐命令控制下的消隐指示。

（3）键盘接口部分　键盘接口部分主要包括以下部分：

1）RL0 ~ RL7：回送线，键盘阵列的输入线。

2）SL0 ~ SL3：扫描输出线，用来扫描键盘和显示器。它们可以编程设定为编码或译码输出。

3）SHIFT：换档键输入线，高电平有效。该输入信号是键盘数据的 D6 位，通常用来扩充键开关的功能，可以用做键盘上、下档功能键。

4）CNTL/STB：控制/选通输入线。在键盘工作方式时，该信号是键盘数据的 D7 位。常用来扩充键开关的功能，作为控制功能键用。

3. 8279 的命令格式和命令字

8279 的操作方式是通过 CPU 对 8279 的控制部件中写入控制命令来实现的。8279 共有 8 条命令。

（1）键盘/显示方式设置命令　命令格式见表 7-13。

表 7-13 8279 的命令格式

D7	D6	D5	D4	D3	D2	D1	D0
0	0	0	D	D	K	K	K

1) D7D6D5 = 000：方式设置命令特征位。
2) D4D3 = DD：设定显示方式，其定义如下：
① 00：8 个字符显示，左入口。
② 01：16 个字符显示，左入口。
③ 10：8 个字符显示，右入口。
④ 11：16 个字符显示，右入口。
所谓左入口，即显示位置从最左一位开始；所谓右入口，即显示位置从最右一位开始。
3) D2 D1 D0 = KKK：设定键盘、显示工作方式，其定义如下：
① 000：编码扫描键盘，双键锁定。
② 001：译码扫描键盘，双键锁定。
③ 010：编码扫描键盘，N 键轮回。
④ 011：译码扫描键盘，N 键轮回。
⑤ 100：编码扫描传感器矩阵。
⑥ 101：译码扫描传感器矩阵。
⑦ 110：选通输入，编码显示扫描。
⑧ 111：选通输入，译码显示扫描。

双键锁定与 N 键轮回是多键按下时的两种不同的保护方式。双键锁定为两键同时按下时提供的保护方法。在消除抖动周期里，如果有两键同时按下，则只有其中一个键弹起，而另一个键保持在按下位置时，才被认可；N 键轮回为 N 键同时按下的保护方法。当有若干键按下时，键盘扫描能够根据发现它们的顺序，依次将它们的状态送入 FIFO RAM 中。

（2）时钟命令　时钟命令格式见表 7-14。

表 7-14 时钟命令字格式

D7	D6	D5	D4	D3	D2	D1	D0
0	0	1	P	P	P	P	P

1) D7D6D5 = 001：时钟命令特征位。
2) D4D3D2D1D0 = PPPPP：设定对外部输入 CLK 端的时钟进行分频的分频数 N。N 取值范围为 2~31。例如，外部时钟频率为 2MHz，PPPPP 被置为 10100（N = 20），则对输入的外部时钟 20 分频，以获得 8279 内部要求的 100kMz 的基本频率。

（3）读 FIFO/传感器 RAM 命令　其命令格式见表 7-15。

表 7-15 读 FIFO 传感器 RAM 命令格式

D7	D6	D5	D4	D3	D2	D1	D0
0	1	0	AI	X	A	A	A

1) D7D6D5 = 010：读 FIFO/传感器 RAM 命令特征位。该命令字只在传感器方式时使用。在 CPU 读传感器 RAM 之前，必须使用这条命令来设定传感器 RAM 中的 8 个地址（每

个地址一个字节)。

2) D2D1D0 = AAA：传感器 RAM 中的八个字节地址。

3) D4 = AI：自动增量特征位。当 AI = 1 时，每次读出传感器 RAM 后地址自动加 1，使地址指针指向下一个存储单元。这样，下一个数据便从下一个地址读出。

在键盘工作方式中，不需使用此命令。

(4) 读显示 RAM 命令　其命令格式见表 7-16。

表 7-16　读显示 RAM 命令格式

D7	D6	D5	D4	D3	D2	D1	D0
0	1	1	AI	A	A	A	A

1) D7D6D5 = 011：读显示 RAM 命令字的特征位。该命令字用来设定将要读出的显示 RAM 地址。

2) D3D2D1D0 = AAAA：用来寻址显示 RAM 中的存储单元。

3) D4 = AI：自动增量特征位。当 AI = 1 时，每次读出后地址自动加 1，指向下一地址。

(5) 写显示 RAM 命令　其命令格式见表 7-17。

表 7-17　写显示 RAM 命令格式

D7	D6	D5	D4	D3	D2	D1	D0
1	0	0	AI	A	A	A	A

1) D7D6D5 = 100：写显示 RAM 命令字的特征位。在写显示器 RAM 之前用该命令来设定将要写入的显示 RAM 地址。

2) D3D2D1D0 = AAAA：将要写入的存储单元地址。

3) D4 = AI：自动增量特征位。当 AI = 1 时，每次写入后地址自动加 1，指向下一次写入地址。

(6) 显示禁止写入/消隐命令　其命令格式见表 7-18。

表 7-18　显示禁止写入/消隐命令格式

D7	D6	D5	D4	D3	D2	D1	D0
1	0	1	X	IW/A	IW/B	BL/A	BL/B

1) D7D6D5 = 101：显示禁止写入/消隐命令特征位。

2) D3D2 = IW/A、IW/B：A、B 组显示 RAM 写入屏蔽位。当 D3 = 1 时，A 组的显示 RAM 禁止写入。因此，从 CPU 写入显示 RAM 数据时，不会影响 A 的显示。同理，当 D2 = 1 时，B 组的显示 RAM 禁止写入。这种情况通常在采用双 4 位显示器时使用。因为两个双 4 位显示器是相互独立的。为了给其中一个双 4 位显示器输入数据而又不影响另一个 4 位显示器，因此必须对另一组的输入实行屏蔽。

D1D0 = BL/A、BL/B：消隐显示位。用于对两组显示输出消隐。若 BL = 1 时，对应组的显示输出被消隐；当 BL = 0 时，则恢复显示。

(7) 清除命令　其命令格式见表 7-19。

表 7-19　清除命令格式

D7	D6	D5	D4	D3	D2	D1	D0
1	1	0	CD	CD	CD	CF	CA

1) D7D6D5 = 110：清除命令特征位。

2) D4D3D2 = CDCDCD：用来设定清除显示 RAM 方式。共有四种消除方式：

①10×：将显示 RAM 全部清 0；

②110：将显示 RAM 置为 20H（A 组 = 0010B，B 组 = 0000B）；

③111：将显示 RAM 全部置为 1；

④0××：若 CA = 0，则不清除；若 CA = 1，则 D3、D2 仍有效。

3) D1 = CF：用来置空 FIFO 存储器，当 CF = 1 时，执行清除命令后，FIFO RAM 被置空，使 IRQ 复位。

4) D0 = CA：总清特征位。相当于 CD 和 CF 的合成。在 CA = 1 时，对显示的清除方式由 D3、D2 的编码决定。

清除显示 RAM 约需 160μs。在此期间 FIFO 状态时的最高位 DU = 1，表示显示无效。CPU 不能向显示 RAM 写入数据。

(8) 结束中断/错误方式设置命令　其命令格式见表 7-20。

表 7-20　结束中断/错误方式设置命令格式

D7	D6	D5	D4	D3	D2	D1	D0
1	1	1	E	X	X	X	X

1) D7D6D5 = 111：该命令的特征位。此命令有两种不同的作用。

2) D4 = E：为 0，结束中断命令。

3) D4 = E：为 1，特定错误方式命令。在 8279 消抖周期内，如果发现多个按键同时按下，则 FIFO 状态字中的错误特征位 S/E 将置 1，并产生中断请求信号和阻止写入 FIFO RAM。

上述八种用于确定 8279 操作方式的命令字皆由 D7D6D5 特征位确定，输入 8279 后能自动寻址相应的命令寄存器。因此，写入命令字时唯一的要求是使数据选择信号 A0 = 1。

4. 8279 的状态格式与状态字

8279 的 FIFO 状态字主要用于指示 FIFO RAM 中的字符数和有无错误发生。其格式见表 7-21。

表 7-21　8279 的状态格式

D7	D6	D5	D4	D3	D2	D1	D0
DU	S/E	O	U	F	N	N	N

1) D7 = DU：显示无效特征位。当 DU = 1 表示显示无效。当显示 RAM 由于清除显示或全清命令尚未完成时，DU = 1。

2) D6 = S/E：传感器信号结束/错误特征位。该特征位在读出 FIFO 状态字时被读出，而在执行 CF = 1 的清除命令时被复位。S/E 有两种含义：在传感器扫描方式时，S/E = 1 表示在传感器 RAM 中至少包含了一个传感器闭合指示；当 8279 工作在特定错误方式时，S/E = 1 表示发生了多路同时闭合错误。

3) D5 = O：超出错误特征位。当 FIFO RAM 已经充满，而其他键盘数据还企图写入 FIFO RAM 时，出现超出错误，O = 1。

4）D4 = U：不足错误特征位。当 FIFO RAM 已经空时，CPU 还企图读出，则出现不足错误，并使特征位 U = 1。

5）D3 = F：表示 FIFO RAM 是否已满。F = 1 表示 FIFO RAM 中已满。

6）D2D1D0 = NNN：表示 FIFO RAM 中的字符数。

5. 8279 的键盘及显示接口

利用 8279 组成的 8 位 LED 显示器和 2×8 键盘接口电路如图 7-43 所示。图中，键盘的行扫描线接 8279 的 RL0~RL7。SL0~SL2 经 74LS138 译码输出后一方面接键盘列线，另一方面经 MC75451 驱动后接 8 位 LED 的位选线。输出线 OUTB0~OUTB3、OUTA0~OUTA3 作为 8 位段选码输出口，经 7406 反相驱动后依次接至显示器的 a~dp 显示段。

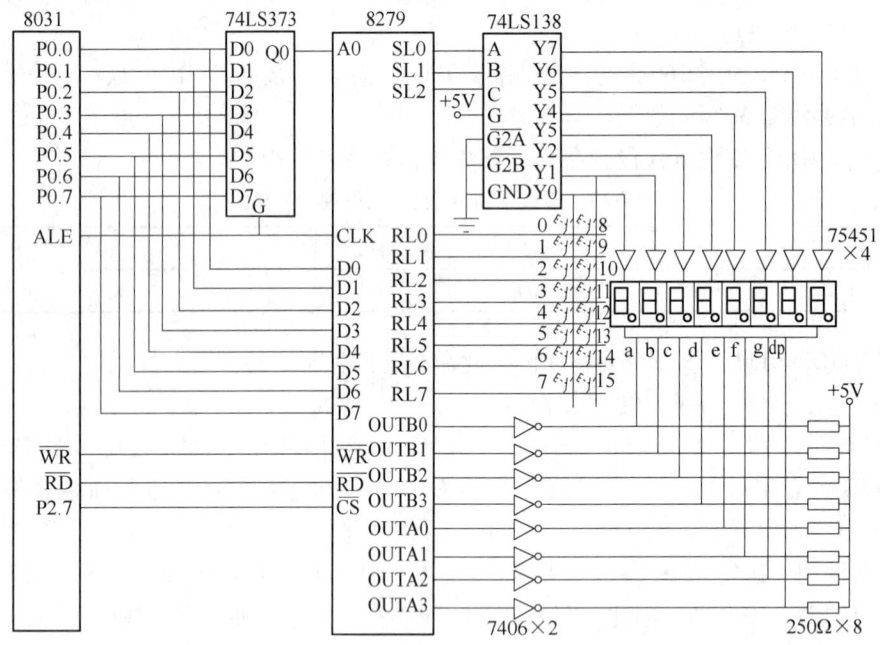

图 7-43 8279 键盘和显示接口电路

在图 7-43 所示电路中，单片机的 P2.7 与 8279 的 $\overline{CS}$ 相连，P0.0 与 8279 的 A0 相连。因此，8279 的地址分别为：数据口地址，7FFEH；命令或状态口地址，7FFFH。

更新显示器和用查询方法读出 16 个键输入数的程序如下：

1）8279 的初始化功能段。

```
START: MOV    DPTR, #7FFFH    ;指向 8279 命令寄存器
       MOV    A, #0D1H        ;清除命令
       MOVX   @DPTR, A        ;命令字输入
EMPTY: MOVX   A, @DPTR        ;读入 8279 状态寄存器的内容
       JB     ACC.7, EMPTY    ;清除等待
       MOV    A, #2AH         ;对时钟编程，设 ALE 为 1MHz
                              ;10 分频为 100kHz
       MOVX   @DPTR, A        ;命令送入
```

	MOV	A, #08H	; 显示器 16 个字符显示, 左边输入, 编
			; 码扫描键盘, 双键锁定
	MOVX	@DPTR, A	; 命令送入

2) 显示程序功能段。

	MOV	R0, #50H	; 设 50H 为放显示器段选码的首地址
	MOV	R1, #08H	; 显示 8 位数
	MOV	A, #90H	; 写显示数据, 每次写入后地址自动加 1
	MOVX	@DPTR, A	; 命令送入
	MOV	DPTR, #7FFEH	; 7FFEH 是 8279 数据地址
L1:	MOV	A, @R0	
	MOVX	@DPTR, A	; 段选码送 8279 显示 RAM
	INC	R0	; 指向下一个段选码
	DJNZ	R1, L1	; 判断 8 个段选码是否送完

3) 键输入程序功能段。

	MOV	R0, #60H	; 60H 为键值存放单元首址
	MOV	R1, #10H	; 有 16 个键值
L2:	MOV	DPTR, #7FFFH	; 指向 8279 状态寄存器
L3:	MOVX	A, @DPTR	; 读状态字
	ANL	A, #0FH	; 取状态字低 4 位
	JZ	L3	; FIFO 中无键值时等待输入
	MOV	A, #40H	; 读 FIFO 的 RAM 命令, 每次读出后
			; 地址自动加 1, 指向下一地址。
	MOVX	@DPTR, A	; 命令送入
	MOV	DPTR, #7FFEH	; 读键输入数据
	MOVX	A, @DPTR	; 读入键值
	MOV	@R0, A	; 键值存入内存 60H ~ 6FH
	INC	R0	; 指向下一个键值存放单元
	DJNZ	R1, L2	; 判断是否读完 16 个键入数据
HERE:	AJMP	HERE	; 键值读完等待

7.4 模拟量与数字量转换电路接口技术

7.4.1 概述

在单片机的实时控制、数据采集和智能仪器仪表等应用系统中, 被测物理量往往是以模拟量的形式存在, 如温度、压力、流量、位移及速度等都是模拟量。而单片机只能接收数字量, 所以在上述系统中, 必须首先把这些模拟量转换成数字量, 即经 A/D 转换, 然后再送到单片机中进行数据处理, 以便实现控制或进行显示。

同理, 经单片机处理后的数字量输出不能直接用于控制执行机构。这是由于大多数执行机构（如电动执行机构、气动执行机构以及直流电动机等）只能接收模拟量。因此，还必须把数字量变成模拟量，即完成数模转换（Digit to Analog，D/A）。图 7-44 所示为具有模拟量输入/输出的 MCS-51 单片机系统结构框图。

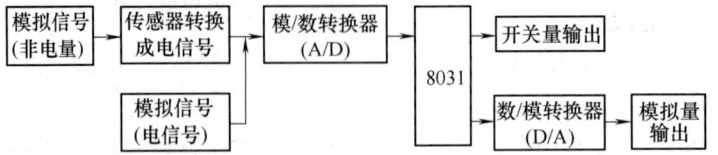

图 7-44　具有模拟量输入/输出的 MCS-51 单片机系统结构框图

由此可见，A/D 转换、D/A 转换是单片机接收、处理、控制模拟量参数过程中必不可少的环节。

7.4.2　D/A 转换

D/A 转换是将数字量转换成与此数据成正比的模拟量。能实现 D/A 转换的器件称为 D/A 转换器或 DAC。

1. D/A 转换器的类型

D/A 转换器按输出形式分为：

1) 电流型，如 DAC0832、AD7522 等。此种类型的 D/A 转换器要加接片外运算放大器，以便将输出的电流转换成电压输出。

2) 电压型，如 AD558、AD7224 等。这些芯片内部设有放大器，直接输出电压信号。电压输出型又有单极性输出和双极性输出两种形式。

D/A 转换器按输入数字量位数来分，有 8 位、10 位、12 位和 16 位等。

D/A 转换器按解码网络的结构分为：

1) 权电阻解码网络。此种类型的解码网络由于各位的权电阻阻值不同，因而要求电阻的种类较多，制作工艺比较复杂，特别是在集成电路芯片中受到电阻间阻值差异的限制，从而制约了 D/A 转换器位数的增加。

2) R-2R T 型解码网络。此种类型的解码网络电阻种类比较少，制作较容易，目前大多数采用这种解码网络。

2. DAC0832 简介

DAC0832 是美国数据公司的 8 位 D/A 转换器，与 MCS-51 单片机完全兼容。器件采用先进的 CMOS 工艺，因此，功耗低，输出漏电流误差较小。其内部结构框图如图 7-45 所示。

（1）DAC0832 内部结构及工作原理　DAC0832 主要由一个 8

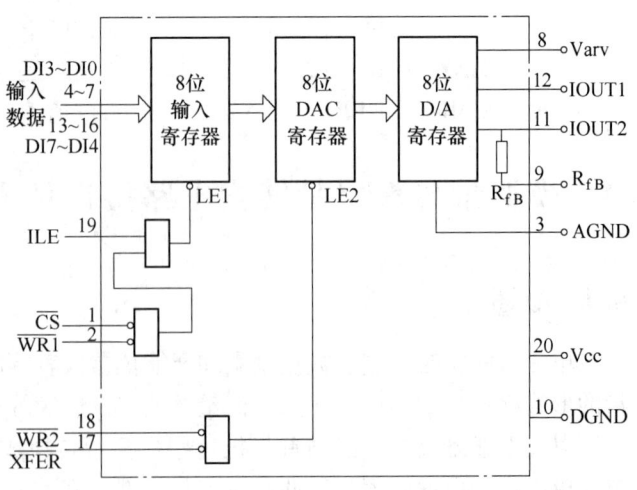

图 7-45　DAC0832 内部结构框图

位寄存器、一个 8 位 DAC 寄存器和一个 8 位 D/A 转换器三部分组成。两个 8 位数据寄存器可以分别进行控制,根据需要换成多种工作方式。$\overline{LE1}$ 和 LE2 是锁存命令端。当 ILE = 1、$\overline{CS}$ = $\overline{WR1}$ = 0 时,LE1 = 1,输入寄存器的输出随输入而变化;而当 $\overline{WR1}$ = 1 时,$\overline{LE1}$ = 0,数据被锁存在输入寄存器中,不受输入量变化的影响。当 $\overline{WR2}$ = $\overline{XFER}$ = 0 时,LE2 = 1,允许 8 位 DAC 寄存器的输出随输入变化;否则,LE2 = 0,数据被锁存于 DAC 寄存器。可以看出,能否进行 D/A 转换,取决于 LE1 和 LE2 的状态。通过 $\overline{CS}$、$\overline{WR1}$、$\overline{WR2}$、$\overline{XFER}$ 控制信号的变化,可以很灵活地实现对两个 8 位寄存器的独立控制。

DAC0832 的 D/A 转换器采用 R-2R T 型电阻网络进行 D/A 转换。D/A 转换器工作原理是:待转换的数字量经数字接口控制各位相应的开关,以接通或断开各自的解码电阻,从而改变标准电源经电阻解码网络所产生的总电流 $\sum I_i$,该电流经放大器放大后,输出与数字量相对应的模拟电压。

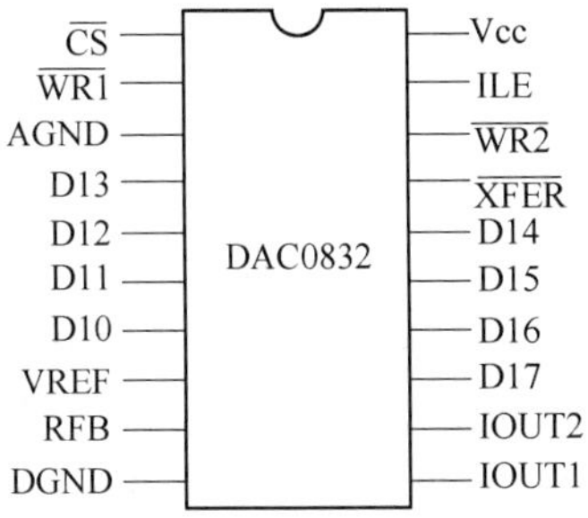

(2)DAC0832 引脚介绍 DAC0832 采用 20 引脚双列直插式封装,如图 7-46 所示。各引脚功能如下:

1)DI0 ~ DI7:8 位数据输入线,其中 DI7 为高电平,DI0 为低电平,均为 TTL 电平,有效时间应大于 90ns;

2)ILE:数据锁存允许控制信号输入线,高电平有效。

3)$\overline{CS}$:片选信号输入端,低电平有效。

4)$\overline{WR1}$:输入寄存器的写选通输入端,负脉冲有效(脉冲宽度应大于 500ns)。当 $\overline{CS}$ = 0,ILE = 1,$\overline{WR1}$ 有效时,DI0 ~ DI7 状态被锁存到输入寄存器,形成第一级输入锁存。

图 7-46 DAC0832 引脚图

5)$\overline{XFER}$:数据传输控制信号端,低电平有效。

6)$\overline{WR2}$:DAC 寄存器写选通输入端,负脉冲有效(脉冲宽度应大于 500ns)。当 $\overline{XFER}$ = 0 且 $\overline{WR2}$ 有效时,输入寄存器的状态被传输到 DAC 寄存器中,形成第二级锁存。

7)IOUT1:电流输出端,当 DAC 寄存器内容全为 1 时,其电流最大;当 DAC 寄存器内容全为 0 时,其输出电流为 0。

8)IOUT2:电流输出端,其值和 IOUT1 端的电流之和为一常数。

9)RFB:反馈电阻端,为外接的运算放大器提供一个反馈电压。

10)Vcc:电源电压端,电压范围为 +5 ~ +15V。

11)VREF:基准电压输入端,输入电压范围为 -10V ~ +10V。

12)AGND:模拟地,为模拟信号和基准电源的参考地。

13)DGND:数字地,为工作电源地和数字逻辑地,两种地线最好在基准电源处一点共地。

3. DAC0832 与单片机的接口设计

DAC0832 在与单片机连接时,主要考虑以下几个方面:

(1)数字量输入端的连接 由于单片机的运行速度远远高于 D/A 转换速度,因此,D/A 转换器数字量输入端与单片机的接口中必须安置锁存器,锁存短暂的输出信号,为 D/A 转换器提供足够时间的、稳定的数字信号。当 D/A 转换器内部没有输入锁存器时,必须在 CPU 与 D/A 转换器之间增设锁存器或 I/O 接口;若 D/A 转换器内部含有输入锁存器,则可直接连接。从 DAC0832 的结构框图可知,DAC0832 内部有两级锁存,所以在与单片机连接时，只要将单片机的数据总线与DAC0832的8位数字输入端一一对应相接即可。

(2) 模拟量的输出　DAC0832为电流输出型D/A转换器，要获得模拟电压输出时，需要外加运算放大器实现电流与电压的转换。其电压输出电路有单极性输出和双极性输出两种形式。图7-47所示为两级运算放大器组成的模拟电压输出电路。从a点输出的是单极性模拟电压，从b点输出的是双极性模拟电压。如果参考电压是+5V，则a点输出电压是-5~0V，b点输出是±5V电压。

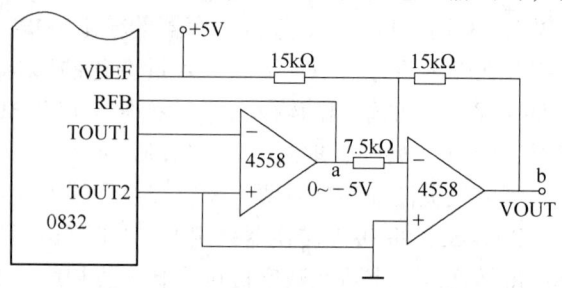

图7-47　0832模拟电压输出电路

(3) 外部控制信号的连接　外部控制信号主要有片选信号、写信号及启动信号。此外，还有电源及参考电平，可根据D/A转换器的具体要求进行选择。片选信号、写信号及启动信号是D/A转换器的主要控制信号，它们一般由CPU或译码器提供。

4. DAC0832的工作方式

在使用DAC0832时，可以通过对控制信号的不同设置而实现完全直通、单缓冲方式（只用一级输入锁存，另一级始终畅通）及双缓冲方式（两级输入锁存）三种工作方式。

完全直通的工作方式是将输入寄存器和DAC寄存器都设成跟随状态（即都开通）。只要有数字量输入，立即进行D/A转换，这种方式在实际应用中很少使用。

(1) 单缓冲器工作方式　单缓冲器工作方式是使输入寄存器和DAC寄存器中的任意一个始终工作于直通状态，另一个处于受控的锁存器状态。在单片机应用系统中，当只有一路模拟量输出，或虽然有几路模拟量，但不需要作同步输出时，就可以采用单缓冲方式。在这种方式下，将两级寄存器的控制信号并联，在控制信号的作用下，数据经始终处于畅通状态的8位输入寄存器直接进入DAC寄存器中。如图7-48所示，ILE接+5V，片选信号端CS和数据传输控制信号端都接到P2.7，故8位输入寄存器的DAC寄存器的地址都是

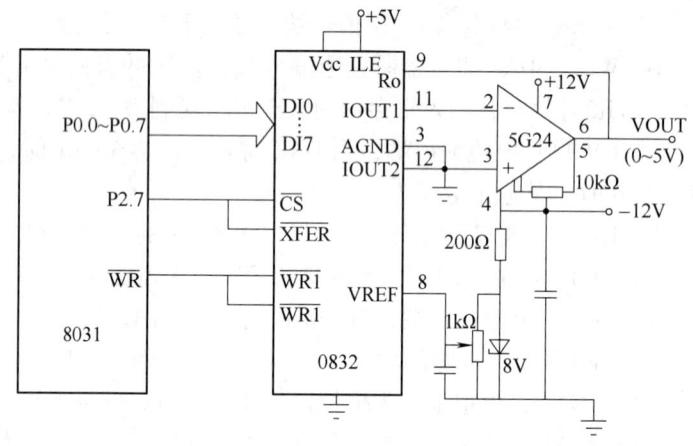

图7-48　DAC0832单缓冲器工作方式的应用

7FFFH。当CPU选通DAC0832后，只要输出WR信号，则CPU对DAC0832执行一次写操作，把一个8位数字信号直接写入DAC0832，然后经D/A转换输出为模拟信号。

以图7-48为例，编写一段在运算放大器的输出端产生锯齿波信号的程序。

```
        ORG    70H
START:  MOV    DPTR, #7FFFH    ;选中DAC0832芯片
        MOV    A, #00H
LOOP:   MOVX   @DPTR, A        ;执行MOVX指令时，WR有效，数字量从P0口送
```

至DAC0832并完成一次D/A转换
INC   A   ；累加器内容加1
AJMP   LOOP

(2) 双缓冲器工作方式　双缓冲器工作方式主要用于需要同时输出几路模拟信号的场合。此时，每一路模拟量输出需要一片DAC0832，从而构成多个DAC0832同步输出系统。这种方式要求0832的输入寄存器的锁存信号和DAC寄存器的锁存信号分开控制。图7-49所示为二路模拟量同步输出的8031系统。图中，1#DAC0832输入寄存器的$\overline{CS}$接到单片机的P2.5，相应的1#DAC0832输入寄存器的地址为DFFFH，2#DAC0832输入寄存器的$\overline{CS}$接到单片机的P2.6，相应的地址为BFFFH，1#和2#DAC0832的$\overline{XFER}$都接至P2.7，所以DAC寄存器地址为7FFFH，DAC0832的输出分别接图形显示器的XY偏转放大器输入端。

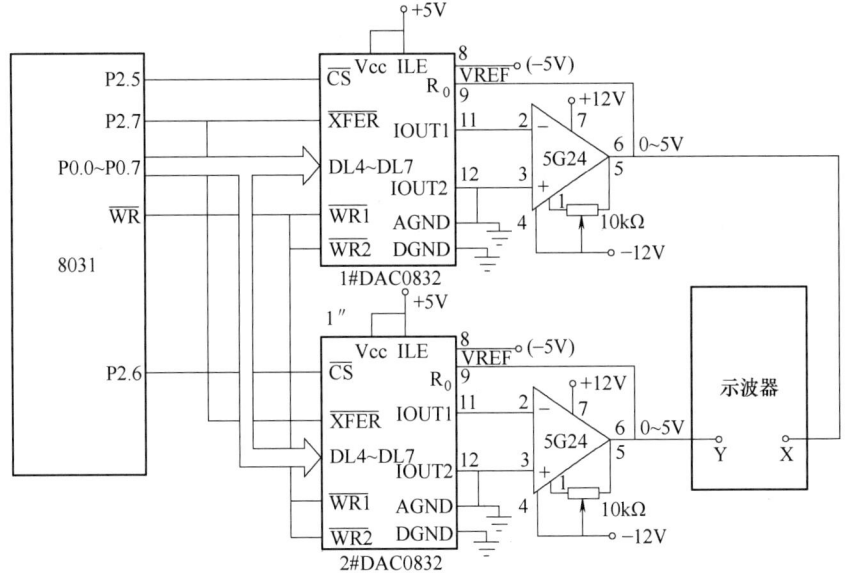

图7-49　DAC0832双缓冲器工作方式的应用

8031执行下面程序，将使示波器的光栅移动到一个新的位置。

```
ORG    70H
MOV    DPTR, #0DFFFH       ；指向1#DAC0832
MOV    A, #dataX
MOVX   @DPTR, A            ；X偏转值写入1#DAC0832输入寄存器
MOV    DPTR, #0BFFFH       ；指向2#DAC0832
MOV    A, #dataY
MOVX   @DPTR, A            ；Y偏转值写入2#DAC0832输入寄存器
MOV    DPTR, #7FFFH
MOVX   @DPTR, A            ；给两片DAC0832提供$\overline{WR}$有效信号，同时完成D/A
                            转换输出
```

5. DAC1208的结构与应用

8位DAC分辨率较低，在一些高精度要求的应用中，可以采用10位、12位或更多位数

的 DAC 芯片。现在以 DAC1208 为例，介绍超过 8 位的 DAC 在单片机中的应用。

（1）DAC1208 的内部结构　DAC1208 为 12 位的 D/A 转换器，内部结构如图 7-50 所示。DAC1208 内部有三个寄存器：一个 4 位的输入寄存器，存放 12 位待转换数字量的低 4 位；一个 8 位输入寄存器，存放 12 位待转换数字量的高 8 位；一个 12 位的 DAC 寄存器，存放从两个输入寄存器送来的 12 位数字量。12 位的 D/A 转换电路由 12 个电子开关和 12 位 T 型电阻网络组成。

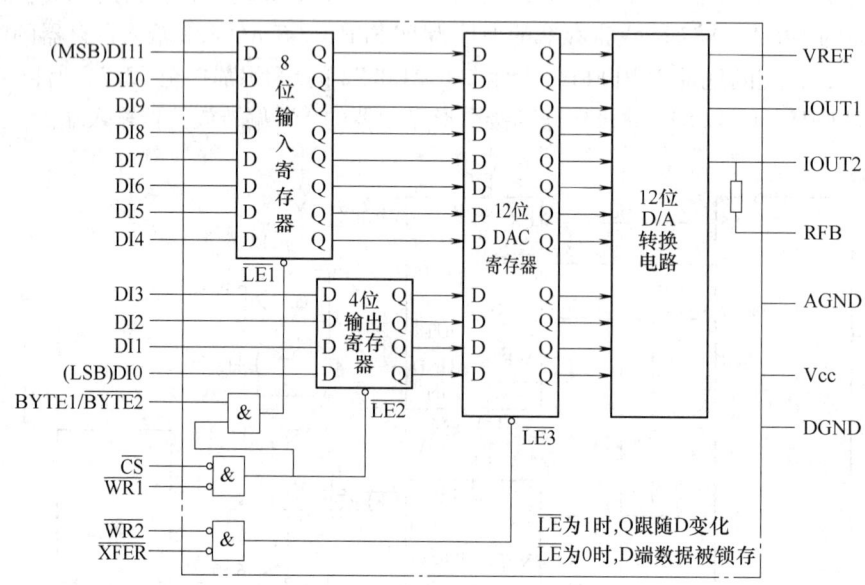

图 7-50　DAC1208 的内部结构

DAC1208 对外的引线与 DAC0832 类似。12 位数字量由 DI11～DI0 输入，其中 DI11 为最高有效位，DI0 为最低位。IOUT1 和 IOUT2 为两个电流型模拟量输出。$\overline{WR2}$ 和 $\overline{XFER}$ 控制 12 位 DAC 寄存器的内容是否送入 D/A 转换电路。

$\overline{CS}$、$\overline{WR1}$ 和 BYTE1/$\overline{BYTE2}$ 共同控制 12 位数字量的输入。当 $\overline{CS}$、$\overline{WR1}$ 和 BYTE1/$\overline{BYTE2}$ 都为低电平时，$\overline{LE2}$ 有效，DI3～DI0 上的低 4 位数字量进入 4 位输入寄存器；当 $\overline{CS}$ 和 $\overline{WR1}$ 为低电平而 BYTE1/$\overline{BYTE2}$ 为高电平时，$\overline{LE1}$ 和 $\overline{LE2}$ 都有效，DI11～DI4 上的高 8 位数字量进入 8 位输入寄存器，如果这时 DI3～DI0 引脚上信号有变化，那么 4 位输入寄存器内容也将发生改变。为避免错误，在向 DAC1208 送 12 位数字量时，应先送高 8 位，再送低 4 位，然后使 $\overline{LE3}$ 有效，12 位值同时进入 DAC 寄存器。

在实际应用中，一片 DAC1208 至少要占用 3 个 I/O 端口地址，分别是 4 位输入寄存器、8 位输入寄存器和 12 位 DAC 寄存器。也就是说，DAC1208 必须工作在双缓冲方式。转换一个 12 位数字量应该是先分两次写入数字量数据，然后写入 DAC 寄存器，以启动转换。

（2）DAC1208 的应用　尽管 DAC1208 有 12 条数据线，但是单片机的数据总线是 8 位，一次只能传送 8 位数据。DAC1208 中 12 位数字量输入的高 8 位是一个整体，可以直接与数据总线相连；低 4 位可以连接到数据总线的低 4 位，也可以连接到数据总线的高 4 位。图 7-51 所示为 DAC1208 在 MCS-51 系统中的一种连接方式。

第 7 章 MCS-51 系统扩展与接口技术

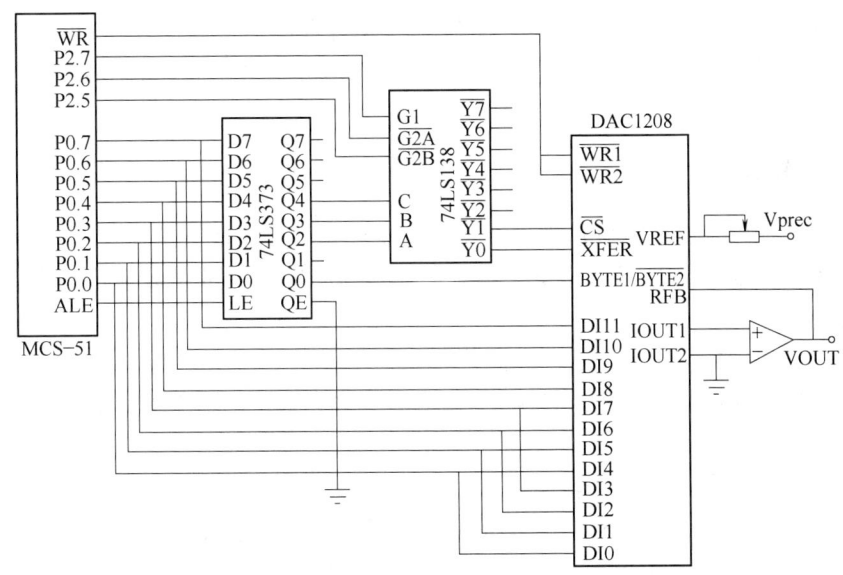

图 7-51 DAC1208 在 MCS-51 系统中的连接

图 7-51 中，DAC1208 的 $\overline{\text{CS}}$ 接 3-8 译码器的输出，有效时要求地址信号为 100×××××××001××B。选通高 8 位输入寄存器需要为 1，而为 1 的 BYTE1 引脚通过 74LS373 连接地址总线的最低位 P0.0，所以高 8 位输入寄存器在系统中的地址可以使用 1000000000000101B，即 8005H。同样，低 4 位输入寄存器的地址为 8004H。选通 DAC 寄存器的地址信号应为 100××××××000××B，不妨使用 8000H。

例 7-4 为图 7-51 所示电路编写程序，将内部 RAM 地址为 40H 中的 12 位数字量送 DAC1208 转换输出。其中 40H 中存放待转换数字量的高 8 位数据，41H 的高 4 位中存放待转换数字量的低 4 位数据。

解： 在图 7-51 中，DI3～DI0 连接到系统数据总线的低 4 位，所以在写入待转换数字量低 4 位时，需要将内部 RAM 中存储的数据变成合适的格式。可以采用如下代码段完成该任务：

```
    MOV   R0, #40H        ;数字量存放地址
    MOV   A, @R0          ;高 8 位
    MOV   DPTR, #8005H    ;高 8 位输入寄存器地址
    MOVX  @DPTR, A        ;锁存
    INC   R0              ;取低 4 位
    MOV   A, @R0          ;4 位数据在累加器高 4 位存放
    SWAP  A               ;换到累加器的低 4 位
    MOV   DPTR, #8004H    ;低 4 位输入寄存器地址
    MOVX  @DPTR, A        ;锁存
    MOV   DPTR, #8000H    ;DAC 寄存器地址
    MOVX  @DPTR, A        ;启动转换
```

代码中遵循先送高 8 位、后送低 4 位的原则，而且 DAC1208 工作在双缓冲方式。如果使用 8255A 作为输出口的扩展，DAC1208 可以与 8255A 的 A 口或 B 口的 8 位以及 C 口的高、低 4 位直接相连，但是两个端口的数据仍然需要两次送出，也必须先送高 8 位后送低 4 位。

7.4.3 A/D 转换

A/D 转换的任务是将模拟量转换成数字量。能够完成这一任务的器件称之为模/数转换器，简称 A/D 转换器。在通常情况下，输入电压信号、输出二进制数字量是数据采集处理设备的重要环节。

1. A/D 转换器的种类

按位数来分，有 8 位、10 位、12 位及 16 位等。位数越高，其分辨率也越高，但价格也越贵。

按结构来分，有单一的 A/D 转换器（如 ADC0801、AD673 等），有内含多路开关的 A/D 转换器（如 ADC0809、AD7581 均带有 8 路多路开关）。随着大规模集成电路的发展，又生产出多功能 A/D 转换芯片（如 ADC363）。

按 A/D 转换原理分，有计数器式 A/D 转换、逐次逼近型 A/D 转换、双积分式 A/D 转换及 V/F 变换型 A/D 转换等。

逐次逼近型 A/D 转换器种类最多，应用广泛。下面就以目前国内广泛使用的 ADC0809、AD574A 为例，介绍多通道 A/D 转换器的原理。

2. ADC0809 的内部结构及转换原理

ADC0809 内部结构框图如图 7-52 所示。它是由 8 位逐次逼近型 A/D 转换器、8 路模拟开关、地址锁存与译码和三态输出锁存器构成。各部分作用如下：

（1）8 路模拟开关、地址锁存与译码　8 路模拟开关可选通 8 个模拟通道，允许 8 路模拟量分时输入，共用一个 A/D 转换器进行转换。地址锁存与译码电路完成对 A、B、C 三个地址位进行锁存和译码，其译码输出用于通道选择。通道选择的地址编码见表 7-22。

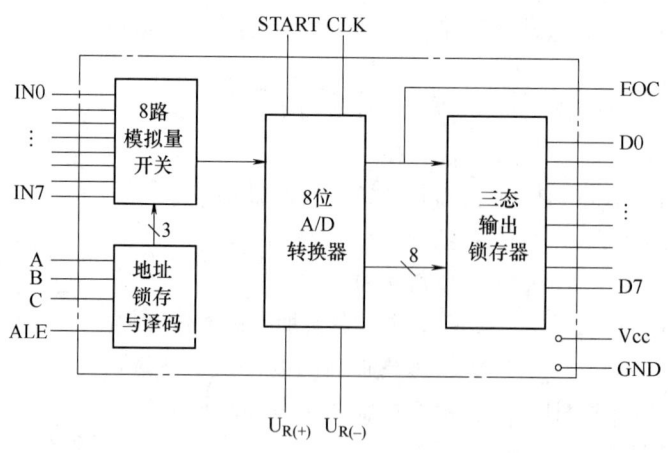

图 7-52　ADC0809 内部结构框图

第 7 章 MCS-51 系统扩展与接口技术

表 7-22 ADC0809 通道选择的地址编码

地址码			选通模拟通道
C	B	A	
0	0	0	IN0
0	0	1	IN1
0	1	0	IN2
0	1	1	IN3
1	0	0	IN4
1	0	1	IN5
1	1	0	IN6
1	1	1	IN7

(2) 8 位逐次逼近型 A/D 转换器　逐次逼近型 A/D 转换器的结构原理图如图 7-53 所示。它是以 D/A 转换为主，加上比较器、N 位寄存器及时序与控制逻辑电路等构成。

当向 A/D 转换器发出一启动脉冲后，在时钟的作用下，控制逻辑将首先使 8 位寄存器的最高位 D7 置 1（其余 7 位均为 0），经 D/A 转换器转换成模拟量 VN 后，与输入的模拟量 VX 在比较器中进行比较，由比较器给出比较结果。当 VX≥VN 时，保留这一位；否则，该位清零。然后，再使 D6 位置 1，与上一位 D7 一

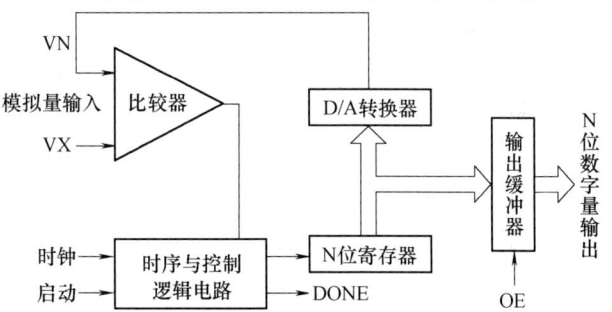

图 7-53　逐次逼近型 A/D 转换器的结构原理图

起进入 D/A 转换器，经 D/A 转换后的模拟量 VN 再与模拟量 VX 进行比较。如此继续下去，直至最后一位 D0 比较完成为止。当 A/D 转换结束后，由控制逻辑发出一个转换结束信号 DONE，告诉单片机，转换已经结束，可以读取数据。此时，8 位寄存器中的数字量即为模拟量所对应的数字量。经输出缓冲器读出。

这种比较方法对于一个 8 位 A/D 转换器来讲，只需比较 8 次，即可形成对应的数字量，因而转换速度快。

(3) 三态输出锁存器　A/D 转换结束后，经三态输出锁存器输出，可直接接到单片机的数据总线上。

3. ADC0809 的引脚功能介绍

ADC0809 的引脚如图 7-54 所示，为 28 引脚的双列直插式封装结构。各引脚功能如下：

1）IN0～IN7：8 个模拟量输入端。

2）START：启动信号。高电平时，A/D 转换开始。

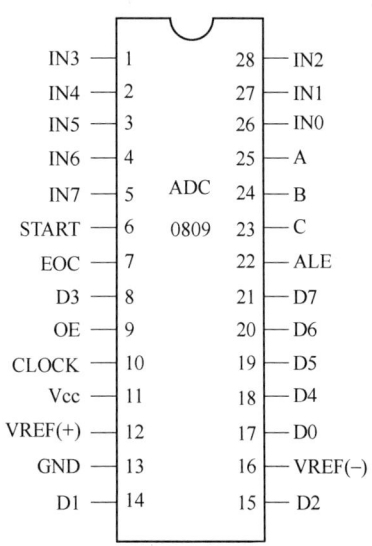

图 7-54　ADC0809 的引脚图

3）EOC：转换结束信号。当 A/D 转换结束后，发出一个正脉冲信号可用作 A/D 转换是否结束的检测信号，或向 CPU 申请中断的信号。

4）OE：输出允许信号，高电平有效。选中时，允许从 A/D 转换器的锁存器中读取数字量。

5）CLOCK：实时时钟，可通过外接 RC 电路改变时钟频率。

6）ALE：地址锁存允许，高电平有效。允许 C、B、A 所示的通道被选中，并把该通道的模拟量接入 A/D 转换器。

7）A、B、C：通道号选择端子。C 为最高位，A 为最低位。

8）D0～D7：数字量输出端。

9）VREF（+）、VREF（-）：参考电压端子。用以提供 D/A 转换器权电阻的标准电平，对于一般单极性模拟量输入信号，VREF（+）= +5V，VREF（-）= 0V。

10）Vcc：电源端子。接 +5V。

11）GND：接地端。

4. ADC0809 与单片机的接口技术

（1）模拟量输入信号的连接　ADC0809 可以从 IN0～IN7 输入 8 路 0～5V 的输入模拟电压信号。

（2）数字量输出引脚的连接　ADC0809 转换器内部含有三态输出锁存器，可直接接到单片机的数据总线上。

（3）ADC0809 的启动方式　任何一个 A/D 转换器在开始转换前，都必须加一个启动信号，才能开始工作。ADC0809 属于脉冲启动转换芯片，可以采用$\overline{WR}$信号与 P2 的一根口线经过一定的逻辑电路进行控制。

（4）转换结束信号的处理方法　在 ADC0809 转换器中，当 CPU 向转换器发出一个启动信号后，转换器便开始转换，经过一段时间以后，当 A/D 完成转换后，A/D 转换器的 EOC 置高电平，发出转换结束标志信号，通知单片机，A/D 转换已经完成，可以进行读数。检查判断 A/D 转换结束的方法有中断方法、查询方法及软件延时方法三种。

5. ADC0809 的应用举例

图 7-55 所示为 ADC0809 与单片机的接口电路，IN0～IN7 模拟通道的地址为 7FF8H～7FFFH，启动信号由 P2.7 与$\overline{WR}$或非而成，读取转换结果的信号由 P2.7 与$\overline{RD}$或非而成，转换结束信号由 EOC 经非门与 P1.0 相连。转换后的结果由 P0 口输入单片机。下面以查询方式编写将 8 路模拟信号轮流采集一次，并依次将转换后的结果存放到片内 RAM 从 78H 开始的单元地址中的程序。

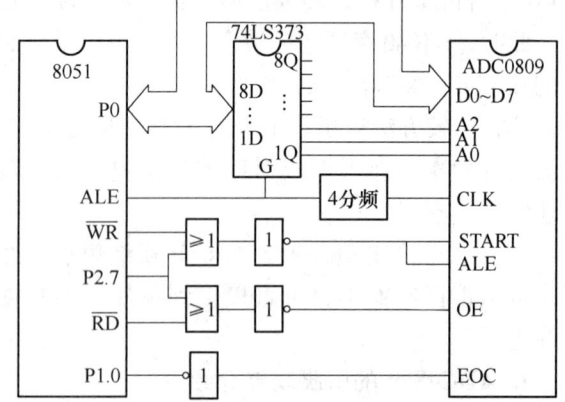

图 7-55　ADC0809 与单片机 8051 的接口电路

```
        ORG     2000H
MAIN：  MOV     R0,#78H         ;置数据区首地址
```

	MOV	R1, #08H	;置 A/D 转换次数
	MOV	DPTR, #7FF8H	;指向通道 0
	MOV	A, #00H	
L1：	MOVX	@DPTR, A	;执行一个写操作，即启动 A/D 转换
L2：	JNB	P1.0, L2	;查询一次转换是否结束，若为 0，则没结束
	MOVX	A, @DPTR	;若为 1，则结束，读出转换数字量
	MOV	@R0, A	;存放转换结果
	INC	R0	;指向下一个单元
	INC	DPTR	;指向下一个通道
	DJNZ	R1, L1	;判断 8 路是否采集完，未完则继续
	SJMP	$	

6. AD574A 的结构与应用

对精度要求较高时，需要用 8 位以上的 A/D 转换器。现以 12 位 A/D 转换器 AD574A 为例，介绍 8 位以上 A/D 转换器在 MCS-51 单片机系统中的典型用法。

(1) AD574A 的结构　AD574A 是 12 位逐次逼近式 A/D 转换器，内部结构与 ADC0809 类似。主要特点有：芯片内部有参考电源和转换时钟；有三态输出数据锁存器；输入模拟电压的量程可灵活设置，有两个输入引脚，其一为 0～10V 的单极性或 -5～+5V 的双极性输入线，其二为 0～+20V 或 -10～+10V 的双极性输入线；转换时间为 25μs；数字量位数可以选择 8 位或 12 位。其主要配置如图 7-56 所示。

AD574A 的引脚信号及功能简述如下：

1) 10VIN：10V 量程的模拟电压输入线，接 0～+10V 或 -5～+5V 模拟电压输入。

2) 20VIN：20V 量程的模拟电压输入线，接 0～+20V 或 -10～+10V 模拟电压输入。

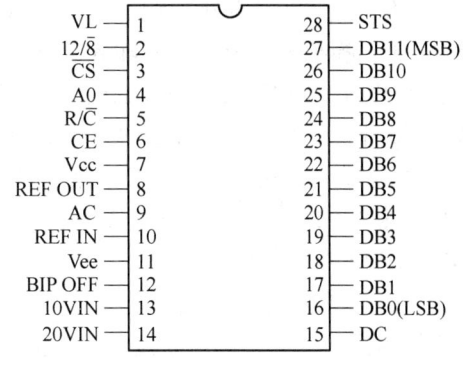

图 7-56　AD574A 引脚配置

3) DB11～DB0：数字量输入线，DB11 为最高有效位，DB0 为最低位。

4) $\overline{CS}$：片选线，低电平有效。

5) CE：芯片允许线，高电平有效。与 $\overline{CS}$ 共同控制对 AD574A 的读写操作。

6) R/$\overline{C}$：读出/转换控制。在 CE 和 $\overline{CS}$ 都有效时，若 R/$\overline{C}$ 为 0，则启动转换；为 1 时，则读出数据。

7) A0：端口选择。当启动转换时，指定进行 12 位 (0) 还是 8 位 (1) 转换；读出数字量时，选择本次读出的是高 8 位 (0) 还是低 4 位 (1)。

8) 12/$\overline{8}$：在读出转换后的数字量时，选择 12 还是 8 位数据输出。如果使用 8 位数据总线的单片机，该信号为 0。$\overline{CS}$、CE、R/$\overline{C}$、A0 和 12/$\overline{8}$ 的不同组合，用于对 AD574A 的不同操作，参见表 7-23。

9) STS：状态输出线。转换开始后 STS 变为高电平，转换结束时变为低电平。STS 作为

AD574A 与单片机之间的联络信号，可以等 CPU 查询，也可以用作一个外部中断源。

表 7-23　AD574A 的真值表

CE	$\overline{CS}$	$R/\overline{C}$	$12/\overline{8}$	A0	操　　作
0	×	×	×	×	无操作
×	1	×	×	×	无操作
1	0	0	×	0	启动 12 位转换
1	0	0	×	1	启动 8 位转换
1	0	1	1	×	12 位数据并行输出
1	0	1	0	0	输出高 8 位数据
1	0	1	0	1	输出低 4 位数据

10）REF IN：内部参考电压输入。

11）REF OUT：10V 内部参考电压输出。

12）BIP OFF：极性偏移与零点调整。通常接至正负可调的分压网络，以调整 ADC 输出的零点。

13）Vcc、Vee：分别为 +12 ~ +15V 电源和 -15 ~ -12V 电源。

14）VL：数字逻辑电源 +5V。

15）DC：数字量公共接地线，一般与 AC 连接后接地。

16）AC：模拟电压公共地线输入。

从 10VIN 或 20VIN 引脚输入的模拟量，输入极性由 REF IN、REF OUT 和 BIP OFF 的连接确定，如图 7-57 所示，其中，图 7-57a 为单极性输入时的连接方式，图 7-57b 为双极性输入时的连接方式。电位器 R1 用于零点调整，即在输入电压为最小值时，调节 R1 使转换结果在 000H 和 001H 之间；R2 用于增益调整，即在输入电压为最大值时，调节 R2 使转换结果在 FFEH 和 FFFH 之间。

若输入是单极性的模拟量，则 0V 对应 000H，最大电压对应 FFFH，转换结果可以看做一个 12 位的无符号数；若是双极性的模拟量，负的最大值对应 000H，0V 对应 800H，正的最大值对应 FFFH，从转换结果减去 800H 便得到补码表示的有符号数的数字量。

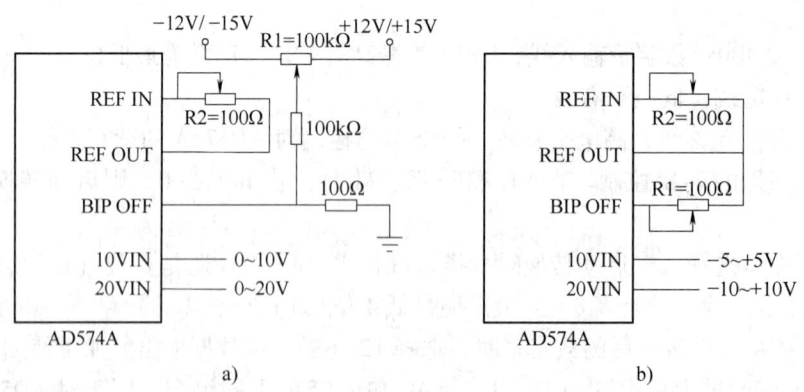

图 7-57　AD574A 输入极性选择的外部电路

a）单极性输入　b）双极性输入

（2）AD574A 的应用　图 7-58 所示为 AD574A 在 MCS-51 系统中的一种连接方法。

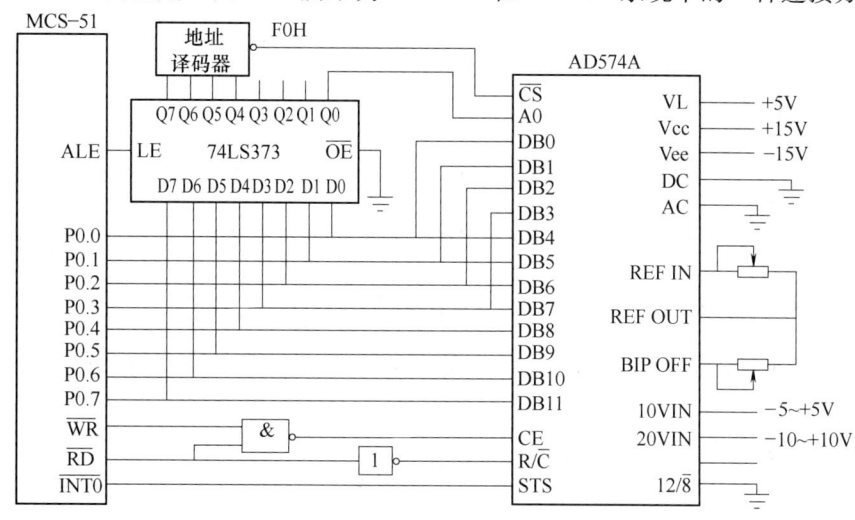

图 7-58　AD574A 在 MCS-51 系统中的连接

AD574A 的 $\overline{CS}$ 仅由系统低 8 位中的 Q7、Q6、Q5 和 Q4 译码产生，在外部没有扩展数据存储器且 I/O 器件很少情况下，对外部 I/O 口的读写可以使用 8 位地址，程序代码简洁一些。图中启动 A/D 转换的端口地址为 F0H。当 $\overline{WR}$ 或 $\overline{RD}$ 有效时，CE 为高电平，配合 $\overline{CS}$ 对 AD574A 的操作。只要没有读操作，在 $\overline{CS}$ 和 CE 有效前 R/$\overline{C}$ 就已经为低电平，可以避免启动 A/D 转换前出现不必要的读操作。12/$\overline{8}$ 接地，采用 8 位数据传送。高 8 位数字量直接送 8 位数据总线；低 4 位送 4 位数据总线，这时高 4 位数据无意义，单片机保存时要注意屏蔽。A0 接地址总线的 A0，所以高 8 位数据输出端口为 F0H，低 4 位数据输出端口地址为 F1H。STS 直接接到单片机的 $\overline{INT0}$，转换结束后 STS 变为低电平，正好为一个下降沿触发的外部中断源。

例 7-5　针对图 7-58 所示的连接电路，编写程序，将 A/D 转换所得数字量存入内部 RAM 的 40H 和 41H 单元。其中，40H 中存放低 8 位，41H 中存放高 4 位。虽然 STS 连接到 $\overline{INT0}$ 引脚，但是由于转换时间比较短，若采用中断方式，CPU 频繁响应中断，会降低系统的性能。所以应采用查询方式实现。

解：编写程序如下：

```
MOV     R0, #0F0H       ; 启动转换端口地址
MOVX    @R0, A          ; 启动转换，A 中数据无意义
JB      INT0, $         ; 等待 INT0 引脚变为低电平
MOVX    A, @R0          ; 读取高 8 位
MOV     R1, #41H        ; 数字量高 4 位存放地址
MOV     @R1, A          ; 存入数字量中的高 8 位
INC     R0              ; 低 4 位端口地址
MOVX    A, @R0          ; 读取低 4 位
ANL     A, #0F0H        ; 屏蔽无关的 4 位
SWAP    A               ; 高低 4 位互换
XCHD    A, @R1          ; 与 41H 交换低 4 位
```

```
SWAP    A           ;
DEC     R1          ; R1 为 40H
MOV     @R1, A      ; 存入 40H
INC     R1          ; R1 为 41H
MOV     A, @R1      ; 读出
SWAP    A;
MOV     @R1, A      ; 存入，41H 低 4 位为数字量高 4 位
```

7.4.4 模拟量与数字量转换中的若干应用技术

随着信号特征的不同，在模拟量与数字量的转换中存在着各种应用问题，如多路采集、采样保持等。

1. 多路信号的输入与输出到多条支路的问题

在自动检测及自动控制系统中，往往需要对多路或多种参数进行采集和控制。由于单片机的工作速度很快，而被测参数的变化比较慢，所以，一台单片机可供多个回路使用。而单片机在某一时刻只能接收一个通道的信号，因此，必须通过多路模拟开关进行切换，使各路参数分时经 A/D 转换后进入微机。此外，在模拟量输出通道中，为了实现多回路控制，需要通过多路开关将 D/A 转换后的模拟控制量分配到各条支路。

多路开关的用途主要是把多个模拟量参数分时地接通送入 A/D 转换器，即完成多到一的转换——多路开关，或者把经单片机处理、且由 D/A 转换器转换成的模拟信号按一定的顺序输出到不同的控制回路（或外部设备），即完成一到多的转换——多路分配器（或叫反多路开关）。

多路开关按用途分类，一种是单向多路开关，如 AD7501（8 路），AD7506（16 路）；另一种是既能当多路开关，又能当多路分配器，称为双向多路开关，如 CD4051。

多路开关按输入信号的连接方式分类，一类是单端输入，如 CD4051 是单端 8 通道多路开关；另一类是双端输入（或差动输入），如 CD4052 是双 4 通道多路开关。

从组成多路开关的电路来看，有 TTL 电路、CMOS 和 HMOS 电路等。有的芯片还能在其内部进行 TTL 与 CMOS 之间的电平转换（如 CD4051）。

2. 采样/保持器及其选用原则

如果直接将模拟量送入 A/D 转换器进行转换，则应考虑到任何一种 A/D 转换器都需要有一定的时间来完成量化及编码的操作。在转换过程中，如果模拟量产生变化，将直接影响转换结果。特别是在同步系统中，几个并联的参量均需取自同一瞬时，而各参数的 A/D 转换又共享一个芯片，所得到的几个量就不是同一时刻的值，无法进行计算和比较。所以要求输入到 A/D 转换器的模拟量在整个转换过程中保持不变，但转换之后，又要求 A/D 转换器的输入信号能够跟随模拟量变化，能够完成上述任务的器件叫采样/保持器（Sample/Hold，S/H）。

S/H 有两种工作方式，一种是采样方式，另一种是保持方式。如图 7-59 所示，在采样方式中，采样/保持器的输出跟随模拟量输入电压。在保持状态时，采样保持器的输出将保持在命令发出时的模拟量输入值，直到保持命令撤销（即再度接到采样命令时为止）。此时，采样保持器的输出重新跟踪输入信号变化，直到下一个保持命令到来为止。

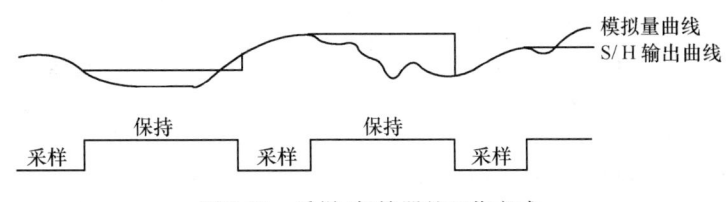

图 7-59　采样/保持器的工作方式

思考与练习题

1. 什么是单片机系统的扩展？为什么要对单片机系统进行扩展？
2. 单片机系统的扩展包括哪些方面的内容？
3. 在单片机应用系统中，接口电路起什么作用？
4. 存储器芯片的片选方式有哪几种？各有何特点？
5. 74LS373 的锁存原理是什么？怎样与 8031 相连？
6. 当单片机应用系统中数据存储器 RAM 地址和程序存储器 EPROM 地址重叠时，是否会发生数据冲突，为什么？
7. 试以 8031 为主机，用线选法扩展 2 片 2764EPROM，画出硬件接线图，并指出各芯片的地址编码。
8. 试以 8051 为主机，用地址译码法扩展 3 片 6264RAM 数据存储器，画出硬件电路图，并指出各芯片的地址编码。
9. 为什么要对 MCS-51 单片机作 I/O 口扩展？
10. 单片机怎样访问外部接口芯片？
11. 8255A 的内部结构特点是什么？
12. 8255A 有哪几种工作方式？各有什么基本功能？
13. 简述 8255A 并行接口的基本 I/O 传送与选通式 I/O 传送的控制区别。
14. 试编程对 8255A 进行初始化，设 A 口为基本输入，B 口为选通输入，C 口作为联络应答口。
15. 8255A 芯片与 8031 单片机是怎样进行连接的？试画出电路图，并分别确定与它们有关的 I/O 口及寄存器的地址。
16. 8155H 芯片内部由哪些部分组成？
17. 简述 8155H 接口如何寻址内部的 RAM 单元和 I/O 端口。
18. 8155H 芯片中的定时器/计数器是怎样设置的？如何确定计数长度和计数方式？
19. 比较 8155H 计数器与 MCS-51 系统计数器在性能上的差别。
20. 比较 8155H 接口的 PA~PC 端口与 8255A 接口的 PA~PC 端口在功能上的差别。
21. 8155H 芯片与 8031 单片机是怎样连接的？绘出接口原理图。并分别确定与它们有关的 I/O 口及寄存器的地址。
22. 用 8155H 的定时器/计数器作为方波发生器，已知由 TIMERIN 输入的计数脉冲频率为 1MHz，要求在 TIMEROUT 输出频率为 10kHz 的方波，试编写 8155H 的初始化程序。
23. 说明非编码键盘的工作原理。为何要等候键释放？
24. 按键开关为何要消除键的抖动？如何去除机械抖动？
25. 以 8031 的 P1 口作为 8 个独立式按键的接口，试画出接口电路并编写相应的键盘处理程序。
26. 行列式键盘是如何识别闭合按键的？
27. 行列式键盘的工作方式有哪几种？各有何特点？
28. 试设计一个用 8155H 与 16 个键盘连接的接口电路，编写相应的键盘扫描子程序。
29. 什么是 LED 显示器？它有几种结构形式？

30. LED 显示器有几种显示方式？它们各有何优缺点？

31. 试设计一个 6 位 LED 动态显示接口电路，在 6 位 LED 显示器中，自左向右依次显示数字 8，试画出相应的接口电路图，并编写相应的程序。

32. 8279 芯片的作用是什么？

33. 8279 芯片的内部由哪些部分组成？

34. 8279 的键盘数据格式是如何规定的？

35. 8279 芯片中的 A0 起什么作用？

36. 8279 芯片与 8051 如何进行连接？如何确定各端口地址？

37. 在单片机应用系统中，为什么要进行 A/D 或 D/A 转换？

38. DAC0832 与 8051 单片机连接时有哪些控制信号？各自的作用是什么？

39. 简述 DAC0832 的直通式、单缓冲式和双缓冲式的工作过程及其特点。

40. 利用 DAC0832 和 MCS-51 单片机，产生三角波输出，试画出其电路连接图并编写相应的程序。

41. 试说明逐次逼近式 A/D 转换器的工作原理。

42. 使用 MCS-51 和 ADC0809 设计一个 8 路模拟量输入的巡加检测系统，要求采样周期为 1s，采样的数据存放在片内 60H 单元。已知晶振频率是 12MHz，其地址为 7FFFH。请画出电路连接图并编写相应的程序。

附　　录

附录 A　MCS-51 系列单片机指令系统表

表 A-1　MCS-51 单片机指令系统符号使用规定

符　号	定　　义	符　号	定　　义
A	累加器	direct	8 位内部数据存储器单元地址
B	寄存器	rel	8 位的带符号的偏移地址
Rn	当前选中的工作寄存器，n = 0 ~ 7	addr16	16 位目标地址
Ri	当前选中的寄存器，i = 0 或 1	addr11	11 位目标地址
DPTR	16 位数据指针	bit	位寻址单元地址
SP	栈指针	#data	包含在指令中的 8 位常数
PC	程序计数器	#data16	包含在指令中的 16 位常数
C	进位标志，进位位，布尔累加器	@	间址和基址寄存器的前缀
(X)	X 中内容	/	位操作数前缀，表示对该位操作数取反
((X))	由 X 寻址的单元中的内容	←	箭头左边的内容被箭头右边的内容代替
#	立即数前缀	⇌	双向传送

表 A-2　数据传送类指令

指令助记符	操　　作	功　　能	机器码	字节数	振荡周期
MOV A, Rn	(A)←(Rn), i = 0 ~ 7	寄存器内容送入累加器	E8H ~ EFH	1	12
MOV Rn, A	(Rn)←(A), i = 0 ~ 7	累加器内容送入寄存器	F8H ~ FFH	1	12
MOV A, @Ri	(A)←((Ri)), i = 0 ~ 1	内部 RAM 中的数据送入累加器	E6H ~ E7H	1	12
MOV @Ri, A	((Ri))←(A), i = 0 ~ 1	累加器内容送入内部 RAM	F6H ~ F7H	1	12
MOV A, #data	(A)←#data	立即数送入累加器	74H #data	2	12
MOV A, direct	(A)←(direct)	直接寻址字节送入累加器	E5H direct	2	12
MOV direct, A	(direct)←(A)	累加器内容送入直接寻址字节	F5H direct	2	12
MOV Rn, #data	(Rn)←#data	立即数送入寄存器	78H ~ 7FH #data	2	12
MOV @Ri, #data	((Ri))←#data	立即数送入内部 RAM	76H ~ 77H #data	2	12
MOV direct, #data	(direct)←#data	立即数送入直接寻址字节	75H direct #data	3	24
MOV direct, Rn	(direct)←(Rn)	寄存器内容送入直接寻址字节	88H ~ 8FH direct	2	24
MOV Rn, direct	(Rn)←(direct)	直接寻址字节送入寄存器	A8H ~ AFH direct	2	24
MOV direct, @Ri	(direct)←((Ri))	内部 RAM 中的数据送入直接寻址字节	86H ~ 87H direct	2	24
MOV @Ri, direct	((Ri))←(direct)	直接寻址字节送入内部 RAM	A6H ~ A7H direct	2	24

（续）

指令助记符	操　作	功　能	机器码	字节数	振荡周期
MOV direct1, direct2	(direct1)←(direct2)	直接寻址字节送入另一个直接寻址字节	85H direct(源) direct(目)	3	24
MOV DPTR, #data 16	(DPH)←#data15~#data8 (DPL)←#data7~#data0	16位立即数送入数据指针	90H #data(高) #data(低)	3	24
MOVX A,@Ri	(A)←((Ri))	外部RAM(8位地址)送入累加器	E2H~E3H	1	24
MOVX @Ri,A	((Ri))←(A)	累加器内容送入外部RAM(8位地址)	F2H~F3H	1	24
MOVX @DPTR,A	((DPTR))←(A)	累加器内容送入外部RAM(16位地址)	F0H	1	24
MOVX A,@DPTR	(A)←((DPTR))	外部RAM(16位地址)送入累加器	E0H	1	24
MOVC A,@A+DPTR	(A)←((A)+(DPTR))	程序代码送入累加器（相对数据指针）	93H	1	24
MOVC A,@A+PC	(PC)←(PC)+1 (A)←((A)+(PC))	程序代码送入累加器（相对程序计数器）	83H	1	24
XCH A,Rn	(A)⇆(Rn)	寄存器与累加器交换	C8H~CFH	1	12
XCH A,@Ri	(A)⇆((Ri))	内部RAM与累加器交换	C6H~C7H	1	12
XCH A,direct	(A)⇆(direct)	直接寻址字节与累加器交换	C5H direct	2	12
XCHD A,@Ri	(A$_{3~0}$)⇆((Ri$_{3~0}$))	内部RAM与累加器低4位交换	D6H~D7H	1	12
SWAP A	(A$_{7~4}$)⇆(A$_{3~0}$)	累加器高4位与低4位交换	C4H	1	12
POP direct	(direct)←((SP)) (SP)←(SP)-1	栈顶弹出送直接寻址字节	D0H direct	2	24
PUSH direct	(SP)←(SP)+1 ((SP))←(direct)	直接寻址字节压入栈顶	C0H direct	2	24

表 A-3　算术运算类指令

指令助记符	操　作	功　能	机器码	字节数	振荡周期
ADD A,Rn	(A)←(A)+(Rn)	寄存器内容加到累加器	28H~2FH	1	12
ADD A,@Ri	(A)←(A)+((Ri))	内部RAM内容加到累加器	26H~27H	1	12
ADD A,direct	(A)←(A)+(direct)	直接寻址字节加到累加器	25H direct	2	12
ADD A,#data	(A)←(A)+#data	立即数加到累加器	24H #data	2	12
ADDC A,Rn	(A)←(A)+(C)+(Rn)	寄存器的内容加进位加到累加器	38H~3FH	1	12
ADDC A,@Ri	(A)←(A)+(C)+((Ri))	内部RAM的内容加进位加到累加器	36H~37H	1	12
ADDC A,direct	(A)←(A)+(C)+(direct)	直接寻址字节加进位加到累加器	35H direct	2	12
ADDC A,#data	(A)←(A)+(C)+#data	立即数加进位加到累加器	34H #data	2	12

（续）

指令助记符	操 作	功 能	机器码	字节数	振荡周期
INC A	(A)←(A)+1	累加器加1	04H	1	12
INC Rn	(Rn)←(Rn)+1	寄存器加1	08H~0FH	1	12
INC @Ri	(Ri)←((Ri))+1	内部RAM加1	06H~07H	1	12
INC direct	(direct)←(direct)+1	直接寻址字节加1	05H direct	2	12
INC DPTR	(DPTR)←(DPTR)+1	数据指针(16位)加1	A3	1	24
DA A	若[($A_{3\sim0}$)>9]∨[(AC)=1] 则($A_{3\sim0}$)←($A_{3\sim0}$)+6 若[($A_{7\sim4}$)>9]∨[(C)=1] 则($A_{7\sim4}$)←($A_{7\sim4}$)+6	累加器十进制调整	D4H	1	12
SUBB A,Rn	(A)←(A)-(C)-(Rn)	累加器减借位和寄存器内容	98H~9FH	1	12
SUBB A,@Ri	(A)←(A)-(C)-((Ri))	累加器减内部RAM中的内容和借位	96H~97H	1	12
SUBB A,direct	(A)←(A)-(C)-(direct)	累加器减直接寻址字节和借位	95H direct	2	12
SUBB A,#data	(A)←(A)-(C)-#data	累加器减立即数和借位	94H #data	2	12
DEC A	(A)←(A)-1	累加器减1	14H	1	12
DEC Rn	(Rn)←(Rn)-1	寄存器减1	18H~1FH	1	12
DEC @Ri	((Ri))←((Ri))-1	内部RAM减1	16H~17H	1	12
DEC direct	(direct)←(direct)-1	直接寻址字节减1	15H direct	2	12
MUL AB	($B_{3\sim0}$)($A_{7\sim0}$)←(A)×(B)	累加器乘以寄存器B	A4H	1	48
DIV AB	(A)←(A)/(B)的商 (B)←(A)/(B)的余 (C)←0,(0V)←0	累加器除以寄存器B	84H	1	48

表A-4 8位逻辑运算类指令

指令助记符	操 作	功 能	机器码	字节数	振荡周期
ANL A,Rn	(A)←(A)∧(Rn)	累加器"与"寄存器	58H~5FH	1	12
ANL A,@Ri	(A)←(A)∧((Ri))	累加器"与"内部RAM	56H~57H	1	12
ANL A,direct	(A)←(A)∧(direct)	累加器"与"直接寻址字	55H direct	2	12
ANL A,#data	(A)←(A)∧#data	累加器"与"立即数	54H #data	2	12
ANL direct,A	(direct)←(direct)∧(A)	直接寻址字节"与"累加器	52H direct	2	12
ANL direct,#data	(direct)←(direct)∧#data	直接寻址字节"与"立即数	53H direct #data	3	24
ORL A,Rn	(A)←(A)∨(Rn)	累加器"或"寄存器	48H~4FH	1	12
ORL A,@Ri	(A)←(A)∨((Ri))	累加器"或"内部RAM	46H~47H	1	12
ORL A,direct	(A)←(A)∨(direct)	累加器"或"直接寻址字节	45H direct	2	12
ORL A,#data	(A)←(A)∨#data	累加器"或"立即数	44H #data	2	12
ORL direct,A	(direct)←(direct)∨(A)	直接寻址字节"或"累加器	42H direct	2	12

(续)

指令助记符	操 作	功 能	机器码	字节数	振荡周期
ORL direct,#data	(direct)←(direct)∨#data	直接寻址字节"或"立即数	43H direct #data	3	24
XRL A,Rn	(A)←(A)⊕(Rn)	累加器"异或"寄存器	68H~6FH	1	12
XRL A,@Ri	(A)←(A)⊕((Ri))	累加器"异或"内部RAM	66H~67H	1	12
XRL A,direct	(A)←(A)⊕(direct)	累加器"异或"直接寻址字节	65H direct	2	12
XRL A,#data	(A)←(A)⊕#data	累加器"异或"立即数	64H #data	2	12
XRL direct,A	(direct)←(direct)⊕(A)	直接寻址字节"异或"累加器	62H direct	2	12
XRL direct,#data	(direct)←(direct)⊕#data	直接寻址字节"异或"立即数	63H direct #data	3	24
RL A	$(A_{n+1})←(A_n)$ $(A_0)←(A_7)$	累加器左环移	23H	1	12
RLC A	$(A_{n+1})←(A_n)$ $(A_0)←(C)$ $(C)←(A_7)$	累加器带进位左环移	33H	1	12
RR A	$(A_n)←(A_{n+1})$ $(A_7)←(A_0)$	累加器右环移	03H	1	12
RRC A	$(A_n)←(A_{n+1})$ $(A_7)←(C)$ $(C)←(A_0)$	累加器带进位右环移	13H	1	12
CPL A	(A)←($\overline{A}$)	累加器取反	F4H	1	12
CLR A	(A)←0	累加器清零	E4H	1	12

表 A-5 控制类转移指令

无条件调用,返回和转移

指令助记符	操 作	功 能	机器码	字节数	振荡周期
ACALL addr11	(PC)←(PC)+2 (SP)←(SP)+1 ((SP))←(PC$_{7~0}$) (SP)←(SP)+1 ((SP))←(PC$_{15~8}$) (PC$_{10~0}$)←addr11	绝对调用子程序指令。调用下一条指令所在2KB内的任意地址处的子程序	$a_{10}a_9a_8$ 10001B addr7~0	2	24
LCALL addr16	(PC)←(PC)+3 (SP)←(SP)+1 ((SP))←(PC$_{7~0}$) (SP)←(SP)+1 ((SP))←(PC$_{15~8}$) (PC)←addr16	长调用子程序指令。可调用64KB程序存储空间内的任意处的子程序	00010010B addr15~8 addr7~0	3	24
RET	(PC$_{15~8}$)←((SP)) (SP)←(SP)-1 (PC$_{7~0}$)←((SP)) (SP)←(SP)-1	子程序返回指令。处于子程序末尾,控制返回到调用子程序时的断点处继续执行	00100010B	1	24

(续)

指令助记符	操 作	功 能	机器码	字节数	振荡周期
无条件调用,返回和转移					
AJMP addr11	(PC)←(PC)+2 (PC$_{10\sim0}$)←addr11	绝对转移指令。转到下一条指令所在的2KB内的任意地址处去执行	a$_{10}$a$_9$a$_8$ 00001B addr7~0	2	24
LJMP addr16	(PC$_{15\sim0}$)←addr16	长转移指令。可转移到64KB ROM 空间的任意处去执行	00000010B addr15~8 addr7~0	3	24
SJMP rel	(PC)←(PC)+2 (PC)←(PC)+rel	短转移指令。实际上是无条件相对转移指令	10000000B rel	2	24
JMP @ A+DPTR	(PC)←(A)+(DPTR)	间接长转移指令。可转至64KB 空间的任意处	01110011B	1	24
NOP	(PC)←(PC)+1	空操作指令	00000000B	1	12
条件转移					
指令助记符	操 作	功 能	机器码	字节数	振荡周期
JZ rel	若(A)≠0 则(PC)←(PC)+2 若(A)=0 则(PC)←(PC)+2+rel	累加器为零则转移	01100000B rel	2	24
JNZ rel	若(A)=0 则(PC)←(PC)+2 若(A)≠0 则(PC)←(PC)+2+rel	累加器不为零则转移	01110000B rel	2	24
CJNE A, #data,rel	若(A)=#data 则(PC)←(PC)+3 若(A)≠#data 则(PC)←(PC)+3+rel	累加器与立即数不相等则转移	10110100 B #data rel	3	24
CJNE A, direct,rel	若(A)=(direct) 则(PC)←(PC)+3 若(A)≠(direct) 则(PC)←(PC)+3+rel	累加器与直接寻址字节不相等则转移	10110101B direct rel	3	24
CJNE Rn, #data,rel	若(Rn)=#data 则(PC)←(PC)+3 若(Rn)≠#data 则(PC)←(PC)+3+rel	寄存器与立即数不相等则转移	B8H~BFH #data rel	3	24
CJNE @ Ri, #data,rel	若((Ri))=#data 则(PC)←(PC)+3 若((Ri))≠#data 则(PC)←(PC)+3+rel	内部 RAM 与立即数不相等则转移	B6H~B7H #data rel	3	24

(续)

条件转移

指令助记符	操 作	功 能	机器码	字节数	振荡周期
DJNZ Rn,Rel	(Rn)←(Rn)-1 若(Rn)=0 则(PC)←(PC)+2 若(Rn)≠0 则(PC)←(PC)+2+rel	寄存器减1不为零则转移	D8H~DFH rel	2	24
DJNZ direct,rel	(direct)←(direct)-1 若(direct)=0 则(PC)←(PC)+2 若(direct)≠0 则(PC)←(PC)+2+rel	直接寻址字节减1不为零则转移	11010101B direct rel	3	24

中 断

指令助记符	操 作	功 能	机器码	字节数	振荡周期
RETI	$(PC_{15\sim8})\leftarrow((SP))$ (SP)←(SP)-1 $(PC_{7\sim0})\leftarrow((SP))$ (SP)←(SP)-1	中断返回	00110010B	1	24

表 A-6 位操作指令

位传送

指令助记符	操 作	功 能	机器码	字节数	振荡周期
MOV C,bit	(C)←(bit)	直接寻址位传送至进位位	A2H bit	2	12
MOV bit,C	(bit)←(C)	进位位传送至直接寻址位	92H bit	2	12

位逻辑运算

指令助记符	操 作	功 能	机器码	字节数	振荡周期
CLR C	(C)←0	清进位位	C3H	1	12
CLR bit	(bit)←0	清直接寻址位	C2H bit	2	12
SETB C	(C)←1	置进位位	D3H	1	12
SETB bit	(bit)←1	置直接寻址位	D2H bit	2	12
CPL C	(C)←($\overline{C}$)	进位位取反	B3H	1	12
CPL bit	(bit)←($\overline{bit}$)	直接寻址位取反	B2H bit	2	12
ANL C,bit	(C)←(C)∧(bit)	进位位"与"直接寻址位	82H bit	2	24

（续）

位逻辑运算

指令助记符	操 作	功 能	机器码	字节数	振荡周期
ANL C,/bit	(C)←(C)∧($\overline{bit}$)	进位位"与"直接寻址位的反码	B0H bit	2	24
ORL C,bit	(C)←(C)∨(bit)	进位位"或"直接寻址位	72H bit	2	24
ORL C,/bit	(C)←(C)∨($\overline{bit}$)	进位位"或"直接寻址位的反码	A0H bit	2	24

按位状态转移

指令助记符	操 作	功 能	机器码	字节数	振荡周期
JC rel	若(C)=0 则(PC)←(PC)+2 若(C)=1 则(PC)←(PC)+2+rel	进位位为1则转移	40H rel	2	24
JNC rel	若(C)=1 则(PC)←(PC)+2 若(C)=0 则(PC)←(PC)+2+rel	进位位为0则转移	50H rel	2	24
JB bit,rel	若(bit)=0 则(PC)←(PC)+3 若(bit)=1 则(PC)←(PC)+3+rel	直接寻址位为1则转移	20H bit rel	3	24
JNB bit,rel	若(bit)=1 则(PC)←(PC)+3 若(bit)=0 则(PC)←(PC)+3+rel	直接寻址位为0则转移	30H bit rel	3	24
JBC bit,rel	若(bit)=0 则(PC)←(PC)+3 若(bit)=1 则(PC)←(PC)+3+rel (bit)←0	直接寻址位为1则转移,并将该位清零	10H bit rel	3	24

附录 B ASCII(美国标准信息交换码)表

低位 \ 高位		0 000	1 001	2 010	3 011	4 100	5 101	6 110	7 111
0	0000	NUL	DLE	SP	0	@	P	`	p
1	0001	SOH	DC1	!	1	A	Q	a	q

（续）

低位 \ 高位		0	1	2	3	4	5	6	7
		000	001	010	011	100	101	110	111
2	0010	STX	DC2	"	2	B	R	b	r
3	0011	ETX	DC3	#	3	C	S	c	s
4	0100	EOT	DC4	$	4	D	T	d	t
5	0101	ENQ	NAK	%	5	E	U	e	u
6	0110	ACK	SYN	&	6	F	V	f	v
7	0111	BEL	ETB	'	7	G	W	g	w
8	1000	BS	CAN	(	8	H	X	h	x
9	1001	HT	EM	)	9	I	Y	i	y
A	1010	LF	SUB	*	:	J	Z	j	z
B	1011	VT	ESC	+	;	K	[	k	{
C	1100	FF	FS	,	<	L	\	l	|
D	1101	CR	GS	-	=	M	]	m	}
E	1110	SO	RS	.	>	N	↑	n	~
F	1111	SI	US	/	?	O	←	o	DEL

注：表中符号说明如下：

NUL	空	DLE	数据链换码
SOH	标题开始	DC1	设备控制 1
STX	正文结束	DC2	设备控制 2
ETX	本文结束	DC3	设备控制 3
EOT	传输结束	DC4	设备控制 4
ENQ	询问	NAK	否定
ACK	承认	SYN	空转同步
BEL	报警符	ETB	信息组传送结束
BS	退一格	CAN	作废
HT	横向列表	EM	纸尽
LF	换行	SUB	减
VT	垂直制表	ESC	换码
FF	走纸控制	FS	文字分隔符
CR	回车	GS	组分隔符
SO	移动输出	RS	记录分隔符
SI	移动输入	US	单元分隔符
SP	空格	DEL	作废

参 考 文 献

[1] 李传军.单片机原理及应用[M].郑州:河南科学技术出版社,2006.
[2] 姚国林.单片机原理与应用技术[M].北京:清华大学出版社,2009.
[3] 李林功.单片机原理与应用[M].北京:科学出版社,2011.
[4] 刘军.单片机原理与接口技术[M].上海:华东理工大学出版社,2006.
[5] 余锡存,曹国华.单片机原理及接口技术[M].2版.西安:西安电子科技大学出版社,2007.
[6] 王贤勇,郭龙源.单片机原理与应用[M].北京:科学出版社,2011.
[7] 靳桅,潘玉山,邹芝权,等.单片机原理及C51开发技术[M].成都:西南交通大学出版社,2009.
[8] 蒋力培.单片微机系统实用教程[M].北京:机械工业出版社,2007.
[9] 邹振春.MCS-51系列单片机及接口技术[M].2版.北京:机械工业出版社,2005.
[10] 王幸之,钟爱琴,王雷,等.AT89系列单片机原理与接口技术.北京:北京航空航天大学出版社,2004.
[11] 韩全立,赵德申.微机控制技术及应用[M].北京:机械工业出版社,2005.
[12] 邹振春.MCS-51系列单片机原理及接口技术[M].2版.北京:机械工业出版社,2006.
[13] 李全利.单片机原理及应用技术[M].3版.北京:高等教育出版社,2009.